NUTS AND BOLTS

SEVEN SMALL INVENTIONS THAT CHANGED THE WORLD IN A BIG WAY

小零件改變大世界

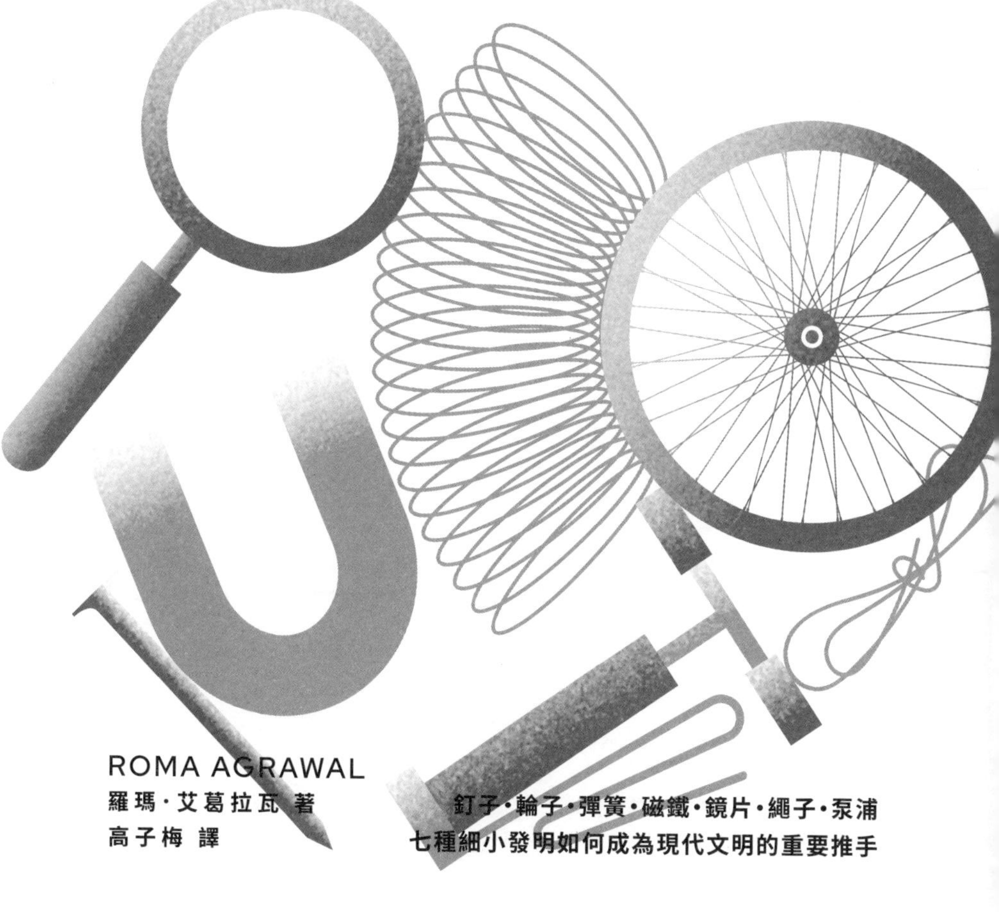

ROMA AGRAWAL
羅瑪·艾葛拉瓦 著
高子梅 譯

釘子·輪子·彈簧·磁鐵·鏡片·繩子·泵浦
七種細小發明如何成為現代文明的重要推手

And finally,

for you, my Flirtman.

目次

前言

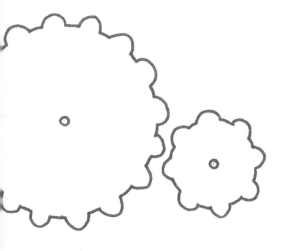

在我面前散置了很多斷掉的蠟筆。我嘆了口氣，因為這實驗結果令人失望。

當時是一九八〇年代，我大概五歲吧，跟父母和妹妹住在多雪的紐約州北部，那時我擁有各式各樣用來裝三文治和點心的長方形大午餐盒，以及一個保溫瓶。我最喜歡正面印有布偶歷險記（Muppets）圖案的那個午餐盒，不過裡頭裝的不是食物，而是我收藏的眾多蠟筆：長短粗細、各種顏色，都應有盡有。我就像多數孩童一樣總是充滿好奇心，有一天我決定「探索」我的蠟筆裡頭究竟有什麼。我把包在外層的紙剝掉，握著筆身抵著盒子堅硬的邊緣將它折斷。我滿心期待，結果卻讓我大受打擊，原來裡面只有更多的蠟筆芯，我繼續折斷其他蠟筆……這舉動傷透了我妹妹的心。等到我年紀再大一點，開始用鉛筆在紙上寫字時，我會把鉛筆塞進削筆器裡不停轉動，製造出螺旋狀的長長刨花，無非是想知道會在紙上留下痕跡的灰色筆芯，是否一路貫穿鉛筆的筆身——它真的有貫穿。然後我的行動又升級到鋼筆上，我將它們拆開，結果發現裡面的構造相當精采。鋼筆和原子筆與我童年早期那令人失望的蠟筆截然不同，它們裡面有細長的墨管和螺旋狀的彈簧，並靠一個像螺釘一樣的頂帽跟筆的其他部位連在一起。

除了親自拆解東西來滿足自己的好奇心之外，我也會在其他人拆解東西的時候，跑去湊熱鬧。我小時候住在印度時，曾看過電視因螢幕都是黑線而被拆開，曝露出難以想像的內部構造，直到我開始攻讀物理學學位，才總算弄懂那構造是怎麼回事。事實上，我之所以選擇物理學，正是因為我想瞭解宇宙的構成要素。在我求學階段接近尾聲時，我對原子和粒子物理產生了濃厚興趣。我深深著迷於原子這個概念，它曾被認定是不可分割的，但後來又被發現它其實由電子（electrons）、質子（protons）和中子（neutrons）構成，輪到它們登上「物質基本構成要素」的舞臺後，又被更小的夸克（quarks）給取代。不管我當時到底有沒有弄懂它們，我始終都肩負著使命，那就是去瞭解東西是由什麼構成，以及它們是如何形成的。

無論我們的宇宙、活生生的生物體，或我們所發明的人造物件是不是由這種物質構成，所有複雜的結構確實都是由較小和較簡單的……呃……東西組成。我何其有幸能把童年時探究物品是由什麼構成的好奇心，一路帶進事業生涯裡。身為工程師的我，對於我們的機器、建築和日常物品是如何形成，以及它們的核心是什麼，始終都很著迷，我相信很多人也是如此，而這本書就是為了彰顯這種魅力。工程學是一門廣泛的學科，但其中一些最偉大的成就，有著微小的尺寸。我們周遭的所有人造物體，內部都具有最基本的構成零件，沒有它們，複雜的機器便不復存在。乍看之下，這些構成零件也許有點無趣，它們的體積雖然很小，有時候甚至被藏匿起來，但每一個零件都是工程學上的非凡成就，其背後的迷人故事可回溯到……就算不是幾千年前，也有幾百年前了。在文藝復興時代，有六種「簡單的機械」被科學家和工程師界定為所有複雜機械的基石：槓桿、輪子和輪軸、滑輪、斜面、楔子，以及螺釘。但到了今天，這六種零件似乎已經過時了，也不夠全面，因此我刪掉其中幾個，再增加一些，端出了自認為足以構成現代世界的七種基礎零件，它們在基礎科學原理、所涉及的工程領域，以及由它們所創造出的物件規模等方面都做到了廣泛的創新。

我挑選的七個零件：釘子、輪子、彈簧、磁鐵、鏡片、繩子和泵浦，每一個的設計都堪稱奇蹟，經歷反覆修改和形態變化，而且這過程還在繼續。自從它們首次出現後，便從無缺席，隨著它們的演變，加上將它們排列組合，這樣的蝴蝶效應，使得我們在不斷的發明和創新中製造出漸趨複雜的機械。這七個零件都跟我們息息相關，並在世界裡留下了無法抹滅的印記；沒有它們，我們的生活將變得面目全非。它們當然創造和改變了我們的科技，但也對我們的歷史、社會、政治和權力結構、生物學、通訊、交通、藝術和文化等方面帶來全面影響。

這七種零件是我在二〇二〇年英格蘭首度封城期間挑選出來的，當時正值COVID-19疫情全球大流行，我被困在家中，只好任由思緒漫遊。在環顧四周屬於我的東西以及一窗之隔的室外物體時，我決定在腦中（有時候也會親手）拆解它們，看看裡面有什麼——我重新探索了原子筆，發現它是靠彈簧、螺釘和一個會旋轉的圓球組裝出來的；我用來製作嬰兒食品的攪拌機靠齒輪運作，但齒輪要等到輪子被發明之後才會出現；當我還在哺乳時，我的丈夫也能使用吸乳器這種泵浦來幫忙餵奶給我們的女兒；讓我的女兒從胚胎生長成人的試管嬰兒過程，以及科學家為研發COVID-19疫苗所做的研究，都得仰賴鏡片去查探還處於細胞狀態的東西；供出外散步的我們和醫護人員隨身防護的口罩，是靠無數纖維纏繞而成的織物；手機的揚聲器能讓我們聽到家人和朋友的聲音，而它靠一塊磁鐵來運作——能讓我連上網路的乙太網插槽仰賴的也是磁鐵。

即便是相對大型和複雜的物件，像是挖土機、摩天大樓、工廠、隧道、電網、汽車、人造衛星等，還是離不開這七個基礎零件。要把東西接在一起：釘子；需要轉個不停的東西：輪子；需要電源以及可儲存電力的技術：當然是電池嘍，但在它裡頭更基礎的零件其實是彈簧；磁力（和電力）可以讓我們遠程操控東西；鏡片讓我們能夠玩弄光的路徑；繩子對我們來說是堅固但同時具有彈性的材料；還有為了輸送水，以讓我們能夠活下去，我們製造出泵浦。

這七種工程零件的發明或發現都曾歷經一連串的失敗和反覆修改：首先要有需求，然後嘗試各種不同材質、形狀和形式，直到某成品奏效為止。比方說建築物、橋樑、工廠、牽引機、汽車、手機、鎖、手錶、洗衣機等等，舉凡需要靠金屬零件來連結的東西，都由釘子、螺釘、鉚釘和螺栓來固定。釘子最初是用來接合木材，在當時是一種新的概念，目的是要製作出更堅固的船隻和家具。後來螺釘大幅提升了釘子的固定力，儘管它的製作難度較高。等到能以低成本製造薄金屬片時，釘子和螺釘便不堪用了，鉚釘於是登場。用在烹調器皿上的小鉚釘後來退位讓給更大更堅固的鉚釘，以接合金屬製的飛機、船隻和橋樑，後來工程師又結合鉚釘和螺釘，發明了更為堅固且容易安裝的螺栓。西歐最高的建築物碎片塔（The Shard）和一項我進行了六年的專案工程，就是靠螺栓來維持穩定度和堅固性。

但這些演化不代表最初的釘子已被淘汰，事實上，釘子和它的多種改良版本現在仍跟螺釘、鉚釘和螺栓並行使用，且都有各自的用途。這就是設計變革的模式：有時候我們幾百年來都採用同樣的技術，直到有一天突然發明了一種新的材質或工序，於是意識到我們必須調整現有的技術來配合它；也有些時候情況恰恰相反：我們是先發明新的技術，然後才幫它找到用途，舉例來說，我們先發明了強韌無比的克維拉纖維（Kevlar），再以此製造出防彈背心。在這些發明裡頭，有些類似的設計同時在不同地方獨立發展，像是輪子和泵浦，各地發展出來的模樣都不盡相同。這些發明各自誕生、變革與演化，而且一路走來往往會有意想不到的應用方法和影響，遠超出最初的用途與目的。

我們常以為工程學是充斥著非生命物體與複雜零件的技術領域，讓人覺得陌生和難以理解，但工程學的核心是人：創造它的人、需要它和使用它的人，有時候甚至是無意中對它作出貢獻的人——他們是德拉瓦州擔心尼爾·阿姆斯壯（Neil Armstrong）褲襠的女裁縫師、讓電流通過自己雙手的醫師、在顯微鏡底下研究自己精子的商店老闆、接受豬心移植的病患、曾將無線電波導進和穿透某位重要省長身體的印度通才、以為自己犯錯但其實發明了更了不得東西的移民化學家、改變了我們視野的伊斯蘭學者，甚至是對破掉的瓷器感到沮喪的家庭主婦。這幾百年來——尤其在西方世界——工程學一直被富有和受過教育的人主宰，而且從歷史來看，都是男性，但我所挑選的故事、發明和創新者來自世界各地，也來自不同的時代，甚至包括在工程學裡通常被隱匿或不被承認的少數群體所作出的貢獻。這些故事之所以被遺忘，往往是由於他們的成就沒有被記錄下來、沒有（或不能）申請專利，或是不被授予專利。

在本書接下來的內容裡，你將瞭解到工程學是科學、設計和歷史的交匯，它跟人類的需求和創造力有關，也和找到問題並使用過往不曾嘗試過的方法來解決問題有關。我們試圖用工程學改善生活，但反過來說，如果不負責任地運用它，也可能對社會造成毀滅性的影響。本書還會讓你瞭解，工程學最基礎的層面如何與你的日常生活密不可分，也跟人類的命運密不可分。我希望能重新點燃你孩提時的好奇心，啟發你去探索那越來越複雜的工程學黑盒子，以及對建構這個世界的基本零件有再多一點認識。

第一章 釘子

Nail

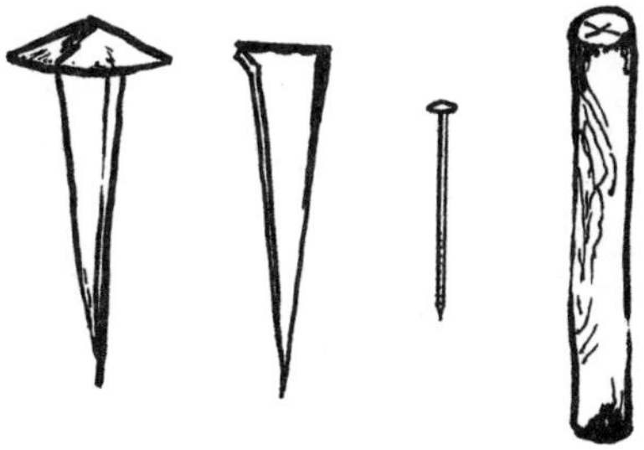

「燙得發紅嗎？那就還不夠燙！」里奇（Rich）拉大嗓門喊道，蓋過工坊裡的嘈雜聲響。

我小心翼翼地徒手緊抓住一根細鋼條的頂端，它的長度跟我的手臂差不多，鋼條的末端正在攝氏超過一千度的磚砌熔爐裡燃燒的焦炭上。一臺電動鼓風機對著火焰送風，為求使它的溫度更高。可是當我把那根鋼條抽出來查看色澤，發現它正呈現亮紅色時，鐵匠里奇卻告訴我那還沒好，於是我又把它插回火裡，直到它亮到變成熾熱的橘黃色。現在有了這根發光的鋼條，我終於可以動工製作一根釘子了。

為此，我需要工具。在我面前是一塊鐵砧，經典又笨重的鐵匠專用鐵製砧板，側邊印著「一〇二公斤」的傳奇數字。我把鋼條斜放上去，讓它發光的末端靠在鐵砧平坦的表面上，再拿沉重的鎚子錘打末端，金屬條變扁了一點。我又錘打了幾下，接著將鋼條轉動九十度，繼續錘打。可是過了一會，鋼條末端的色澤變暗，我感覺到揮出去的鎚子會被反彈回來，哐啷聲也變得更尖銳，這表示鋼條已經冷卻，得重回火焰裡，直到再度變成橘黃色。錘打、轉動、重新加熱，這樣的循環我得重複三次才能在鋼條末端形塑出一個還不錯的錐形（但里奇一次就能搞定），不過我終於有了釘子的釘身。

接下來我拿起鏨子，把鋒利的那端朝上，插進被稱為砧上方孔（hardy hole）的方形孔洞裡，再把重新加熱過的錐形鋼條橫壓在鏨子的刃面上用力敲打（就跟敲打釘子一樣用力），目的是要在鋼條兩側刻出凹槽，這樣才比較容易把錐形的釘尖與鋼條的其餘部分斷開。最後我需要的是鍛頭工具（heading tool）：它是一塊長方形的金屬板，上面有著不同尺寸的孔洞，就好像被打孔機攻擊過一樣。我選了一個尺寸足以讓那根有著椎形釘尖的鋼條穿過大半的孔洞，然後把那根準釘子插進去，費力地扭動幾下，將鋼條的其餘部分與釘子斷開。現在這根釘子的錐形釘尖就懸掛在孔洞下方，而孔洞上方大約還有一公分的頭突出在外面。我先把釘尖跟鐵砧上的一個圓孔對齊，再將頂端突出來的頭敲平，打造出釘頭。

最後的工序是淬火（quenching）：我把鍛頭的金屬板和釘子都浸入水槽裡，製造出令人滿意的滋滋聲響，蒸氣雲隨著熱冷的碰撞裊裊上升。我再把它們從水裡拿出來，用鎚子輕輕敲打，使釘子脫離鍛頭工具，鏗鏘一聲掉在地上。這是我的成品，不起眼、還帶有一點餘溫。

釘子是種很簡單的工程零件，但是看看你的四周，就會發現它們無處不在。寫作時，我可以從書桌邊看到相框就掛在它們身上，書架也是靠它們接合在一起，就連書桌本身同樣是靠它們固定，至於我腳下剛踢掉的鞋子也一樣，灰漿下的牆面用木板組成，而地板則是靠木製托樑撐住，它們也都是用釘子接合。多數的釘子其實不會被看到，因為它們被埋在木材、皮革和磚塊裡，但它們的默默存在令人安心。

我們能用釘子把東西接合在一起，這聽起來可能沒什麼了不起，但接合兩樣東西這個舉動曾是巨大的變革。我們周遭幾乎每一樣人工製品基本上都是由不同部位或材質接合起來，雖然我們已經習以為常，但這並非理所當然的。幾千年前，製造一樣東西，通常意味把單一材料形塑成比較有用的形狀，譬如在岩石裡鑿出一個坑，做出洞穴；或者把石頭磨尖，做成工具；又或者把樹幹推倒，橫在小溪上形成一座橋。這些都是實用的工程作品，但若要建造出更複雜的住所、製作連著尖銳石塊的長棍武器，抑或不只靠一根木頭來橫向跨越的橋樑，我們就必須設法將各部位接合起來，這讓創造的複雜度不可同日而語。

當然，你還是可以靠堆疊石塊來撐起一座橋，也可以用繩索和皮革把東西綁在一起，又或者等到膠水發明之後，再將它們黏起來。可是釘子和它的衍生物——鉚釘、螺釘、螺栓——卻能讓任何人在不需要太多指導的情況下，大規模地牢固接合不同的材質：我們可以把很大的橫樑和立柱接合起來，蓋出建築物；將一層層木板連接起來，製造出小船；或是覆蓋上薄薄的金屬片，製造出船艦；還有雕像、鎖、手錶等等。想像要是世界上少了釘子會怎樣——我們永遠沒辦法只靠繩子將組裝精密的衛星送進太空，或者靠膠水來黏合運轉部件，製作出手錶。

◎◎◎

我是在赫特福德郡（Hertfordshire）穆奇哈德姆村（Much Hadham）的鐵匠鋪製作出我的釘子，這座鐵匠鋪自一八一一年以來就不間斷地運作。我的釘子試作成品，釘身是方桿形，相當粗，而且不太勻稱，製作過程也很辛苦，敲敲打打害我的手掌長了幾個水泡，肱二頭肌也有點顫抖。當然現在多數釘子都由機器製成，但幾千年來，從古埃及人和古羅馬人的時代開始，製作釘子基本上都涉及到我在穆奇哈德姆村所經歷到的工序和敲打。

這樣的苦力勞動大多得歸因於金屬的可塑性，釘子的故事在某程度上也算是金屬的故事，尤其是慢慢敲成釘尖的部分。雖然有時候用其他材質（好比木頭）來製作釘子是有好處的，但金屬釘子是改變遊戲規則的關鍵所在。金屬同時擁有兩種特性，對釘子的製作來說無比重要：首先它很強韌，可以被直接敲進其他材質裡，把它們接合在一起；同樣重要的是，它也能被塑形成鋒利的尖頭——金屬有結晶狀的內部結構，因為晶體可以輕微地相互移動，使得它們具有特殊的柔韌性，也就是眾所皆知的延展性。這就是為什麼你可以拉開一根迴紋針或重複地將它變形卻不會斷裂的原因。（延展性光譜的另一端則是像玻璃這種易碎材質，在受力時容易碎裂。）

高溫是使金屬延展的一種方法，熔爐裡的高溫刺激了晶體結構裡浮動的電子和原子，使它們活躍地四處移動，這意味熱能可以快速穿過金屬，使其成為良好的導體。不同金屬的熔點和傳導性各異，但金屬越燙，就有越多原子和電子相互滑動，使其變得柔軟和易於彎折，足以被錘打成型。令人驚嘆的是，高溫和錘打也能改變金屬的實際結構，使大而粗糙的晶體重新排列成更小更規則的晶體，並在冷卻時變得更強韌、堅硬和勻稱。

人類大約在八千年前的石器時代開始冶煉黃金，後來又發現了銅、銀和鉛。這些金屬多數都太軟，無法用來製作釘子，但銅是第一種彰顯出潛力的金屬。後來有幾位最富開創精神的祖先想出了將銅和錫混合的方法，因而創造出一種更強韌的材質——青銅，可用來製作更耐用的工具、武器、盔甲和釘子。

最古老的青銅釘子可以追溯回公元前三千四百年，那是在埃及發現的。雖然長達五千年的時光洗禮害它們布滿銅鏽，變得鈍化和褪色，但看起來仍然與今天手工製作的鋼製釘子相似。埃及人擅長鍛造青銅，他們會使用寶石、琺瑯和黃金在這種金屬上鑲嵌出精美的圖案，除此之外，也利用它來製作像釘子這種實用的工具，用以組裝船隻和雙輪馬車。

此後一千年，人類繼續利用銅和青銅來製作釘子，不過從商業角度而言，青銅從來都不是最實用的材質，因為它仰賴的銅和錫鮮少在同一地點被發現。公元前一千三百年左右，印度和斯里蘭卡的金屬工匠發現了冶煉鐵的方法（它跟青銅一樣硬，而且比銅更硬），開啟了東方的鐵器時代，青銅很快就被這種新材質取代。公元前一千二百年中東地區的政治動蕩時期，更是對青銅造成了致命一擊，當時商路被毀，錫（以及跟著倒楣的青銅）的製作成本變得十分昂貴。後來人們發現將鐵和少量的碳混合起來，可以鍛造出像鋼之類的合金，並以此製作出更堅固的釘子時，鐵也被取代了。

古羅馬人鍛鐵工藝嫻熟，也廣泛將這種印度鐵應用在不同方面，像是盔甲和整個帝國（包括不列顛地區）都在大量生產的釘子。一九六〇年代，大量古羅馬時代的釘子在蘇格蘭伯斯郡

（Perthshire）一個叫做因奇圖希爾（Inchtuthil）的羅馬軍團要塞遺址被發現。公元八十三年到八十六年間，第二十軍團約有五百名士兵駐紮在這裡，但後來又突然放棄了這個地方。該地只被短暫佔據，因此古羅馬人常用的浴場和供水的水渠系統並沒有建造完成。不過對這座考古位置的挖掘，展現了古羅馬要塞的設計和古羅馬人的製造本領。

這座要塞的面積龐大，廣達五十三英畝（超過二十六個足球場），裡頭囊括六十四個兵營區、一座醫院、幾座糧倉，重要的是還有一座鍛造廠。考古學家在鍛造廠的其中一側找到了鍛造爐，另一側則找到一個被密封的大坑。當考古學家小心翼翼地往下挖穿兩米深的碎石後，竟然發現了意想不到的寶藏：鐵釘——精確來說是八十七萬五千四百二十八根鐵釘，各種尺寸都有。驚人的是，這些釘子大多數都完好如初，最外面一層的鐵釘已經被鏽蝕，形成防滲的外殼，因此保護了其他的鐵釘不被鏽蝕，使得這些足有兩千歲高齡的鐵釘幾乎跟它們被製造出廠的那天一樣鋒利和光亮。

鍛造廠外的街道還留有清楚的車轍痕跡，顯示此處曾來回運送過沉重的材料。因奇圖希爾鍛造廠可能曾為其他據點供應釘子，從囤積的規模來看，當時不列顛的羅馬總督朱利烏斯．阿格里科拉（Julius Agricola）將軍或許曾計畫要在更北邊的地方建造更多要塞，但後來因為軍事計畫重心轉向歐洲而突然被召回羅馬。當他的軍團撤離時，他們焚毀了這個要塞，將十噸重的釘子深埋起來，這是因為擔心當地的喀里多尼亞人（Caledonians）可能會將它們熔製成武器。

在因奇圖希爾坑洞裡，發現了六種不同類型的釘子，每一種在設計上似乎都有不同用途。最常見的是小的圓盤頭釘，長度可達一根手指長，可能是用在家具或是牆面和地板的鑲板上。還有幾種比較大的釘子，大約是我的手肘到指尖的距離那麼長，可能是用來固定重型木料，釘頭被設計成金字塔形，可承受長時間的敲打。大部分的釘子是方桿形，而除了其他類型之外，還有二十八根圓桿釘，它們有扁錐形釘頭和鑿形釘尖，可能是用來穿鑿磚石，因為方桿的四個角可以劈裂石塊。

羅馬人對釘子瞭若指掌，這些都是品質極佳的釘子，而且形狀、尺寸和材質都相當一致。大一點的釘子比小一點的釘子含有更多碳，這使它們的硬度更高，意味鐵匠會在鍛造之前先將原始材料分級。釘子的釘尖都比釘頭硬，可能是因為加熱、敲打和淬火的方式有所差異，顯然它們都是由技術極為嫻熟的工匠製作出來的。誠如我現在已經能夠理解，手工製作釘子是一件複雜又耗體力的差事，你必須懂得科學地將金屬加熱到理想溫度，再利用正確的力道和方向來錘打，而且這些動作都得趁金屬還夠熱燙時趕快進行。古人無法測量手中材料的溫度，於是靠顏色來判斷——當材料燒至火紅色（對鋼材來說，大約是攝氏七百到九百度）後便適合彎曲，但如果嘗試比較複雜的工法，它可能就會斷掉。當溫度更高，變成像夕陽一樣的橙色時，鋼材會變得更柔軟。若再進一步提高溫度到超過攝氏一千三百度，鋼材就會發出眩目的白光，這是將金屬塊敲打在一起、「火焊」（fire weld）它們的理想溫度，這道工序會有白色的璀燦火星從鋼材上飛出來，因而得名。（在達到這種高溫時，金屬有其特有的魅力。我在為這本書進行研究時，曾和鐵匠兼藝術家阿格尼斯．瓊斯〔Agnes Jones〕聊過，他利用鋼材創作出卓爾不群的有機雕塑〔organic sculptures，編案：指受自然界形式啟發的作品〕。對阿格尼斯來說，白熱化的鋼材有著超現實的美感，因為表面薄薄的一層會熔化，模糊了它堅硬的線條，宛若刮風時的沙灘表面。）這種眩目的白熱狀態正是鐵匠想要達到的極限，超過這個臨界點，鋼材就會變成煙花一般，聞起來也有煙火的味道，表示它正在燃燒。

所以攝氏一千到一千二百度是鍛造低碳鋼的最佳溫度（確切溫度得視該金屬的具體成分而定），這種狀態下的金屬發出的黃色光芒會亮得像夏日午後的太陽，代表這塊鋼材已經柔軟到可以塑形。一旦你滿意塑出的形狀，就要迅速將它浸入水中冷卻，也就是我稍早前遵循的淬火工序，這有助於硬化金屬，使它變得堅固，形狀也得以固定。

自羅馬帝國崩落之後，製作釘子一直是歐洲數世紀以來備受看重的特殊技能。在中世紀的英國，釘匠（nailer，Naylor這個姓氏的起源）會為馬蹄鐵、木工製品和房舍建造製作釘子。雖然在現在是件難以想像的事情，但是在前工業時代，釘子是寶貴的，那時材料和技術嫻熟的工人並不是隨處都有，以致於英國禁止釘子出口到包括北美洲在內的殖民地，而那些地方的木造房屋很普遍，因此釘子珍貴到有些人搬家時會刻意縱火燒掉房子，只為從灰燼中回收釘子。[一六]

一九年，維吉尼亞州通過一條法律，承諾補償屋主，以抑止這種縱火手段：

> 法律不允許任何人在遺棄其種植園時，如前所述地焚毀任何必要屋舍，而是應該先由兩位中立人士計算出該建築物的用釘數量，再接收同等數量的釘子作為充分補償。

美國自一七七六年獨立之後，就試圖建立自己的製釘產業，以因應不斷擴大的經濟與住房市場。在最早期的大型製造業裡就有一家是開國元勳湯瑪斯．傑佛遜（Thomas Jefferson）創立的，在他於一八〇一年當選總統的七年前，曾在維吉尼亞州夏綠蒂鎮（Charlottesville）的蒙蒂塞洛農場（Monticello farm）開設一家鑄造廠。他的宅第就座落在一座陡峭的山丘上，擁有五千英畝的種植園地。傑佛遜一生中曾有四百多名奴隸為他工作，其中一名叫做喬．福塞特（Joe Fosset）的奴隸從十二歲起就在製釘工廠裡工作，與其他年輕男孩一同每日手工製作八千到一萬根釘子，以滿足種植園休耕期間傑佛遜家族的經濟所需。福塞特後來在釘鋪裡成了奴隸領班，並在他恢復自由身之後創立了自己的釘子生意，以贖回妻子與十個孩子的自由。

傑佛遜對他的製釘事業甚感自豪，曾寫信告訴法國政治家尚．尼古拉．德梅尼爾（Jean Nicolas DeMeunier），對他來說，當釘子製造商就像某種「貴族頭銜」。幾年後，當鐵的價格下降，釘子也因英國終於開放出口而變得越來越容易取得時，傑佛遜於一七九六年興奮地寫信給另一位朋友，說他希望靠新的「切割機」來提高產量。

這臺機器是傑佛遜向紐約一位布拉爾（Burral）先生購買的，是釘子機械化生產的開端。雖然製造釘子的機器早在一六〇〇年就已出現，但並不普及，它們的操作方式很笨重，而且一次只能製作一根釘子。傑佛遜的機器能切割出小巧的四便士小釘子——這樣稱呼它是因為在中世紀的英國，一百根釘子的價格是四便士——那是將用作桶箍的細鐵條切割而成。這臺機器可能是利用一對垂直的刀片，並靠一根徒手轉動的柄來操作。傑佛遜的機器似乎沒辦法製作釘頭，但那個時期有其他機器能透過一連串的槓桿來壓扁釘子寬頭的那一端，雖然這方法削減了製釘過程中涉及到的重度體力勞動，還能加快製作速度，但這並不代表就此告別過去的時代。這些早期機械製造的釘子都有著方形的切口，有點粗壯，不像現今完美的圓釘，反而更像在它們之前的手工釘子。

在整個十九世紀，英國都是最大的釘子生產國。一名技術嫻熟的製釘工人可以在十分鐘或以內手工製作出一根釘子，製作釘子對七歲或年紀更小的男女童來說是很常見的差事，他們無非是想掙點蠅頭小利。製釘業在英格蘭中部的黑鄉（Black Country）尤為蓬勃，因為當地的鐵和煤取得容易。製釘通常也是婦女們的任務，藉此賺錢購買食物和補貼家用開支，所以當地的煤礦工人以及五金商人都想娶個「製釘姑娘」（nailing wench）回家，好讓她們在不用忙家務和照顧小孩的時候，靠這樣的兼差來幫補家用。

但是因為婦女製釘賺錢過於盛行，於是有了反對聲浪，釘匠工會就試圖限制女性製作釘子，此舉引發了製釘大亨的反對，因為他們都把女性當作廉價勞工。有些婦女排除萬難，靠自己的實力成功立足市場，譬如伊萊莎・廷斯利（Eliza Tinsley）在丈夫一八五一年死後接下他的製釘事業，成了人們口中的「那位寡婦」（The Widow）。廷斯利的丈夫過世時，遺下五名不到七歲、嗷嗷待哺的孩子。而她成功擴張家族的釘子和鏈條製造事業，成為史丹佛郡（Staffordshire）這門產業裡最大的製造商。大家都公認她是位公正又有人情味的雇主，她會親自走訪英國各地的顧客，直到她在一八八二年過世，享壽六十九歲，那時她的公司已經有超過四千名員工。這家公司至今仍在，依然以她的名字命名，所生產的每一包釘子也是如此。

不過這產業所經歷的兩次革命性發展，也跟廷斯利在世的時間重疊。首先是工程師發現了精確大量製造的優勢，亨利・莫斯利（Henry Maudslay，生於一七七一年）發明了第一臺實用的金屬切割車床。在這之前，機器上的小金屬零件都是手工製作，因此一向有尺寸不一的問題。但是莫斯利的車床能生產出尺寸精準一致的零件，從此打開了零件可交互替換的大門。現代的零件都是大量生產，只要是同一型的零件都能相互替換。大量生產是工業革命的基礎，從而發展出製造像螺釘、齒輪、彈簧、金屬線等細小零件的能力。

接下來人們又發現了低成本、快速製作鋼材的工法，亨利・柏塞麥（Henry Bessemer，生於一八一三年）在試圖改善鐵的質地時，發現就算不靠燃燒的煤，也能利用熱風來使鐵的溫度升得更高。這種新的工法可有效去除鐵裡頭的雜質，之後再添加適量的碳，便能鍛造出鋼材。鋼比純鐵更堅固、硬實，也更耐磨，還帶有一點柔韌性，這使它成為理想的製釘材料。

這些進展促使了高速運動的硬壓型機器在十九世紀被製造出來，我們終於有能力製造大量的鋼線，再利用它們來製作便宜的釘子。

這些線釘都是細細圓圓的，一開始並未受技術嫻熟的木匠青睞，因為它們的抓力比方形釘來得差，但最後低廉的價格戰勝了一切，產量開始突飛猛進。一八八六年，美國境內有百分之十的釘子是鋼線切割而成的；到了一九一三年，這個數字上升到百分之九十。

今天，一臺壓釘機一分鐘可製作八百多根釘子，有幾種不同類型的釘子可供選擇：平滑的線釘（最常見）；有鍍層的釘子，像是鍍鋅可以更防鏽；以及微微帶有螺紋或紋理的釘子，稱為倒鉤釘（barbed nails）。但它們都是從捲在滾筒上的鋼線開始成形，就跟二十世紀初的機器所製造的一樣。通常這些線材的直徑是六毫米，尺寸太粗，所以會靠旋轉滾筒去拉長這些鋼線，使它變細，再把變細的鋼線切成小段。不過要把每段鋼線轉化成釘子就得靠兩件事：首先，用刀刃將其中一端壓擠成尖細的釘尖；接著，再用另一臺機器施以重力，使另一端形成釘頭。就是這樣，不必靠高溫，也不必靠肱二頭肌施力錘打，就能自豪地說我們辦到了（we've nailed it）。

當你看著一根釘子時，你看到什麼？如果你是工程師，也許你看到的不僅僅是一個看似死氣沉沉的固體，而是能承受敲打、推力、拉力和剪力（sheer）的關鍵零件。這些作用力是工程師使用釘子將東西接合起來、固定它們時，需要考慮的因素。

要安裝釘子，你就得用力敲擊它，使它鑽進可容納它的材質裡。釘尖可確保釘子在不造成太大損害的情況下戳破表面，這是因為施力的面積越小，應力越大，所以釘尖能有效傳導鎚子的鍾打力。你穿著細跟高跟鞋站在草地上時會陷進去，也是基於同樣的原理。

這種力除了透過釘子施加在受力的材料上之外，也會被釘子本身吸收。我上次要掛一幅照片時，就把要鍾進牆裡的釘子給鍾彎了。你可能認為這是因為我敲釘子的角度偏了，所以力沒有直接灌進釘身，但問題不只出在這裡，事實上，是我敲打釘子的力道不夠大，這說明了金屬適合拿來製作釘子的另一種特性。不過我剛說的理由似乎有點反直覺，不是力道越大，釘身就越可能變形彎曲嗎？這對大型建築物或橋樑來說，的確如此，因為結構的重量是長時間施壓在骨架上。但釘子的情況不一樣，因為要看的是作用力施加在它身上的方式以及它對這個作用力如何反應。這裡談的不是長時間受力的情況，當你敲打一根釘子，那個壓縮力（compression force）是巨大的，衝擊波會透過釘身傳遞，但載重時間只有幾分之一秒。如果敲打釘子時足夠用力，它就沒有時間彎曲，部分原因在於金屬載重時的奇特特性，使它們變形的載重量取決於這個載重被施加的速度有多快，速度越快，金屬就能承受更大的力。

一旦釘子被敲打進去，就得靠摩擦力（friction）固定。摩擦力是兩個表面相互滑動或試著相互滑動時會產生的力，如果你想把釘在一起的兩塊木頭拉開，木材纖維會緊緊抓住釘身，而釘子會感受到有力量正試圖沿著它的長度撕裂它，這種力稱為張力（tension）。釘在一起的木頭會因以下兩種原因之一而被分開：張力太大，導致釘子被拉長，進而斷裂；或者因為摩擦力被攻克，釘子鬆了。拉長釘子所需的力道比表面的摩擦力大多了，所以不必太擔心前者，我們要關注的是摩擦力。

釘子和木塊之間的摩擦力大小，取決於兩種材料的接觸面積以及它們的粗糙程度。木材是缺乏一致性的材質，樹是活生生的生物，會越長越高和越長越粗，葉子也會不斷生長和掉落。一旦樹被砍伐成木材，其表層的

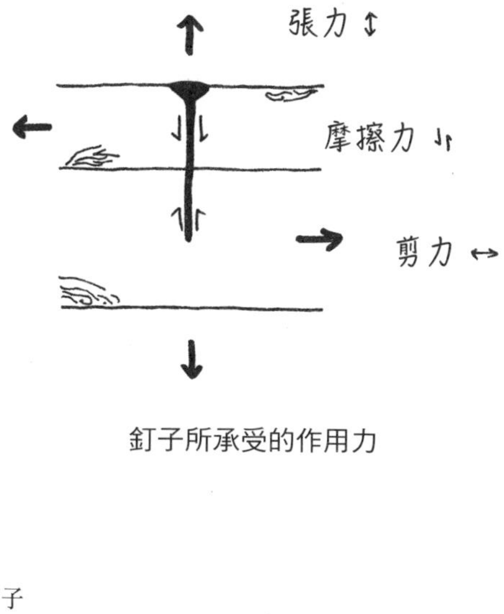

釘子所承受的作用力

硬度、含水量、紋理方向、周遭環境的溫度和濕度都會影響材質。而這些因素也會隨著時間的推移而改變，因而影響到摩擦力。後面我們將會看到，螺釘克服了其中一些問題。

釘子會承受到的另一種力叫做剪力。想像底部的木塊固定住釘子，但頂部的木塊往側邊移動，這就造成剪力效應。一根釘子所能承受的剪力程度主要取決於它的材質和橫斷面的面積，材質越堅固、面積越大，它所能承受的剪力就越大。

鋼材所展現出來的些微彈性或延展性，意味它相當善於吸收拉力和剪刀。在用鋼材製作釘子之前所使用的其他材質都有局限性，熟鐵太軟，生鐵太脆，所以當它們受力時，很容易過度變形或折斷，但用這些材料製成的釘子幾個世紀以來都在發揮效用，那是因為它們體積大到足夠堅固，不會失效；但是要讓細線釘發揮作用，得等到有了鋼材才行。

被敲進牆壁裡、好讓我們掛上照片的釘子雖然小，卻良好地展示了這些作用力，也是工程師日常的考量因素之一。像金門大橋（Golden Gate Bridge）這類大橋的橋面板（deck）是靠鋼索撐起來的，得不斷承受橋面板的重量和橋面行駛車輛的拉扯，這些都會製造張力；至於構成橋面板的樑架則會因自身的重量和所支撐的負荷量而承受到剪力。無論結構大小，這些基本作用力都是工程學的核心。

有一個大型結構物可用來示範這些作用在釘子上的力，以及工程師為了處理這些作用力所想出來的對策，那就是六百噸重的瑪麗羅絲號戰艦（*Mary Rose*），她是有過多次婚姻的英國國王亨利八世（Henry VIII）最鍾愛的戰艦，於一五四五年的索倫特戰役（Battle of the Solent）中沉沒，在海底沉睡了數百年才被重新發現，現在放在英國南岸的樸次茅斯（Portsmouth）展示。如今她的船體已經裂開，宛若正在腐爛的肋骨，但看到她所剩的殘骸，仍然令人印象深刻，尤其考量到她突然沉入海底時的混亂場面，以及這幾百年來被不斷變化的索倫特海潮無止盡地拍打。她底部是龍骨（keel），即船艦的脊椎，曾經是吃水最深的部位，船肋從龍骨往上延伸，形成船體的骨架。船內有四層甲板，由甲板樑和木板構成，末端由稱之為肘板（knees）的L型木塊支撐。（航海工程學自有它生動的詞彙。）另有相當數量的木釘（或稱樹釘〔treenail〕）突出於木板和肘板之上，它們是幾百年來將船體固定住的扣件（fastener）。

樹釘是圓柱狀的木杆，通常比金屬製的釘子來得更長更粗，瑪麗羅絲號的樹釘有半米長。樹釘沒有尖銳的釘尖——這是我們會聯想到的釘子特徵之一——因為就算有尖銳的釘尖，它的材質也不夠堅硬，無法刺穿另一塊木頭。反而得使用一種螺旋鑽（現代電鑽的古老版本）先在木板上鑽出一個稍微小於正確尺寸的孔洞，再把樹釘的末端浸在動物油脂裡，有助於它滑進洞中，最後再拿一把的沉重的長柄木槌將它敲打進去。為了更牢靠地固定樹釘，有時候會稍微劈開末端，塞一點填縫的材料或塗有柏油的纖維進去，隱約形成一個鐘形。

因為船隻結構必須經常修繕和更換，能輕易鋸斷的木釘就非常適合用於船艦。此外木頭遇到水汽會膨脹，因此當船隻在海上時，木釘會變得更加牢固。但在肘板等關鍵處，樹釘的韌性不足以承受強大的作用力，於是會在接合處插入鐵條，提供額外的強度。

這艘巨大船艦航行於海上的三十年間，都由樹釘將她牢牢固定為一體，抵禦風浪以及與法國艦隊的海戰。她的結局依舊成謎，只知道當她駛向敵艦時，突然船身傾斜進水並快速沉沒，幾乎所有船員都不知所終。即便在退朝時偶爾看得到零落的船身，但主體最後沉沒的地點不明，不過自一九六〇年代中起，有個潛水小組開始有系統地在索倫特搜索瑪麗羅絲號的殘骸，終於在一九七一年找到殘骸的位置。當時大部分的鐵已經在鹹水裡朽壞，所以船體仍被牢牢固定住的幕後功臣其實是木釘。為了保住木材的完整性，她在被打撈時，所有剩餘的鐵都被移除。如今瑪麗羅絲號的船身已經變得乾燥並縮小，原本與木材表面齊平的樹釘，都露出釘頭來，彷彿是在為它們保持船體完整的功勞尋求認同。

瑪麗羅絲號是第一批為特定目的建造的戰艦之一。二百二十年後，英國的勝利號（HMS *Victory*）在查塔姆（Chatham）的皇家船塢（Royal Dockyard）下水，她是那個時代最大的木造船，至少使用了兩千棵橡樹建造，而且需要靠三十七張獨立的風帆來導引方向。在勝利號建造時，技術已經進步許多，所以雖然還是靠大型樹釘來固定其中一些部位，但也使用了很多金屬扣件將她固定起來。船的結構有許多奇特又令人浮想聯翩的詞彙，勝利號上的連接件包括「哄騙」（coax，一種用癒創木製成、又短又寬的木栓）、「握緊」（clench，巨大的銅棒，用來約束主要的結構）、「甲板垃圾堆」（deck dump：又長又粗的熟鐵棒，可以彎曲，可能是用來連結甲板結構和船體）、燈籠釘（lantern nail，帶有L形釘頭的熟鐵釘，可以掛燈籠）、額毛螺栓（the forelock bolt，它的錐形尖頂有個洞，可以把鐵楔穿進去，將螺栓鎖住），以及蒙茨金屬釘（一種大型的黃銅合金釘，尖端銳利，以它的發明者兼伯明罕實業家喬治・蒙茨〔George Muntz〕來命名）。

到了這時候，工程師對的材質運用更慎重了，譬如在水線以下使用銅製的連接件，因為銅不像鐵，不會跟海水產生不良反應，損害到木材。含有銅和鐵的蒙茨金屬釘的好處在於比純銅便宜，又具有一定抗腐蝕的特性。至於在水線以上和船體內的連接件則使用鐵。

勝利號在一七六五年下水時，可說是當時尖端技術的結晶，曾在美國獨立戰爭（the American War of Independence，一七七五年到一七八三年）中作為領航艦，後來在一八〇五年特拉法爾加戰役（Battle of Trafalgar）中擔當納爾遜（Horatio Nelson）中將的旗艦而一戰成名。但那是動盪的工程創新時期，隨著工業革命發展蓬勃，舊有的建造方法很快就被拋在一旁。勝利號是在英國製造的最後一批大型木造戰艦之一，在此之後則都是以鐵材為主的鐵造船，需要的扣件也有所不同。你現在仍然可在樸次茅斯皇家海軍國家博物館（National Museum of the Royal Navy）的乾船塢看到木造船的紀念碑。如果你到此處參觀，除了瞻仰讚嘆這艘船外，也務必要去看一下展示櫃裡各式各樣的扣件收藏，這些證據證明了工程師經常以不顯眼但獨創的方法，將材料結合成可移動的複雜結構。

瑪麗羅絲號上出現的木頭樹釘證明了雖然金屬釘用途很大，但並非總是最佳選擇，有時候這只是單純的必要措施。日本並不是鐵礦石產量豐富的國家，因此耗時費力從鐵砂中提取的金屬，大多被保留下來製作傳奇的日本武士刀。從第五世紀開始，日本的寺廟和寶塔都是靠各種精雕細琢的木片或木塊，準確地插進眾多複雜又環環相扣的榫接處而建造出來，過程中沒用到任何金屬接合物。這些純木造的榫接所展現的柔韌性更適合挺過日本常見的地震，因為地震產生的能量可以透過榫接的震動來抵消。

但在其他情況下，工程師也可能面臨到就算釘子功能再強大也無法勝任的窘境。釘子的最根本缺點是它得依賴摩擦力來牢靠固定，這意味釘子必須夠長，而且整個釘身都必須被接合在一起的材料包覆，否則摩擦力就會不夠，無法將其固定住。震動和反覆運動可能會破壞這種摩擦力，導致釘子鬆脫，所以如果一個工程結構得不斷承受震動，釘子或許就不是最佳選擇。

沒多少東西比飛機更容易晃動。我很怕坐飛機，身處在離地數千公尺高的空中，僅靠薄薄的金屬將我跟外界空氣隔開，這令我感到緊張。但要不是我知道工程師已經設計出可以承受這些震動的扣件，我恐怕會更緊張。

有鑒於我對飛行的恐懼，以及釘子並不適用於建造飛行器，因此當我發現早期的飛機有些部分確實是用釘子固定在一起時，我感到有點不安，但也對搭乘這種飛機的傑出機組人員充滿敬意，比如近衛夜間轟炸航空兵第四十六塔曼團（the 46th Taman Guards Night Bomber Regiment），其中有一位導航員叫做波琳娜·弗拉基米羅芙娜·格爾曼（Polina Vladimirovna Gelman），她在一九三〇年代開始學習駕駛滑翔機，當時她還只是個十幾歲的少女。由於個子嬌小（或者可以說是當時飛機設計的包容性不足），在第一次滑翔飛行中執行教練教她的第一個動作時，她竟然得從座位上滑下去，消失在座艙中，才碰得到方向舵的踏板，結果格爾曼被告知不用再回來了。在第二次世界大戰期間德國入侵俄羅斯時，她聽說有一位叫做瑪麗娜·拉斯科娃（Marina Raskova）的飛行員正在組織一支全女性的空軍團，但那時候的飛機仍然不適合格爾曼的體型，因此儘管她渴望成為飛行員，最後還是改為接受導航員培訓。

格爾曼和她的飛行員駕駛的飛機型號是波里卡爾波夫Po-2（Polikarpov Po-2）。她們和其他隊員在夜色掩護下以德國戰壕、補給線和鐵路為目標，她們會在趨近目標時關掉引擎，在無聲滑翔間投下炸彈。儘管滑翔的動作寂靜無聲，但還是可以聽到呼嘯穿過機翼結構的風聲，下方的士兵覺得這種聲音就像是騎著掃把的魔女，於是戲謔地稱她們為夜襲魔女（Nachthexen）。

起初這些女性飛行員受到男性同袍的輕視和低估，但她們經常頂著睡眠不足和惡劣天氣執行任務，最終證明了自己的價值。大多數盟軍飛行員在返航之前只能執行三十到五十次任務，但在小隊裡身為上尉的格爾曼竟完成了八百六十次任務，這成就令人印象深刻。她是蘇聯唯一的女性猶太英雄（Jewish Hero），這是蘇聯公民和外國人所能獲得的最高榮譽（猶太人的身分意味她不被認為是俄羅斯人），後來她也在軍旅生涯中獲得金星勳章。

我曾在英格蘭比格爾斯威德（Biggleswade）的沙特沃斯飛機收藏館（the Shuttleworth Collection of airplanes）看過Po-2。就飛機而言，它廉價又簡陋，但是堅固可靠（這款機型保養得不錯，還可以飛行）。它只有八米長，屬於雙翼飛機，也就是說它有兩組機翼，一組在上面，另一組在下面。但對我來說，最值得注意的是Po-2是木造的，這意味釘子在結構和建造上有其角色。主體部分，也就是機身，由上下各兩根堅硬的長木樑建構成頂部和底部，再用垂直的木柱連結，形成長方形的框架，木柱之間的對角線都另有斜木條作支撐，以鞏固機身。這個主體結構以堅固的鋼板和螺栓來接合，也有用釘子固定，以強化它的穩固性。機身最外層的彩繪是用亞麻布黏貼在第二層由細木條構成的弧形肋狀結構上，並先用釘子固定等膠水乾透，之後通常會拆掉釘子，以減輕重量。

第一次世界大戰期間，木材已經用於建造飛機。自那時起，航空工程持續發展。第二次世界大戰初期的飛機（譬如著名的颶風戰鬥機〔Hawker Hurricane〕），機身結構與一戰時相去不遠，只是換成僅有一組機翼，且材質從木材改為鋼材。這段時間算是過渡時期，飛行器都是以鋼材作為主要結構，但木材和織物仍會用於外殼上。在這些飛機上，釘子仍然會登場，目的是要固定住織物，但是鋼板和樑則用很薄的金屬板製成，因為太薄，沒有容納釘身的空間，所以沒辦法靠釘子固定，而是需要一種完全不同的扣件。幸好古代世界的工程師早已經設計出可以勝任這份工作的扣件，那就是鉚釘。

鉚釘就像線釘一樣有圓柱形的釘身，但是比較粗。不同於線釘的是，鉚釘沒有尖銳的釘尖，相反，它們有兩個圓頂狀的釘頭，看起來像是迷你的啞鈴。環顧身邊，你可能會看到工業革命時代的鐵路橋樑和建築物都點綴著成排的圓頂釘頭，它們負責將結構上的樑柱接合起來。如今這類結構上的鉚釘已經過時，取而代之的是螺栓，我們會在下文討論到。不過航太產業的工程師仍然普遍使用鉚釘，因為從以前到現在它都比佔空間又沉重的螺栓具優勢；如今也使用金屬而非木材來造船的造船業者一樣青睞鉚釘。不過這些行業都只算是鉚釘的受益者，鉚釘並不是由這些行業的工程師發明的。為瞭解故箇中原因，我們得回到更久遠的年代。

有兩種羅馬護身盔甲——鏈條盔甲（*lorica hamata*）和分段胸甲（*lorica segmentata*，有金屬環扣在皮革帶上）——都用上了鐵鉚釘。在穆奇哈德姆村的鐵匠鋪裡教會我製作釘子的鐵匠里奇解釋了它的起源，原來是鐵匠們受到木工技術的啟發，試著利用卯眼和榫頭的接合原理將大鐵塊連接起來。榫接是將某個物件其中一端的榫頭（或者說突出的部分）插進另一個物件的卯眼（也就是凹陷處），這方法很適合木材，因為木材的榫頭和卯眼可以被仔細雕刻出來。但鐵的性質和它的成型方式不像木材，不容易做出光滑的表面，這表示你無法在卯眼和榫頭之間製造出足夠的接觸面來產生必要的摩擦力。此外，光靠摩擦力也不足以將兩塊又大又重的鐵固定在一起。於是鐵匠創造出更長的榫頭，將它穿過卯眼，再加熱榫頭的末端，加以敲打，形成釘頭，這就是鉚釘設計的基礎。

但鉚釘的歷史其實比這還早，有推測指古埃及人早在公元前三千年便在使用鉚釘，而且是在他們製造出釘子之後沒多久。波士頓美術館（Museum of Fine Arts in Boston）擁有證據，那是一個在埃及阿比多斯（Abydos）的古墓中被發現的青銅罐，可以追溯至公元前一千四百七十九年到一千三百五十二年之間。它是一個精美的成品，球狀罐身的上方是短小粗胖的圓柱頸，表面呈現深紅和褐色的混合斑點狀，一些小凹點是青銅被錘打成形時所留下的痕跡，其中一側有蓮花形狀的握把，使用了三根鉚釘接合在罐身上。

對於古代和現代的工程師來說，鉚釘的好處是它不像釘子般得靠摩擦力來固定，而是靠形狀將物件固定在一起。如果你試圖拉開兩塊用鉚釘接合的金屬片，兩個圓頂釘頭的內側表面會在釘身進入張力狀態時抵禦住這種作用力。要以這種方法對抗作用力，鉚釘在安裝過程中就必

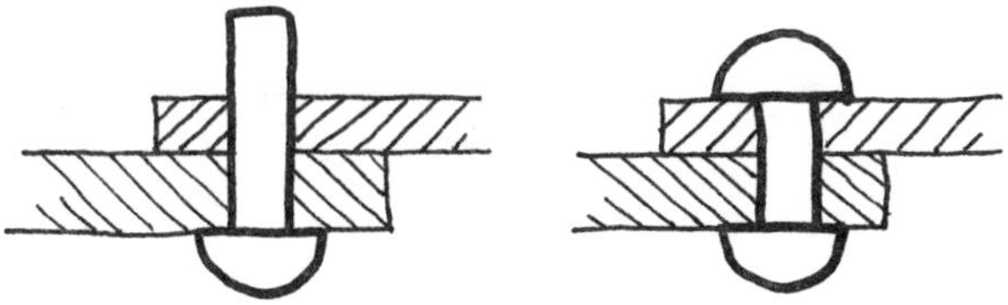

鉚釘：安裝前後

須有所變化（釘子不一樣，它在安裝過程中不會有變化）。鉚釘有兩種，熱鉚和冷鉚，兩者最初都只是圓柱狀的釘身、末端有半球形的帽蓋，安裝之前需要在接合的兩層材料上鑽孔或打洞。

要將承受巨大作用力的大型結構接合起來，譬如我欣賞不已的十九世紀大橋，熱鉚發揮了大用。鉚釘鍋爐工人會在熔爐裡加熱鉚釘，然後迅速丟給鉚釘「捕手」，後者用夾子接住鉚釘，再塞進預先鑽好的洞裡。（我很高興這種在建築工地拋接熱燙金屬零件的手法已經被淘汰了。）接著另一個鉚接工人會拿起有著「鉚釘頭模」（rivet snap）的鎚子用力敲打凸出來的釘身，這是一塊很重的金屬，上面印刻著一個圓頂模，用力錘幾下，就能把釘身敲成另一個圓頂形狀，這樣一來，就有了兩個半球形的釘頭將材料夾在中間固定。等到鉚釘冷卻，它會略微收縮，這意味它會施加出更強韌的夾持力。熱鉚通常是用像鐵或鋼等堅硬材質製成，因此需要靠加熱來形成第二個釘頭。如今這類型鉚釘的安裝工序都已經機械化。

或者工程師也可以選擇冷鉚，它們無需加熱，因為是用較軟的金屬製成，譬如鋁，這表示它們更容易成型。這種鉚釘通常是中空的，比熱鉚小很多，因此重量也輕很多（儘管不像熱鉚那麼強韌）。這類型的鉚釘通常用於製造飛行器，因為將重量最小化能有效降低飛行器的油耗。

像颶風戰鬥機這類飛行器都有數百顆中空的鉚釘將它固定起來，並配合螺釘和螺栓來連結骨架上負載沉重的接合點。不過鉚釘也促進了飛機機身基本設計的演變，颶風戰鬥機的機身由兩組鋼和木製的結構構成，其中一組是內部主要結構，另一組則是外部的弧形骨架和附著其上的蒙皮。噴火戰鬥機（Spitfire）——最具代表性的英國戰鬥機——則是採用完全不同的設計，有著明顯不同的橢圓翼和流線型機身，飛行速度能達到近每小時六百公里。

當我在沙特沃斯收藏館裡，站在離Po-2不遠的地方注視著一架噴火戰鬥機時，我首先留意到它內部幾乎是空的，蒙皮裡面是靠成排的鋁拱構成機身的主要結構，還有狹長的鑲邊沿著每根樑的邊緣與外皮對齊。樑的鑲邊和機身蒙皮這兩層結構靠著數千枚鉚釘鎖住，兩層的鋁材都非常輕薄，它們必須被緊密固定住、以一體的狀態發揮作用，因為如果它們相互移動，就不能像單一的物體那樣強韌，能有效抵禦釘身剪力的鉚釘就很適合用在此處。關鍵點在於，颶風戰鬥機需要兩個骨架（結構和蒙皮），但噴火戰鬥機只需要一個，使用這種機身的飛機既輕巧堅固又性能卓越，完全領先時代。

雖然鉚釘通常都有先前描述的那種圓頂狀釘頭，但噴火戰鬥機的設計師R・J・米契爾

（R. J. Mitchell）希望突出機身的釘頭是平的，這樣氣流才能平滑地流過，飛行速度才會更快。然而誠如大家所知，平頭鉚釘的製造成本較高、安裝時間較長，因此他決定試驗平頭鉚釘是否真的能提升噴火戰鬥機的飛行速度。測試的方法很不尋常，工程師在機身的每枚平頭鉚釘上黏上裂開的豌豆（根據某個說法，外觀看起來就像長水痘一樣），然後開始飛行並記錄速度。隨後又進行多次飛行測試，並在測試中逐步移除裂開的豌豆，再記錄結果。最後證明米契爾選擇平頭鉚釘是對的，數據顯示圓頂鉚釘確實會降低戰鬥機的最高飛行速度，降幅高達每小時三十五公里。

在戰後幾十年間，客機多數是用鋁材製成，結構跟噴火戰鬥機類似。由於機身和機翼承受很大的作用力，使它們收縮和扭曲，此外也會受到突發性陣風、極端溫差變化以及強烈震動的影響，因此鉚釘可說是飛行器不可或缺的重要零件。一架波音七三七型客機得靠六十萬顆鉚釘和螺栓來保持它結構的完整。

二十世紀初，廉價和快速的鋁片製造方法出現，為航太工業開啟了新的設計世界。但要是少了鉚釘，我們將難以想像今天能乘坐到的大型客機，還得倚賴Po-2和颶風戰鬥機外殼裡面那種唐突的骨架，乘客容量也會因而受限。噴火戰鬥機寬敞的鉚接式管狀結構釋放了飛機的內部空間，使我們可以建造出又大又輕便的現代飛機來承載數百名乘客和大量貨物。

噴火戰鬥機等複雜機器之所以能被製造出來，得歸功於從十八世紀末開始並在十九世紀擴大的大規模製造和裝配生產線時代。我們靠像懷特兄弟（Job and Williams Wyatt）等工程師，以及亨利．莫斯利（金屬切割車床的發明者）和約瑟夫．惠特沃斯（Joseph Whitworth）等人才徹底改革了製造方法，使物品可以以極小和精準的尺寸，按特定規格大量製造出來，螺釘也在其中。

螺釘跟鉚釘和釘子一樣，是將物件固定在一起的工程學解決方案。它和釘子類似，有著長長的釘身和一個釘頭，但是它的釘身並不光滑，而是帶有螺旋紋路，此外它也像釘子一樣有尖銳的尾端可以刺穿你想要拿來接合的材料。但與釘子不同的是，你得旋轉螺釘，螺紋才能鑽進材料裡，將扣件嵌進去。而且它還有一點跟釘子不一樣，那就是螺釘是靠機械性的抓握力將物件夾在螺紋之間。

摩擦力對螺釘來說也很重要，它會在螺釘以及安裝物料之間發揮作用，阻止螺釘旋轉和鬆動。如果你試圖拉開兩個被螺釘固定在一起的東西，與其說會直接在釘身上出現張力，倒不如說會出現物料沿著螺紋推擠的作用力。在安裝過程中，螺釘經歷到的作用力也不同於釘子，它不是被快速敲擊，而是在螺絲起子的旋轉下經歷穩定的扭力（torsion force）。製作螺釘的材料必須夠強韌，才不會在扭轉時變形。

你可能認為螺釘是更好的扣件，一種成熟形態的釘子。沒錯，螺釘通常用比釘子還要堅硬的材料製成，因為它們必須夠強韌，才可以在不變形的情況下被旋轉鑽進去物料之中。拜螺紋之賜，它們能夠緊密地將物件固定住，並且抵禦張力（拉力），所以你可以把東西掛在螺釘上，而不用擔心它會鬆動。螺紋可以製作得很緊密，螺柱也可以很短，這代表螺釘可以把很小的東西固定在一起，譬如手錶的零件或很薄的金屬片。而且安裝後，要把螺釘拆下來也比較容易，只要拿螺絲起子往另一個方向轉動就行了。

在此同時，由於螺釘的質地較硬，因此較容易在受力時折斷，但釘子卻更具延展性或彈性，所以不容易斷裂。起初安裝螺釘是有難度的，直到釘頭設計加入了圖形，才解決了問題（有＋或－的圖形符號可插入螺絲起子）。在莫斯利的機器出現之前，製作螺釘既昂貴又費工，每顆螺釘的紋路都是煞費苦心手工切割出來的。這意味在十五世紀之前，就算歐洲有螺釘，也不是唾手可得，一直到工業革命期間才變成便宜又可廣泛使用的成品。

然而螺釘的概念——或者更具體地說，螺紋包覆在軸身上的概念——長期以來都是工程學的一種特點，其功能不是只將兩個東西接在一起而已。古埃及有一種灌溉工具，現在被稱之為阿基米德式螺旋抽水機（Archimedes screw）。想像一下有個空心的木管裡面裝有一根帶螺紋的長圓柱體，然後把它傾斜放置，其中一頭浸入河流或湖泊裡，另一頭抬高放在岸邊。這時如果用一根手把轉動帶有螺紋的長圓柱體，螺紋就會把水困在管子裡，將它拉升上來。這種灌溉方式目前仍見於埃及尼羅河（Nile）沿岸，有人認為這或許是阿基米德獲得靈感的地方。然而現在有理論認為，這個工具的發明，要再早個幾百年，也就是公元前六世紀，由一位效力於國王尼布甲尼撒二世（King Nebuchadnezzar II）的工程師設計，用來灌溉著名的巴比倫空中花園（Hanging Gardens of Babylon）裡的植物。據我們所知，自有螺旋這個概念以來，水螺旋是首度出現的成品，螺旋在數學上是一種複雜的形狀，製作難度甚高。

到了十六世紀，螺釘被納入簡易機械的清單裡（清單裡還有槓桿、輪子和輪軸、滑輪、斜面，以及楔子）。「簡易機械」（simple machines）的概念最初是由希臘人發想出來，後來經文藝復興時代的科學家和工程師修訂，最後確立出數個幾乎不含活動零件的工具，它們能夠用於抵禦作用力，通常是靠改變作用力的方向來達成。

譬如沿著斜坡把重物往上推，（這是建造金字塔時所運用的技術），會比垂直抬起重物來得容易許多。又或者試想有一個小孩利用蹺蹺板去舉起她的父親，蹺蹺板就是一種槓桿原理，如果她父親坐在其中一頭，位置離支點很近，小孩就可以靠壓住另一頭的末端來將他舉起，但如果只單靠這個孩子的肌肉或身體重量，顯然是不可能達成的任務。而就螺釘來說，它的螺紋會將旋轉運動轉換成線性運動，因此在阿基米德式螺旋抽水機裡，柱身的旋轉會沿著直線將水拉上來。

要是沒有這種從旋轉到線性的運動，許多地方的摩天大樓將無法存在。最早期的大樓都出現在像曼哈頓這種地基很堅硬的地區，靠一塊厚厚的水泥板便足以將整座大樓的巨大重量擴散進下面的岩塊裡；但像倫敦這樣的城市是坐落在較軟又易變的地基上，也就是黏土。黏土是細土，由很小的粒子組成，它們被水沖積和磨碎，潮濕時會膨脹，乾燥時會收縮，而且會裂開，還會隨著季節和年度出現變化，這對於一座大樓的基礎來說會構成問題。

為了解決這個問題，工程師使用了樁柱（pile）這種像高蹺一樣的基礎構造，將它們插入地面來支撐結構。一座摩天大樓可能由數根直徑超過一米的巨大水泥柱支撐，這些水泥柱深入地面四十米，就規模來看，可能跟釘子相去甚遠，但是兩者都是以類似的方式承受作用力。跟釘子一樣，樁柱之所以管用，是因為力是作用在表層，也就是樁柱的表面與土壤之間。

但是建造樁柱對工程師來說也充滿挑戰，因為他們需要挖掘出一個相對窄但非常深的孔，好讓水泥能夠灌進去，並待其硬化。而這裡就是螺紋可以派上用場的神奇之處了，它被應用在叫做打樁機的機器上，其中一類打樁機靠著一根由發動機驅動、又長又大的垂直螺旋鑽桿不斷旋轉，以鑽進地下，泥土於是被困在螺紋之間，等到螺旋鑽桿被抽出來的時候，附著在上面的泥土也一併被挖出來，地面就留下一個洞，這就像用螺旋式開瓶器從葡萄酒瓶裡拔出軟木塞一樣。接著把鋼筋籠放進洞中，再灌入水泥漿，水泥硬化後會跟鋼筋結合在一起，形成堅固耐用的結構，有效將載重量疏導到地底。

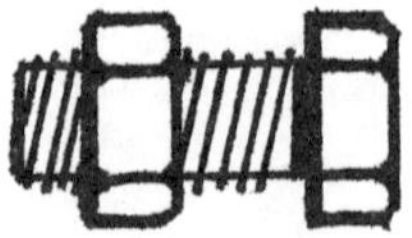

螺帽和螺栓

在大規模精密製造的時代裡，誕生了另一種扣件，也是我特別喜愛的一種，它也成了一種慣用語，意思是能使東西運作的基礎零件或元素，而本書的原文書名（*Nuts and Bolts*）也是以它來命名。

螺栓某程度上是螺釘和鉚釘的綜合體，它有一個圓柱形的長桿，頂部是六角形的栓頭，這栓頭被設計成可以用扳手來擰緊。它的整根柱身都布有螺紋，或有時候只有尾端有螺紋，目前看來，它在很大程度上類似於矮胖的螺釘。安裝螺栓時，必須先在鋼樑或鋼柱上鑽好孔洞——就像使用鉚釘一樣——然後只單靠一個人就可以把螺帽旋轉進螺栓的尾端。螺帽是六角形的環狀物，中間圓孔內層表面的螺紋與螺栓的螺柱紋路完全相反。拜莫斯利的車床等機器之賜，兩邊的螺紋完全吻合，因此螺帽能夠被轉進螺柱裡。

螺栓看起來很像螺釘，可是從作用力和工作原理來看，它其實更像鉚釘。當螺帽和螺栓被擰緊時，它們就把需要固定住的金屬片夾住了。像橋樑和摩天大樓這種大型結構都需要接合相當厚的鐵板或鋼板，螺釘在此起不了作用，因為幾乎不可能靠轉動螺絲起子來把它鑽進金屬板裡。熱鉚則在一定程度上可以幫上忙，但它們是由較軟的鐵製成，以便能在現場用鎚子敲打出第二個圓頂釘頭，而這是危險又費力的工作。擰緊螺帽的動作相較於到處飛散的熱燙金屬碎片，就來得安全多了。螺栓可以用比鉚釘還要硬的鋼材製成，使其更加堅固。今天建築工程中常用的螺栓類型，是一種直徑只有二十毫米的螺栓，它可以承受約十一噸的拉力，相當於一輛倫敦雙層巴士的重量。

但事情也並非那麼簡單。一位叫做奧瑪・雪瑞夫（Omar Sharif）、自號「螺栓狂」的工程師，檢查過碎片塔裡成千上萬顆螺栓承受的作用力，在我跟他重新取得聯繫時，他說本書的書名應該改成《螺帽、螺栓和墊圈》（*Nuts, Bolts, and Washers*）。他說得有道理。墊圈是薄而扁平的鋼環，對螺栓的功能至關重要。它被夾在螺帽和被接合的鋼材之間，負責分散螺帽的夾持力。少了墊圈，擰緊螺帽的動作可能就會在橫樑和立柱上造成微小的裂縫，並削弱它的結構。套句奧瑪的話，墊圈對螺栓的重要性就像《鼠來寶》（Alvin and the Chipmunks）裡的艾文跟花栗鼠一樣，缺一不可。（但是在經過深思熟慮後，我決定還是不要變更書名，畢竟《螺帽、螺栓和墊圈》沒有那麼好聽。）

用來連結碎片塔頂部（也就是尖塔〔spire〕）的螺栓也引伸出一個特殊的工程問題。吹向尖塔的陣風會往下貫穿鋼架，吹進主塔的混凝土主幹。主幹就像骨架一樣讓它堅固地挺立，而最關鍵的部分在於它的接合點，就像骨頭與骨頭之間的連接點一樣。螺栓和焊接的複雜應用將橫樑與立柱連接在一起，撐起整座建物。由於尖塔是暴露在自然元素裡（譬如風和雨），而且觀景臺上的遊客都看得到它的結構，因此螺栓必須強韌到足以抵擋風力，也要夠耐用，以抵禦天氣摧殘，還要易於在高空安裝，並且兼顧美觀。

有鑒於這背後的種種耕耘，所以你絕對不會訝異，當我去參觀碎片塔的時候，我欣賞的並非眼前的倫敦美景，而是深情款款地仰望那些受到釘子啟迪才得以誕生的螺栓——有賴它們，才得以將尖塔固定為一體。（奧瑪堅稱他也一樣。）這些螺栓是強大、美麗和精心設計的工程零件，有著悠長的歷史，每一顆都能安心地放進我的掌心。

第二章

輪子

Wheel

鬧鐘響了，我在床上翻過身，把關掉它，然後查看時間。我費力地走向浴室，打開水龍頭，啟動我的電動牙刷。等到漱洗完和穿好衣服，我移動到廚房，打開冰箱門找牛奶，再倒入平底鍋，和著燕麥一起攪動，也許今天適合用攪拌機幫自己做一杯自製奶昔。吃完早餐後，我轉動門把離開公寓，搭上火車。

對許多人而言，這是一個例行的早晨，甚至有點單調平凡。但等下次你這麼做的時候，留意一下每一天的早晨中充斥了多少旋轉的東西，而且這還沒完喔：從移動我們的交通工具到鋼珠筆尖上的球體、從起重機上舉起重物的滑輪到能告訴我們時間和位置的衛星裡頭負責穩定的陀螺儀。若是詢問人們有史以來最棒／最具影響力／最久遠的發明是什麼（隨你選擇），我猜大多數人至少都會想到輪子，即便他們很想舉出其他更原創的東西——因為輪子就是很標準的答案。

儘管輪子對我們來說是如此熟悉，我們覺得自己清楚它是什麼、知道它的作用是什麼，但它仍然有一些出人意表之處。首先輪子之所以被普遍認為是有史以來最棒的發明，那是因為它對我們的移動方式帶來了堪稱改變世界的影響。但事實上，輪子不是為了移動我們才被發明出來的，它最初有另一個迥然不同的用途。不僅如此，我們也認為輪子這種繞著軸心旋轉的圓形物體，是千年以來都不曾改變的東西，以至於到了現在，它甚至成了一句俗語：不要重新發明輪子（don't reinvent the wheel），意思是多此一舉。

（諷刺的是，二〇〇一年澳洲一位律師成功取得了某種「圓形交通便利裝置」的創新專利，他試圖透過重新發明輪子這件事，來強調新專利制度的缺失。）但我並不同意那句陳腔濫調的話，在過去五千年裡，世界發生了巨大的改變，而且在這段期間，我們**已經**一次又一次地重新發明輪子，不僅在它的形態上多有發揮、利用新的材質製作它，也徹底改變了它的**使用方式**，以及對我們的**用途**。在我這本書裡，這就算是重新發明。

對一些發明來說，譬如帶翼飛行、魔鬼氈、聲納，靈感都是取自大自然，但輪子是人類的勝利。犰狳會蜷縮成一顆球滾動，風滾草也是，還有糞金龜會將糞便做成球體狀，以便輕輕推動。可是讓一個會旋轉的物體跟另一個不會旋轉的物體相互作用而創造出來的裝置，這在自然界是沒有先例的，所以這真的是……革命性的。

有一天我在工作室裡製作出一坨不可名狀的黏土，這就不太像是人類的勝利了，它嘲諷地在我面前不停旋轉，彷彿想從各個角度去證明我的一切努力都是醜陋的。我當時把黏土丟在一個會旋轉的輪子上，試圖用雙手形塑它，但僅僅花了二十秒我就意識到自己的製陶技術還需再加把勁。不過其他人類至少自公元前二萬九千年起，就已利用黏土巧妙地製作出各樣物品。雖然黏土對現代世界的高樓大廈來說不是最理想的基礎材料，但它的可塑性對我們的祖先而言卻是最理想的。起初他們單憑手工從無到有形塑出陶土容器，後來發明了泥條盤築法（coiling method），將長條的黏土捲繞疊放成螺旋狀，再用手指慢慢撫平表面，這是一道緩慢的工序。

隨著人類開始建立起永久的聚落，為了要種植、儲存和烹調食物，先民需要更快速的方法來製作數量眾多、大小適中和品質良好的陶器。

輪子最初是為了製陶才發明的，最古老的土輪出自大約公元前三千九百年的美索不達米亞（Mesopotamia）。陶工的陶輪是一塊又大又沉重的圓盤，用燒製過的黏土或木材製成，上層表面是平的，但底部有一個凸起物，可以嵌進一塊頂部為圓弧狀且被固定住的木頭或石塊。陶工會用手來旋轉上面的圓盤，因為圓盤有重量，所以會持續旋轉一段時間。

陶器曾有一段時間都是用泥條盤築法製成，它們會被放在陶輪上，以便使表面能夠迅速變得平整和完美，生產出更為一致的成品。後來出現了靠腳踏板驅動陶輪的機械裝置，才使得陶工的雙手獲得解放，能夠專注利用雙手將黏土塑形，而這種持續旋轉的運動終於帶來了將黏土丟到旋轉盤中央的製陶技術，就像我剛提到的那樣。然而與我不同的是，熟練的工匠能夠迅速製作出方方面面都很一致的陶器，並生產出足夠的數量來滿足人類聚落不斷上升的陶器需求。

懂得利用在固定點上進行旋轉運動的第一人是美索不達米亞的陶工。儘管我們常常認為輪子的發明先於所有其他發明——在這裡我要怪一下卡通《摩登原始人》（The Flintstones）裡的主角弗萊德·弗林史東（Fred Flintstone）和他的穴居人汽車——但其實早在輪子發明之前，先民就已經在製作珠寶、葡萄酒、船隻和樂器了（這些都是令人印象深刻的工程壯舉）。

而利用圓周運動來帶你直線前進的構想，乃是想像力的一大躍進。的確得有人重新發明輪子，或至少得重新發現它的使用方式，而且這看起來確實是一大躍進，畢竟多數發明都是隨著時間演變而來，例如自然形成的尖銳岩石啟發了我們將其他石塊磨利，當成工具，然後我們開始把它附著在手把、長棍或箭杆上；但說到輪子和輪軸，它的基本形式卻不是慢慢演變而來的——你要麼會用，要麼不會用。發明輪子的人必須具備先進的木工技術，才有辦法在中央位置挖出孔洞，還要有很粗的樹幹可以製成輪盤，並且要有在平坦地面運輸重物的需求（鮮有發明是在沒有任何需求的情況下出現的）。除了嫻熟的技巧、地形和技能的完美配合之外，還需要一些真正創新的思維，因為輪軸——輪子得靠它才能成為實用的工具——本身就是複雜的工程傑作。

以最基本的形式來說，輪軸只是穿過輪子的一根杆子，它們可透過兩種方式結合：要麼將輪軸固定在交通工具上，讓輪子繞著輪軸旋轉；要麼把輪子和軸固定在一起，兩者同時旋轉。輪軸需要夠結實，才能承受車輛的負荷，也需要有足夠寬鬆的空間來供系統轉動，同時又足夠緊密到不會顛簸碰撞。如果輪軸太粗，摩擦力會上升，減緩系統的運行速度，並因磨損而縮短壽命。輪子和輪軸的接觸面也必須光滑且在弧度上近乎完美。在像鑿子這類金屬工具變得普遍之前，精細的木工工序對工匠來說向來都是很吃力的。基於以上的理由，以及從我專業工程師的角度來看，《摩登原始人》裡弗萊德車子上的輪軸永遠不可能發揮作用。

有鑒於輪軸系統所涉及到的複雜性，一些歷史學家認為它不太可能是在不同地方各自獨立發明出來的，相反，他們認為是輪軸系統被發明之後，就一路迅速傳播到整個歐亞大陸，畢竟它的好處顯而易見。多個世紀以來，先民都是靠動物和／或雪橇搬運東西，但是動物會疲累，需要食物和照顧；而雪橇儘管便於在平坦和結冰的地面滑行，但在其他情況下，雪橇下方的支撐物和地面之間存在很大的摩擦力，而顯得笨重無比，雖然它的形狀可能是圓的，但輪子絕對更具優勢。

輪子的快速傳播使得它的起源難以確定。考古學家在美索不達米亞的烏魯克（Uruk）發現了來自公元前四千紀中期的泥板，上面繪有馬車，這跟在如今波蘭布洛諾西（Bronocice）找到的陶器上面所繪製的帶輪交通工具似乎是同一時期的產物。在多瑙河（Danube）岸和北高加索地區（North Caucasus），也有泥製的馬車模型出土。帶輪玩具也出現在殖民時期前的美洲，這表示輪子可能是在那裡獨立被發明出來的，但是並沒有證據顯示那裡曾出現過大型的帶輪交通工具，可能因為當時的主要文明坐落在群山環繞的湖泊地區（阿茲特克人〔Aztecs〕的家園）和陡峭的山脈裡（印加人〔Incas〕），這意味更適合用動物來當交通工具。

要找到帶輪交通工具的考古證據，就得前往俄羅斯北高加索地區斯塔夫羅波爾市（Stavropol）東邊。考古學家在這裡找到一處遺址，裡面有成千上萬座古墓，它們曾在公元前五千紀被當地人挖掘出來，然後在公元前四千紀被顏那亞人（Yamnaya）重新利用，而且又建造了更多座墳墓。其中一座墓中有一些有趣的東西，考古學家在一條深而狹窄、類似地下墓穴的井道裡挖掘出被埋在四輪馬車座位上的一副男性骨骸。雖然馬車嚴重毀損，但它可以追溯至公元前三千三百五十六年到三千零三十三年間，使其成為四輪馬車曾經存在的最早證據之一。

這輛馬車的輪子是實心的，每個輪子都由三塊橡木板拼製而成，並靠木製的暗榫或楔子（類似樹釘，這是另一個例子，證明釘子在工程學上有多重要）接合起來。不能直接把樹幹切成圓片的原因是，樹木的天然紋理會讓它在循某些方向切割時比較堅固，另一些方向就很容易斷裂。若反覆使用，就會更容易影響到相對脆弱的切割方向，導致輪子變形。顏那亞人被認為是最早馴化動物的人種之一，被馴化的動物會用來拉動馬車，因此畜牧也影響了這項發明，畢竟要是沒有動物，馬車就沒有用。

輪子和輪軸以及由它發展而來的馬車改變了糧食的生產。當我們的祖先開始務農時，就需要大量的人力在田裡勞動，耕耘土地，以栽培和種植出糧食。為了行進和移動，他們得依賴動物或者自己的雙腳，但有了牛馬以及馬車，一個家庭便可以在同一塊土地上收割大量農作物，然後趕在它們變質之前運送到較遠的地方。輪子也在其他方面解放了人類，以前顏那亞人住在環繞水源的小村落裡，馬車發明後他們成了探險家。顏那亞人善於駕馭這些全新的交通工具，使得他們在遭遇既存的定居者時佔盡軍事優勢，因此能將他們的家園擴展到遼闊的草原或甚至草原以外的地方。

隨著顏那亞人往外擴張，也開始了文化傳播。全球將近一半人口所使用的語言，據信都源於顏那亞人的語言，這種語言被稱之為原始印歐語，進而誕生出梵語、希臘語、拉丁語、普什圖語、保加利亞語、英語和德語等眾多語言。他們將馴養動物的方式和冶金技術分享給遭遇到的人，甚至也可能無意間將黑死病傳播到歐洲，因為遺傳學家在他們的起源地遺留下來的人類牙齒裡頭，找到了導致這種疾病的細菌。我不禁感到好奇，要是顏那亞人不曾創造馬車，今天的歐洲和亞洲將會是什麼樣子。

◎◎◎

將陶工的陶輪垂直擺放，就把輪子從容器製作工具變成了運輸工具，而這只是這種旋轉發明的第一次再創造而已。使歐亞大陸人擴展視野和改變他們生活方式的早期輪子是實心的，但是一種創新之舉將使它們變得更輕盈，轉速也更快。

我會說印度語，這是一種源自於梵文的語言，可以追溯到顏那亞人，因此輪子的演變和我母語的歷史密不可分。我在印度成長的過程中，輪子的圖案始終形影相隨。印度從殖民者手中爭取獨立的過程裡，早期的國旗設計都有一個轉動的輪子在正中央，或稱紡車（charkha）。

為擺脫對英國的經濟依賴，將權力還給印度人民，聖雄甘地（Mahatma Gandhi）、奧羅賓多（Aurobindo Ghosh）、泰戈爾（Rabindranath Tagore）、拉伊帕特・雷（Lala Lajpat Rai）等人主導了一場抵制英貨運動（Swadeshi Movement）。眾所皆知甘地會製作自己的衣物，因此鼓勵透過和平的公民不服從運動來抵制英國，因為在英屬印度時代，在當地製作衣物是違法的。

跟隨甘地四處旅行的紡車也出現在爭取自由的代表照片裡，成為印度獨立的象徵。今天的印度國旗上有一個藏青色的脈輪（chakra），印在番紅色、白色和綠色三色條紋中的白色條紋上。這個輪子在古印度的圖像學、藝術和建築學上都佔有重要地位，可追溯至阿育王（Ashoka）的時代，阿育王是孔雀王朝（Maurya Dynasty）的國王，曾在公元前二百六十八年到二百三十二年間統治印度次大陸的大部分地區，並將佛教傳播到亞洲各地。

紡車和脈輪與在歐亞大草原發現的馬車車輪不同，前兩者都有輪輻，就是這種深具見地的設計改造了輪子。來自歐亞大草原北部的辛塔什塔文化（Sintashta）和印度－伊朗人（Indo-Iranians）可能在公元前三千年晚期開始使用輻條輪。來自於公元前二千紀的輻條輪曾在埃及圖坦卡門（Tutankhamen）法老王的陵墓中被發現，也出現在米坦尼王國（Mitanni，今天的敘利亞和土耳其）的紀錄裡。這些輻條輪是木造的，中間有個軸心，並往圓形邊緣輻射出不同數量的木桿。（阿育王的脈輪有二十四根輪輻，各代表了美好生活的其中一個原則，同時也呼應了一天二十四小時。）

印度神明常被描繪成騎乘著坐騎，也可說是交通工具。太陽神蘇里亞（Surya）通常乘坐一輛由七匹馬拉動、帶有輻條輪的戰車。也難怪連神明都偏好輻條輪，畢竟它們比實心輪輕盈得多，儘管製作上更複雜，但輻條輪可以讓交通工具的速度遠快於行動緩慢的實心輪馬車。羅馬人都是使用輻條輪戰車來進行競速比賽，希臘人在打仗時也會用到它們。

雖然輻條輪毫無疑問是一大進步，但一開始也存在一些缺陷，必須依賴更多的工程創新來加以解決。由於輻條輪是由許多木塊建構而成，經過一段時間的顛簸之後很容易解體。而在歐洲，隨著鐵器時代（公元前一千二百年到前六百年）金屬製作技術不斷傳播，人們開始在車輪外緣多加一圈扁平的金屬箍來增強穩固度。聰明的是，這種鐵製的「輪胎」是趁金屬還熱燙時去測量尺寸，以配合輪子的周長，同時也是趁金屬熱燙時將它包覆在輪子上，等到金屬冷卻時，它會收縮，並將輪緣往內擠壓，使木造輪輻更能緊緊接合輪軸，進而使輪子更為牢固和耐用。

所以我們已經找到了讓輪子更堅固和轉速更快的方法，下一步的發展又會是什麼呢？這又得花上一千年才會出現另一次徹底革新。

⬡ ◎ ◎

十九世紀初，航空工程師喬治・凱利（George Cayley）致力於鑽研飛行器的建造。他需要堅固的輪子來吸收著陸時產生的巨大彈跳力，但輪子必須輕盈，否則難以讓飛行器升空。起初他使用的是木材，並加上足夠強韌的輪圈和輪輻來承受重型交通工具的壓縮力。後來凱利嘗試使用金屬來改變作用力的疏導方式，要是放任輪輻受到擠壓，就得採用不會彎曲和斷裂的強韌材料來製造，凱利決定在輪軸和輪圈之間拉出細小的金屬線，這樣一來整個系統就會受這些被拉牽或處於張力狀態下的金屬線固定。他在一八〇八年發明的這種設計比先前的成品輕盈得多，這對他以及其他許多試圖建造輕型飛行器的人來說是一大改進。

木造輪子和金屬線輪兩者之間的另一個不同之處在於它們的剖面，剖面的不同意味這兩種材質在受到作用力時會產生不同的反應。為了方便你想像，先試想你從硬紙板上切割出一片圓形紙板，然後將它立起來。如果這時你輕戳它的中心點，它仍能保持完整形狀；可是只要你再施加一點額外的力，它就會變形，尤其如果你只是用紙來做的話。但要是你在圓形紙上剪出一個三角形缺口，再將兩個切邊交疊，並用膠帶黏合起來，形成一個矮錐體，整個結構就會變得堅固一點，不容易變形。雖然很多木造輪子都被製成平的，類似前面的圓型硬紙板，但英國的馬車製造商通常在製作輪子時，會讓它朝某個方向略為凹成「碟狀」，因為馬匹行進時，後臀會左右搖擺，而這樣做可以增加輪子行駛在崎嶇路面上以及被馬匹拉動時的穩定性。讓輪子朝某個方向略微凹陷的效果還不錯，前提是這個輪子要用足夠強韌的材質製成，譬如木材，而且車軸上有兩個輪子，意味它們可以相互抵消一些作用力。

雖然這是個巧妙的設計，但對金屬線輪來說並不管用。假設你把六根金屬線的末端綁在一起形成一個軸心，製作出金屬線輪的雛型，再拉伸線的另一端，並跟堅韌的環形物（就像是圓形的餅綁在一起。這時如果你朝中間的軸心施力，金屬線就會拉長，軸心也會往側邊移動，但這不會是你希望在車輪上看到的結果。要是車輪上有一個碟狀的凹面，那麼當你戳向碟狀凹面時，車輪就比較難變形，因為金屬線在張力狀態下是強韌的；但如果你從外側去推，軸心就會移動。因此為了讓金屬線輪能夠正常運作，就設計出了一種雙凹面的碟狀結構。如果你仔細端詳現代自行車的車輪，便會發現在輪軸的地方有兩組金屬線，它們會在輪圈處匯合。

雙凹面的張力金屬線輪應該是車輪演化史上的一個重要階段，它們強韌又富有彈性（因此在衝撞下不容易受損），而且還很輕巧。但即便如此，這些輪子還是成對地並行排列。令人驚訝的是，在發明了金屬線輪之後，又費了幾

金屬線輪和它的雙碟狀結構，剖面和正面

近十年的工夫，才有了自輪輻以來最重要的創新發明——將一個輪子放在另一個輪子的前面。

騎乘滑步車（Laufmaschine）一定很顛簸和耗體力，這種車是卡爾・弗賴厄爾・馮・德萊斯（Karl Freiherr von Drais）於一八一七年發明的，它的輪子和主體結構都是木造的，但沒有踏板，所以你必須靠雙腿奔跑，就像《摩登原始人》裡的弗萊德在開他的車子時所做的起跑動作一樣。儘管如此，滑步車在交通運輸上仍算是一大躍進，它是第一種無需仰賴動物就能行駛相當距離的交通工具。德萊斯就像許多發明家一樣領先時代，因此這個設計受到媒體嘲笑，拿來跟孩童的玩具馬相提並論。而且糟糕的路面也使騎乘經驗不甚愉悅，行人對那些騎上人行道的騎乘者甚是不滿，他們被看成是找麻煩的人，以至於像米蘭、倫敦、紐約和加爾各答（Calcutta）等繁忙的城市都禁止駕駛滑步車。

隨著時間推移，人們的態度有了改變。英國的馬車製造商人丹尼斯・強生（Denis Johnson）看到了德萊斯的設計，於是趕在其他人之前迅速在英國申請專利。他稱他的機器為腳蹬兩輪車（velocipede），並做了一些改裝，包括提供更大更穩定、內襯有鐵的木造輪子，還專為女性設計了一款降槓的車型（譯註：方便穿裙子的女性不必跨腿就能上下車）。在接下來的幾十年間，踏板和煞車也被安裝在車上，終於金屬線輪成了常態。一八八八年，獸醫約翰・博德・鄧洛普（John Boyd Dunlop）在兒子的三輪腳踏車的輪子上裹了一層軟管，讓他可以更順暢地騎乘，由此引領了充氣輪胎的發明，使自行車更安全、容易操控和舒適。

自行車為人們的日常生活帶來了巨大的改變：對無力負擔馬車和早期汽車的多數人而言，這是他們第一次擁有自己的長途交通工具。護士和牧師開始能到偏遠地區為更多人服務，郵局也在那個世紀末開拓了每日挨家挨戶遞送郵件的服務。但同時，女性也因為跨騎著這種器械而廣遭批評和嘲笑，莉蓮・坎貝・戴維森（Lillian Campbell Davidson）於一八九六年寫了一本《女性自行車騎士手冊》（*Handbook for Lady Cyclists*），書中回憶道：「有人曾公開說，騎乘自行車的女性無可救藥地讓自己失去女性特質。」儘管有這種偏見，自行車卻是象徵自由解放的工程技術作品。N・G・培根（N. G. Bacon）是那個時期支持女性騎乘自行車的主要倡議者，他認為「自行車讓我們以全然女性的……姿態解放自我」。這一點似乎在很多方面都是真的，而且也可能超出了培根的想像。生物學家史帝夫・瓊斯（Steve Jones）將自行車的發明列為近代人類進化史上最重要的事件，因為擁有一輛自行車就等於大幅擴展了地理上的行動範圍，使潛在婚姻伴侶的數量跟著增加，也因此擴大了基因池。

⬡ ◎ ◎

還好如今女性騎乘自行車已是被普遍接受的事，但在社會規範上，女性要成為工程師仍然是個挑戰。我發現以工程師為客層的時尚設計大多是以穿西裝的男性目標受眾（裝在口袋裡的手帕還有領帶，而且是非常多的領帶），因此有一天當我發現一對充滿書呆子氣的耳環時，我竟然很興奮。現在它們是我最喜歡的一對耳環，它們用很薄和分層的膠合板製成，並用雷射切割出四種不同尺寸的輻條輪，最大的是翡翠色，上面疊著黑色和白色的輪子，但是這些輪子跟我們目前看到的光滑輪圈不太一樣，它們帶有鋸齒狀的邊緣。

這些鋸齒完美地嚙合在一起，如果我用手轉動耳環上的其中一個輪子，其他的也會跟著轉動。我好喜歡它們，不僅僅是因為的外觀彷彿在向大家宣示我有多熱愛工程學，也因為它們完美示範了輪子的另一種化身——傳動裝置（gear）——是如何在彼此間傳遞運動和作用力。這些小小的奇蹟就隱身在多數機器的裡面，從時鐘、汽車、開罐器到起重機，很難想像現代機器裡頭沒有它們。

傳動裝置就是帶有輪齒的輪子，也被稱為齒輪（cogwheel，或簡稱cog，容易令人混淆的是，後者亦是輪齒本身的名稱）。傳動裝置有著廣泛的用途，原因在於，當你把兩個（甚至更多）齒輪並排放在一起，讓它們的輪齒重疊時，就可以做到三件事：改變旋轉方向、改變旋轉速度，以及改變傳動裝置邊緣上的作用力。

開罐器是個有趣的小工具，它的兩根握把得在合起來時夾緊罐頭，並在罐頭打開後鬆開，而刀片必須沿著圓周移動。齒輪有助於達成這個目的：兩個齒輪（兩根握把上各有一個）的輪齒相互嚙合，這樣一來，只要轉動其中一個齒輪上面的旋柄，就能連帶轉動另一個齒輪，使整個機械裝置一體運作。

如果你仔細觀察，就會發現當你順時鐘轉動旋柄時，另一根握把上的刀片便會逆時鐘轉動。這兩個齒輪尺寸相同，所以會以同樣的速度轉動，並在同一時間內完成整個旋轉動作。接下來想像你已經把開罐器拆解，並將兩個齒輪並排放置，只是現在右邊的齒輪比左邊的大，它的周長和輪齒數都是左邊的兩倍。由於兩個齒輪的外緣相互囓合，兩者移動的距離必然是一樣的，因此較大的齒輪每轉動一圈時，較小的齒輪就會轉動兩圈。這動作也改變了齒輪上的作用力大小，在較小的齒輪邊緣上的作用力會大於較大的齒輪，許多著名的機器在設計的時候都應用了這個原理。

對於多數人而言，第一次操控齒輪的經驗來自於自行車。我不是自行車騎士，但總是驚嘆於那些在彎道和坡道上操縱自如的專業騎士，能夠

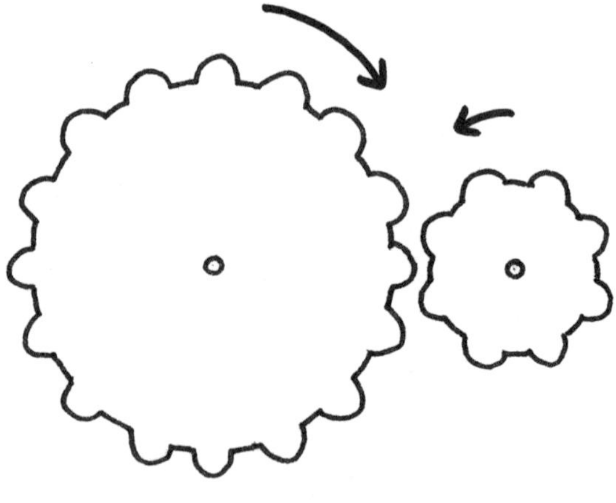

不同尺寸的囓合齒輪

嫻熟地切換齒輪來漸進增速和控制速度。自行車的腳踏板是跟齒輪連接在一起的（稱之為鏈輪〔chainring〕），而鏈輪則經由鏈條跟後輪上面一組尺寸不同的齒輪連接。一輛現代自行車通常前輪最多有三個齒輪，後輪則有八到十一個。但為了簡單起見，我們先假設只有一個前齒輪，它有四十八顆輪齒。在平地上騎自行車很容易，因此只需用一個小的後齒輪，假設它是一個有十二個輪齒的小齒輪。每踩一次腳踏板，較大的前齒輪就會轉動較小的齒輪（和後輪）四次（四十八除以十二），而這就是讓腳踏板每旋轉一次所能達到的最遠行進距離。可是當我們騎上陡坡，得克服重力以將自身的重量往上推的時候，用來轉動小齒輪所需的力道對我們的雙腿來說負荷太大，於是我們切換到一個較大的後齒輪（比方說有四十八個輪齒的齒輪）。隨著所需力道的減少，腳踏板就變得比較容易踩，但是行進距離變短了，因為現在腳踏板每旋轉一次，後輪也只會旋轉一次。

齒輪讓我們能夠改變力的方向和大小，久而久之，這使得工程師得以開發出一整套技術。蒸汽火車便是透過齒輪傳動系統，利用引擎裡的燃料來轉動車廂的車輪；在手錶裡頭，受到同一動力來源驅動的大大小小的齒輪，會以不同的速度轉動錶盤上的秒針、分針和時針，使我們能更精準地判讀時間；我們會在開車時靠換檔來協助爬坡、在維持較高速度的同時減少油耗，以及阻止汽車失控滾下山坡；工廠能有跟建築物一樣大的生產線，也都是倚賴齒輪來生產各式各樣的產品。然而，雖然上至大型物件、下至微小又精密的零件，都能靠齒輪來驅動，其表現令人驚豔不已，但我最喜歡的齒輪應用範例，其實是在日常家電上——攪拌機、洗衣機、洗碗機，這些東西看起來可能不像勞力士手錶或競賽自行車那麼有魅力，但對我而言，卻是不同凡響，因為它們改變了整個社會，特別是婦女的生活。

在一八九三年的芝加哥工業博覽會上，有一項新發明引起了群眾的注意，那是一個長方形的大木箱，其中一側有一堆曲軸、旋轉的齒輪和輪子，一個裝滿髒盤子的籠子消失在木箱裡，幾分鐘後再度出現，盤子變得乾淨無比，就像徒手洗過一樣。博覽會的評審給了它最佳機械結構、最佳耐用性能、以及最能配合工作領域來作調整的最高殊榮，這是現場展出唯一一臺由女性設計的機器。

約瑟芬・科克倫（Josephine Cochran）一八三九年出生在俄亥俄州阿斯塔比拉郡（Ashtabula County）的工程師家庭裡，外祖父約翰・費區（John Fitch）發明了美國第一艘有專利權的蒸汽船，父親約翰・加里斯（John Garis）則是土木工程師，在俄亥俄河（Ohio River）沿岸修建過許多工廠。如果約瑟芬是個男孩，或許她就有機會追隨家族的腳步鑽研工程學，但那是對女性來說選擇有限的時代。她十九歲就嫁給了威廉・科克倫（William Cochran），婚後搬到伊利諾州謝爾比維爾（Shelbyville）的一棟豪宅裡，成了社交名媛並育有兩個孩子。

科克倫一家很喜歡舉辦盛大的晚宴，因此約瑟芬經常拿出她引以為傲的祖傳餐盤，據說可以追溯到十七世紀。但是每次這些餐盤被洗碗工磕碰出缺口時，她都很沮喪，有時候甚至親自清洗以確保它們安全無虞，同時她也深信一定還有更好的方法。也許是自小在家裡對工程師們的觀察啟發了她去大膽想像，於是終於設計出一款可以完成這項工作的機器，還說：「如果沒有其他人可以發明一臺洗碗的機器，就讓我來吧。」

一八八三年，設計才進行到一半，約瑟芬的丈夫就過世了，留下鉅額債務和極少的資金。她被迫將自己的點子和草圖迅速轉化成一門可以謀生的生意，她尋求專業工程師的協助來解決機械上的複雜細節，但又對他們能夠提供的協助感到沮喪，她後來說：「我沒有辦法叫那些男的照我的方法來做，除非是在他們自行嘗試和失敗之後。」她在一八八五年初次申請專利，並僱用一位叫做喬治．巴特斯（George Butters）的技工來幫她在宅第後面的棚屋裡製作出第一臺洗碗機的原型。

在那個時代，我猜男性恐怕對洗碗都沒有太多經驗，因此雖然在約瑟芬之前也有人嘗試設計過洗碗機，但他們的設計總是會害餐盤碎裂。他們的機器使用刷子清洗餐具，並需要有人手動把沸水倒在餐具上。約瑟芬卻深知餐盤應該如何由內到外地清洗，她測量餐具的尺寸，並設計出一款金屬網籠，內有不同的分區來妥當擺放不同種類的餐具。排列妥當的齒輪會緩緩旋轉這個籠子，讓所有餐具都能曝露在肥皂水和噴出的水柱裡，這是第一臺靠抽水洗滌而非刷子的洗碗機。機器內的泵浦（分別用來抽取清水和肥皂水）都是靠一根控制桿操作，槓桿會跟一種變體的齒輪相連（她的「齒輪」不是圓形，而是弧形，而且有兩對）。在最初的設計裡，當操作員來回搖動控制桿時，肥皂水會從第一個槽噴到餐具上，然後弧形齒輪會移動到第二個位置，控制泵浦將熱水加壓來沖洗餐具，直到完全乾淨，整個過程只需要幾分鐘。一八八六年十二月二十八日，約瑟芬．科克倫獲得了她的洗碗機專利。

礙於洗碗機的價格、尺寸和熱水用量，起初約瑟芬的機器難以在國內家用市場銷售，於是她把銷售對象轉移到餐館和飯店，結果拿到了芝加哥著名的帕爾瑪飯店（Palmer House）的第一份訂單，而這得歸功於一位友人的介紹。後來她又想向另一家大型飯店推銷，但這一次沒有人可以幫忙，她只能獨自前往。可是在當時以她的社會地位而言，沒有男性護送的話是不能離家的。從來不曾在沒有父親或丈夫陪伴下到過任何地方的她曾說，那座飯店的大廳看上去有一英里長，但是她穿過了大廳，與飯店的團隊會面，然後帶著價值八百美元的訂單離開。

雖然約瑟芬已經開始經商，但在資金籌措上還是很費力，因為守舊的投資者不願將錢交給一位女性，可是她決定不管怎麼樣都要撐下去，一八九三年的芝加哥工業博覽會為她提供了一個突破口，她在博覽會上展示的海報大力宣傳了加里斯－科克倫洗碗機公司（Garis-Cochran Dish Washing Machine Company），並聲稱：「富有創業精神和思想先進的飯店經營業者都應該來查看一下這臺機器。它簡單又容易操作，只要花一小時就能學會使用。」她不僅拿到了來自美國伊利諾州和鄰近幾個州的幾家公司訂單，甚至還有遠自墨西哥的訂單。她較大的機型可以

(No Model.) 8 Sheets—Sheet 1.

J. G. COCHRAN.

DISH WASHING MACHINE.

No. 355,139. Patented Dec. 28, 1886.

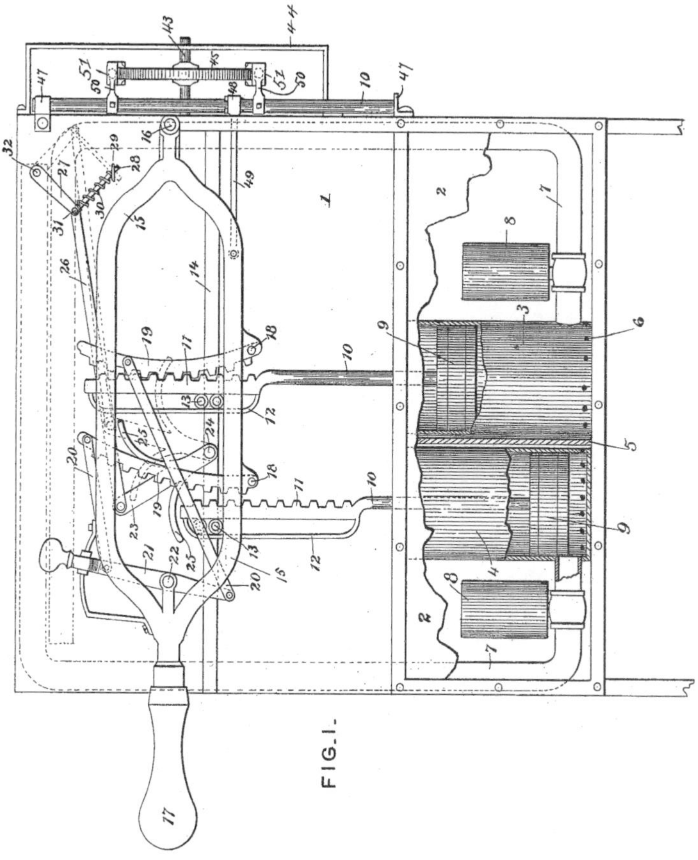

FIG_1.

Attest
Geo. T. Smallwood.
F. A. Hopkins

Inventor:
Josephine G. Cochran.
By Knight Bros
Attys

N. PETERS, Photo-Lithographer, Washington, D. C.

科克倫洗碗機，此圖為它的齒輪修改版

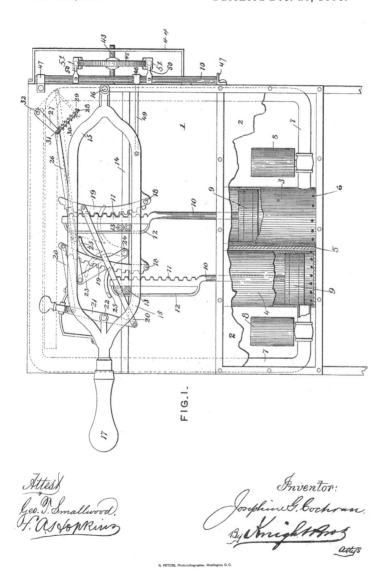

在短短兩分鐘內清洗和烘乾二百四十個餐盤，而且她的客戶群也擴展到醫院和大專院校。

約瑟芬繼續研發她的設計，設計出一款靠機械抽水的電動機型，標榜有可以前後移動的架子；後來又有一款機型標榜是受到輪子啟發所做出的旋轉設計，它有旋轉式的架子，並能透過軟管將水排放到水槽裡。一九一二年，約瑟芬七十三歲了，曾經害怕獨自走進飯店大廳的她前往紐約，將多臺機器銷售給著名的飯店和購物中心。令人難過的是，她在第二年就過世了，她的公司被霍巴特製造公司（Hobart Manufacturing Company）收購，然後被合併到他們的KitchenAid分部，如今隸屬惠而浦集團（Whirlpool）。一九四〇年代，KitchenAid推出第一臺成功的家用洗碗機，終於將這臺機器送進了約瑟芬最初的目標客群裡。

今天的洗碗機仍然使用泵浦抽送熱水來清洗餐具，就像那臺先驅性的加里斯－科克倫洗碗機一樣。而且彷彿是向輪子再度致敬，它們還配備了旋臂可將熱水噴灑在餐具上，猶如草坪上的噴水系統。這是工程天才約瑟芬早已預見到的，而且在她去世之前，還提出了另一款類似的設計。

二〇〇六年，約瑟芬・科克倫終於因她的發明而獲得認可，被追頒為美國國家發明家名人堂（the American National Inventors Hall of Fame）的一員。像洗碗機、吸塵器、攪拌器和洗衣機等發明都改變了數百萬人的生活，而這一切都多得了像齒輪、輪子、滑輪等等會旋轉的零件，讓它們的尺寸得以縮小，以進入居家。在這些機器盛行之前，婦女每天得花好幾個小時處理家務，等到她們開始使用這些機器，就獲得了非常寶貴的東西：時間。二〇〇六年蒙特婁大學（University of Montreal）發表的一份研究報告指出，一九〇〇年，婦女平均每週花費五十八小時做家務；到了一九七五年，這個數字降到十八小時。家電當然只佔這個發展趨勢的一小部分而已，其他因素還包括工資上升、戰爭，以及大家對女性的社會角色有了更廣泛的討論等。儘管如此，家用電器對女性在職場上為自己爭取一席之地的這件事情上仍發揮了一定作用。

運用在推車、汽車、自行車和火車上的各種車輪徹底改變了我們陸上交通運輸的面貌，以及圍繞它們來建造都市的方式。而在輪子的圓周上再變點花樣，又能創造出全新的機械世界，比如把輪子平放，就像陶工的陶輪那樣，然後在上面安裝葉片，就為我們帶來了直升機；飛機引擎若是沒有這些旋轉的奇妙輪子便不可能存在，是輪子幫我們打開了天空的大門，使我們的世界變得無遠弗屆和更有活力，這一切進展都是靠重新改造輪子而得到的成果。至於在導航領域裡一些石破天驚的發展，工程師就必須把注意力轉到別的方面上。

當你不只讓輪子旋轉，而是連輪軸也能旋轉時，神奇的事情發生了，應用這種技術的機器可以讓我們在極端環境中確定自己的所在位置，並且打開往更遠處探索的可能性，它就是陀螺儀（gyroscope）。它的中心點是一個旋轉的輪子，懸吊在由很多圈旋轉圓弧所構成的框架裡，這意味這個輪子可以往任何方向轉動。這個系統之所以能夠創造穩定性，在於它駕馭了運動物體的一種特殊行為。

牛頓第三定律告訴我們，如果一個物體正在勻速運動，它會繼續保持這種狀態，除非有外力造成它改變。牛頓描述的這種運動物體具有動量（momentum），動量是物體質量、速度和行進方向的測量值，因此一顆在桌上滾動的撞球會持續滾動，直到它撞上桌子邊緣。

這個動量是**守恆**的，意思是系統的總動量必須始終保持不變。想像有兩顆撞球以完全相同的速度直朝彼此移動，因為它們有相同的質量和速度，但是因為行進方向完全相反，所以總動量是零。它們在經歷一次完美的碰撞之後，便會立刻以相同速度互相遠離，而總動量仍然是零。撞球是線性動量（linear momentum）的一個例子，指物體沿著直線運動的動量，然而這個守恆原理也適用於旋轉物體的動量，也就是眾所皆知的角動量（angular momentum）。

牛頓也告訴我們，每一個作用力都有相等和相反的反作用力，我去推牆壁，牆壁也會以同樣的力量反推我。這也適用於旋轉力，也就是力矩（torque）。上述這些科學原理告訴我們，旋轉中的物體具有動量，如果你試圖施力改變它的方向，它會反推回來，所以系統裡的總角動量始終維持不變。

陀螺儀背後的構想是將它轉動的部分——飛輪（flywheel）——設定為朝某特定方向轉

動，由於飛輪必須保留它的角動量，哪怕外框架正繞著它旋轉，飛輪仍然會維持最初始的方向。當外框架移動的時候，飛輪的軸並不會移動，因為它是用平衡環（gimbal）製成。在某些航班裡（經濟艙，其他艙等我就不知道了），通常會有一個專門為擺放飲料而設計的小杯架，就算主托盤仍貼在前面的椅背時，你還是可以把它打開。這個杯架內部有一個環固定在兩個點上，好讓它能夠自行旋轉，因此你可以把杯子放進環裡並調整好它，這樣不管杯架的角度是什麼，杯子都能保持垂直，這就是平衡環。陀螺儀的結構由兩個平衡環構成，飛輪旋轉軸的兩端與第一個平衡環相連，這個平衡環又會連接第二個平衡環——同樣是兩點相接，但與飛輪的軸心呈九十度角。

陀螺儀對旅行和探險產生了重大影響。它在十九世紀被發明之前，領航員只能靠磁羅盤導

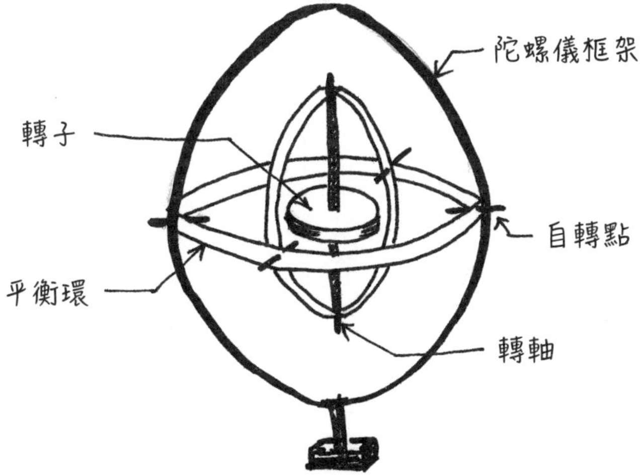

陀螺儀

航，這種羅盤倚賴的是地球的磁場，但並非萬無一失，因為地球的磁場並非固定不變，它會移動，這意味磁場上的「北」不見得都跟地球自轉軸的正北相符。除此之外，金屬也可能干擾磁羅盤，就跟水手第一次駕駛鐵造船出航時所意識到的情況一模一樣。陀螺儀避免了這類問題，就算平衡環在自轉，飛輪仍然保持軸心的方向。只要比較軸心和整個構架的相對位置就能提供可靠的資訊，告訴我們正朝向哪裡。戰鬥機飛行員在高速飛行下進行一連串複雜的繞飛和轉向動作，卻仍然可以確定自己的方向，這都得歸功於陀螺儀。

陀螺儀也可以被反向利用，如果你不想讓飛輪快樂旋轉，就重新定向它的軸心來強迫它改變方向。我們看一下兒童玩具陀螺，旋轉的陀螺的角動量會透過軸心往上指，如果你有兩個相同的陀螺以同樣的速度並排旋轉，加在一起就有兩倍的角動量（這就類似兩顆撞球以同樣速度往相同方向並排轉動前進）。如果你在外太空中，有兩個陀螺正在飄浮，一個是直立的，另一個則倒立在它上面，那麼這個系統的總角動量就是零（相當於兩顆撞球直接朝彼此移動）。

讓我們離開遊戲室，進入更廣闊的世界。試想像一個結構，擁有四個相同的飛輪安裝在平衡環上，也就是有四個陀螺儀，只是這一次，你不讓平衡環繞著飛輪自由移動，而是控制住平衡環，等於也控制住這些飛輪的軸心指向。每個飛輪的重量達九十八公斤，直徑約一公尺，每分鐘旋轉六千六百次，因此它們的體積相當大，而且轉速非常快。它們就坐落在一座很大的結構物裡面，一般而言，它們會被定向，使角動量加總起來是零，因此對外部的結構物不會造成任何影響。但如果有需要的話，可以靠微調平衡環和移動飛輪來增加總角動量，一路慢慢往上加到最大值，這時它們就會全都指向同一個方向。角動量守恆定律告訴我們，由於一開始的角動量是零，但現在強行加在陀螺儀身上的淨動量，會使它們產生反推力，導致外面那座大型結構開始旋轉，以將整個動量抵消到零——這座大型結構正是國際太空站（International Space Station，ISS）。

國際太空站絕對是人類通力合作下最令人眼前一亮的例子之一，它由多個來自歐洲、日本、加拿大、俄羅斯和美國的團隊合作數十年共同建造，讓來自世界各地的科學家和工程師能在無重力的情況下進行實驗。這個太空站（是在地表上方四百零八公里的高空用很多模塊接合，逐漸建構出來）重達四十一萬九千七百公斤，長一百零九公尺，寬七十三公尺，比一座美式足球場再大一點。國際太空站被給予了一個特定的坐向，稱為「姿態」（attitude），它的軌道向赤道傾斜五十一度，繞地球公轉一圈需花九十分鐘。這條路徑涵蓋了地球百分之九十以上的人口，使這座太空站對地表擁有了一個獨特的制高點。ISS也被設定成有一面始終面向地球，主要原因是那一面要是始終面向太陽，就會因為極度高溫而變得熱燙，另一面則相對冰冷，以至於影響到它的製成材料。此外，由於ISS與地球通信的衛星是在高軌道上運行，因此為了保持通信，天線的指向必須始終偏離地球的方向。

在太空中，就像電影和科幻節目演的那樣，一旦讓一個物體旋轉，它就永遠不會停下來，除非有外力改變它，所以理論上ISS被放置到軌道上後就可以永遠留在那裡。可是施加在太空站上的作用力哪怕再微小，都會影響它的姿態，即使遠離地球，但那裡也還是有一點大氣層，會對太空站的運動造成些微阻力。ISS的主要能源是太陽能板，安裝在可調節的大型機翼上，可以自由移動以面對太陽，如果它們剛好處在某些位置上，微小的空氣阻力就會增加。此外還有重力梯度（gravity gradient）的細微影響——離地球越遠，地球引力的拉力就越小，因此ISS離地球最近的部位所經歷到的拉力會稍微大過其他部位，造成輕微的失衡力。

所以ISS需要有能讓自體重新定向的方法，而陀螺儀就在其中扮演重要的一環。科幻劇讓我們看見其中一種調整方向的方法，就是利用推進器（booster）或推力器（thruster），然而，雖然ISS有推進器可以作較大的移動（譬如當ISS需要大幅改變姿態以接收一架正接近中的對接式飛行器時），卻不是最好的方法，因為它們會消耗掉寶貴的燃料，而燃料必須從地球運送過去，成本非常昂貴。除此之外，來自推進器的作用力很大，如果需要細微的調整，將難以控制。這些作用力也可能影響太空人在太空站微重力環境下所進行的精密實驗，舉個例子，為ISS供電的太陽能板是很脆弱的，通常如果要啟用推進器，就必須先把太陽能板停泊好，並鎖上，這對ISS的運作來說是種干擾，因此如果要微調太空站的姿態，工程師會利用它的四個陀螺儀，稱為控制力矩陀螺儀（Control Moment Gyros，CMGs）。

在正常情況下，ISS幾乎是自主飛行，一套電腦和感應系統會測量和記錄它的姿態，並將資訊傳遞給負責控制CMGs的電腦，告訴它們是否需要移動以及需要移動多少。這個系統非常敏感，甚至能夠感應到機組人員何時醒來和開始在太空站裡移動，他們的行動都會對整個系統的角動量造成些微變化。從地表上負責導引ISS的團隊很大一部分時間都是在模擬各種情境，以便瞭解萬一出錯，應該怎麼做，同時也要為規畫一些不常見的作業，譬如擴充模塊（docking module）。地面團隊的主要工作是控制姿態，使太空人有時間去完成他們繁忙的工作行程。但若有一個CMGs出了問題，譬如在它那充斥著螺栓、彈簧和磁鐵的盒子裡不停震動，休士頓團隊就會手動操控。

也就是說，被輪子啟發和控制的技術設計巨細兼有，這一切令人困惑也令人驚嘆：在地表上空四百零八公里處的一座實驗室裡，太空人正在探索細菌和真菌這類微生物是否能用於在太空中開採礦物、調查人類在長途太空飛行中對時間的感知方式、利用幹細胞培養3D器官以創造出人造器官、測試新材料和種植作物……不僅著眼於改善地球上的科技，也是在想像人類有無可能居住在地球以外的星體上。而以上種種之所以能發生，是因為人類能夠坐在地球的辦公桌前，透過地球與月亮之間的衛星通話來操控那四個能穩定整座實驗室的輪子。

自從有了輪子和輪軸之後，我們創造出能影響遷徙、語言和全球化的機器，如今它們正在幫我們想像在這個星球範圍外的未來。人類的進步和輪子、輪軸的再生相互盤繞又難以分開，這也是為什麼我們必須繼續徹底改造輪子的原因。

第三章

彈簧

Spring

如果我們回到十二世紀成吉思汗（或鐵木真，這是他當時被稱呼的名字）的童年時光，我們可能會懷疑他能否有機會在長大後統一蒙古的所有部落，建立起有史以來疆土最遼闊的大帝國。鐵木真的父親被敵對的部落殺害之後，他和母親訶額侖（Hoelun）以及兄弟姐妹就被遺棄了。他們一夕之間失去了部落和家族的牲畜，那時冬季即將降臨——那是氣溫會陡降至零下四十度的季節——沒有人料想得到、或者希望他們能夠活下去。但他們活下來了，原因大半歸功於訶額侖，她教會了家人必要的生存技巧：覓食、縫製動物毛皮做成溫暖的衣物以及使用弓箭狩獵。在鐵木真成為成吉思汗的時候，最後一項技能在掙扎求全和成就霸權之間發揮了影響力，那是他軍事戰術裡的一個關鍵特徵：一把格外輕巧又力量強大的弓。

弓是彈簧的一種。基本上，彈簧就是當形狀被外力改變時會儲存能量的物體，等到外力被移除時，它們會彈回原來的形狀並釋放儲存的能量——這種能量可用來做一些有用的事。彈簧是由半彈性材料製成，因此相對容易使它們變形，而且由於具有彈性，這意味當外力消失後，這些材料就會回復成原狀（就像把橡皮筋拉長再放開一樣）。相反，塑性材料（plastic material）會因外力而永久變形，譬如用手指去戳造型黏土，就會在上面留下永久的印記。

使彈簧變形需要能量，一位弓箭手用一隻手臂拿著前端彎曲的弓，並利用繫於弓臂兩端的繩索，在拉動手臂時改變弓的形狀。彎曲的弓儲存了這些能量，直到弓箭手鬆開手指，此時能量迅速釋放到箭矢上，並飛射到遠方。弓變形的程度越大，儲存的能量就越多，作為彈簧的力量也就越大，僅憑手臂投射箭矢的力道是無法與之相比的。彈簧是人類第一種能夠**儲存**能量，並在**需要時**釋放出來的工具，它往往能將我們的努力放大。

我覺得彈簧特別有趣，因為它的形狀很多樣。彈簧跟釘子和輪子不同，自從後兩者被發明後，輪廓幾乎沒有變過，但彈簧形狀卻有無數種。彈簧可以是弓形，像武器一樣；也可以是那種用微弧形的多層木材或金屬製成的彈簧去構成馬車的懸吊系統；亦能是圓柱狀的螺旋體，就像我們所熟悉的金屬螺旋彈簧，它在一七六三年才獲得專利，不過螺旋彈簧可以是螺旋狀、圓錐狀，或者球形。彈簧甚至可以簡單到只是一個立方體或長方體，由一層層的橡膠製成，而這是我在我的結構工程作業裡較為熟悉的一種形式。

迫使彈簧變形的方式也各有不同，它們可以被設計成在受到擠壓時儲存能量：伸縮式的圓珠筆就有一個又長又窄的彈簧藏身在筆管裡面，在我們寫字時被按壓下去，固定在適當位置，等我們寫完了，便彈開彈簧，後者一拉長，圓珠便跟著縮進筆管中。彈簧也可以做相反的事情，在被拉長的時候保持張力，就像彈跳床邊緣的那圈彈簧一樣，當你跳下去，重量落在網子上，邊緣的彈簧就會被拉長來儲存能量，等到它們縮回去時，釋放出的能量就回到網子，再傳遞到你身上，使你跳得比僅靠雙腿彈跳更高。彈簧甚至也可以在被扭轉的時候發揮作用，就像衣夾裡頭的小彈簧那樣，它們被迫彎曲的程度越大，儲存的力量就越大，就如同馬車的懸吊彈簧和弓。

因為這種彈性特質（包括字面上和比喻上），彈簧在我所精選的發明裡頭可能算是使用範圍最廣和尺寸最多樣化的零件，它們出現在武器裡，譬如弓，另外還有彈射器和槍炮；也是手錶、鋼筆、鑷子、鍵盤的構成零件——只要是有按鈕的東西都有它的存在，我們可以在鎖頭、床墊、彈性的健身器材、有彈力的舞蹈地板、彈跳床裡找到它們；它們也在嬰兒車、四輪貨運馬車和汽車的懸吊系統上發揮作用；還可以運用在注射用的伸縮針頭以及顯微鏡和望遠鏡的平穩底座上；甚至一些摩天大樓的地基都有巨大的彈簧，以助在地震來襲時保持建築物平穩。在我看來，彈簧是全能工程的典範。

至於是誰發明了彈簧，還有是在何時何地發明的，這就很難回答了。弓和箭可能是它最早的應用之一，而且這種形式是複雜的，弓的製作和上弦，再加上瞄準和射出箭，這些都可謂是人類能力大增的表現。但因為弓是用木材製成，而木材是有機材料，很容易降解，所以雖然我們認為它們在幾萬年前就已經出現，卻未能熬過時間的摧殘。迄今為止，被挖掘出來最古老而且又完整的弓只能追溯到一萬年前。這張深褐色的榆木弓碎成了五塊，被稱為霍梅加德弓（Holmegaard bow），因為它是於第二次世界大戰期間在丹麥霍梅加德地區的泥炭沼澤裡被發現，與知名於中世紀的英國長弓（English longbow）——曾在百年戰爭（the Hundred Years' War）中成功抵禦法國人——類似，霍梅加德弓是用單一材料製成：木材。中世紀的蒙古弓之所以如此出色，是因為它們是當時最先進的複合材料設計成品，意思是它們是用多種材料製成。弓的設計者很清楚，當弓被拉伸時，弓面（靠近弓箭手的那一面）會受到擠壓或壓縮，而弓背則被拉長或處於張力狀態，因此他們在結構上使用了最強韌的材質來承受這種外力。

弓的核心（中心部位）是用竹子或木材製成，材質輕巧堅韌，靠著小心翼翼的乾燥工序來確保它的堅固與彈性。然後再從鹿、牛、馬或麋鹿的後腿取其肌腱或筋晾乾，敲打成鬆散的纖維，再浸泡於用魚鰾製成的膠水裡，然後分層鋪在弓背上。這是一道費事費心的工序：纖維太多會使弓過於僵硬，難以變形，箭的能量就會變小；但是纖維太少又會使弓變得脆弱易斷。筋是製作弓的理想材料，因為它裡面有膠原蛋白，所以在拉伸時很柔軟又堅韌——大多數人是透過抗皺面霜廣告和媒體的揣測才得知有哪些名人注射過這種東西，其實膠原蛋白就是蛋白質分子，像筋這樣的結締組織之所以擁有強韌度便是拜它之賜。

經過六個月的晾乾工序之後，再把野山羊和家畜的角煮沸

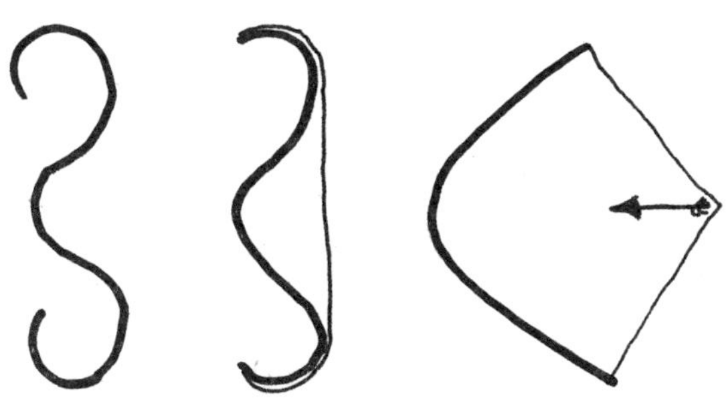

簡單圖解蒙古弓及它的弧度

到軟化，然後黏在弓面上以對抗它的擠壓力。接著再晾乾六個月，才在弓上面塗上一層軟化的樹皮防潮。最後做出來的武器耐天候，而且堅韌、輕盈、小巧，同時卻力量強大。儘管同一時期的英國長弓外形較大，可能看起來比較可怕，但蒙古弓的柔韌性意味弓箭手毋須太費力氣，因為它們可以儲存和釋放更多能量，讓箭飛得更快更遠。有一塊據信可以追溯到公元一千二百二十六年的石碑，用古老的維吾爾文（Uigarjin）記載了在一場征服東突厥（East Turkestan）薩爾塔兀勒（Sartaul）的慶典上，神射手埃蘇翁格（Esungge）射中三百三十五個埃爾茲（ald，約等於五百三十六公尺）距離外的目標。如果這夠精準的話，那麼和據信平均射程三百公尺的英國長弓比起來，蒙古弓的確更出色。

成吉思汗領導下的蒙古軍隊戰績標榜，因為士兵們可以一邊熟練地駕馭強悍、行動敏捷、體型較小的馬匹，一邊使用蒙古弓。他們在三歲的時候學會騎馬，五歲開始練習只靠雙腿跨騎馬上進行射獵。這意味在戰鬥中，他們可以騰出雙手從遠處精準地射中敵人，反之在這樣的距離下，敵人是傷不了他們的。

在成吉思汗開疆闢土的過程中，也曾把目標對準中國，他兵臨首都燕京（現在的北京。編案：燕京當時為金朝首都，又稱中都大興府），但是那座城市被設計得堅不可摧，環繞著又厚又高的城牆，還有幾近一千座哨塔，每一座都有巨大的弩在防守。除此之外，中國人還有投石機和彈射器，也都是運用彈簧原理的武器，可用來發射裝滿沸油的陶罐。直接進攻似乎是難以克服的挑戰，於是蒙古人轉而騎馬摧毀京郊，直到燕京人民陷於饑荒，並在一二一五年投降。

成吉思汗離開中國時，也順道帶走了那些體積較龐大、靠彈簧驅動的中國武器。弩是弓箭的精密版本，它有一個弩牙（lock）和一個弩機（stock，後面我會談到冒煙的槍管）。弩不是靠人的手臂去握住弓的中間部位，而是靠這個稱為弩機的實心物，通常由木頭製成。弦是手動拉回來的，然後靠弩牙固定，箭則被放在它前面，只要啟動弩牙的扳機，便能釋出弦和箭。

雖然弩也是一種彈簧，同樣是利用張力和壓縮力這兩種作用力，但它在許多方面都與長弓不一樣。我有一次去玩傳統射箭，拿到一把相當輕巧的弓，因此我當時很驚訝只不過是要拉開弓弦、並維持張弓姿勢，竟然需要用到很多肌肉——沒錯，我要用到臂肌，但同時還有胸肌、核心部位和雙腿的肌肉。當這些肌肉都處於緊繃時，是很難保持穩定的，更別提要瞄準和釋放那根箭了。（雖然我射中的位置離靶心很遠，但我終究射中了靶子，這對我來說已經算是一場勝利。）但相反，弩不需要太多訓練，也不太動用到肌肉，因此農民可以被迅速徵召來增援軍隊，也能夠自行抵禦專業士兵的攻擊。有一些弩的威力甚至更大，可以讓箭以更強的力道飛出去，甚至能夠穿透金屬盾牌和盔甲。而且因為是靠弩牙固定弦，你就能專注瞄準目標，也更容易精準射中。

多年以來，中國人設計出各種弩的變體：只需靠一隻手就能射出毒箭的小型弩、可以同時射出多支箭的機型，還有可安裝在移動式基座上的重型弩炮。漸漸地，弩在操作上所需要的技巧和訓練（及思考）越來越少，還可以從很遠的地方就造成死亡和破壞。在成吉思汗到來之前，中國人曾利用製弩技術和部署弩箭，在一定程度上抵禦了敵軍入侵，然而，儘管他們擁有這些武器，這位可汗還是想方設法地戰勝了，原因在於他有一批靈活機動、技術精湛、能自給自足的軍隊，他們可以帶著輕便的致命武器——蒙古弓——長距離地快速橫越任何地方。

這無疑助長了這位可汗野蠻殺手的名號，事實上，他留下來的傳奇比這個名號還要斑斕多彩。成吉思汗允許他的臣民擁有自己的宗教信仰（這在當時極為罕見），他提拔人才，甚至拔擢那些來自戰敗之地的人才。十三和十四世紀是歐亞大陸相對和平與繁榮的時代，蒙古人建立了一套貿易和關稅系統，並創建出一種最遠可連接中國東部和敘利亞的郵政服務，稱之為**站赤**（Yam），不僅旅途變得安全（前提是你已經降服），更提升了絲綢之路的貿易量，從而促進技術與貨物的跨文化交流，包括將絲綢和造紙技術傳到中世紀的歐洲。

我總是很想將工程學描繪成推動世界變得先進和美好的背後力量，但當然這只是一部分的視角。貿易路線也為歐洲引進了弓箭、弩和彈射器，而拜彈簧原理之賜，這些武器都比以前更致命。

彈簧仍然在武器裡扮演著核心角色（現在要來談談我之前承諾要提及的冒煙槍管了）。現代機關槍可以連續發射多顆子彈，不需要重新裝填，通常是因為它有一組彈簧可以驅動彈帶，讓它穿過槍管。半自動手槍也有多個彈簧，其握把裡面有一個可移動的部位，稱為彈匣

（magazine），用來存放子彈。彈匣底部有個大彈簧，會在你加裝子彈時被壓下去，等到彈匣被放回握把裡面，就能把槍的頂部（稱為滑套〔slider〕）拉回來，滑套裡有個彈簧叫做覆進簧（recoil spring），會因而受到壓縮。移動滑套，會在彈匣上方騰出空間，底部的彈簧就會把一顆子彈推上來。當你放開滑套時，覆進簧會將它推回原位，槍就完成上膛，等待射擊。扣動扳機會釋放另一個彈簧，它與撞針（firing pin，一根長又鋒利的金屬棒）連結，撞針急劇撞擊子彈，引發子彈裡的小爆炸，迸出子彈。雖然我用了一段話來解釋這些步驟，但彈簧會確保這一切都在極短時間內發生，而工作還沒結束，由於牛頓的相等反作用力定律，子彈發射的爆炸力會壓縮覆進簧，將滑套往後推，進而讓下一顆子彈彈上來，以待發射。

現代槍械的故事與弓箭有關聯，中國人在九世紀發明了火藥——木炭、硝酸鉀和硫磺的混合物——他

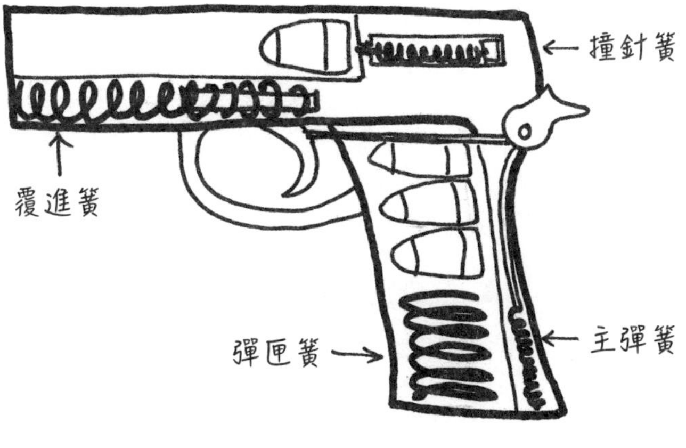

半自動手槍裡的彈簧

們把火藥放進空心的竹管或金屬管裡，朝敵人發射火焰或流彈。十三世紀，就在蒙古時代的絲綢之路貿易期間，我猜這個時期因弓的存在而使社會相對穩定，火藥傳到了歐洲人手上。到了十六世紀，他們已經製造出比東方前輩的火器更先進的槍炮。威嚇和征服再度成為火力上的競爭，戰爭的面貌也有了演變，兩軍對峙的距離開始拉遠，傷亡的形態也在改變，這也促使了醫藥的進步。在足以徹底毀滅一個國家大半區域的原子彈出現之前，戰爭一直由槍炮主宰。

槍械的威力令我害怕，因為人們駕馭了彈簧的知識，僅靠一根手指這麼小的力量，便可能害人死亡。根據美國衛生統計與評估研究所（Institute for Health Metrics and Evaluation）二〇一八年度報告的主要撰稿人穆赫辛・納哈維（Mohsen Naghavi）博士所言，槍枝暴力是我們這個時代最大的公共衛生危機之一。美國在二〇二〇年和二〇二一年，每年都有超過四萬五千人被槍殺。扣除掉盧旺達種族滅絕事件（Rwandan genocide）發生的一九九四年，自一九九〇年以來，每年全球與槍枝相關的死亡人數，都高過全球衝突和恐怖主義的死亡人數。這些統計數據令人不寒而慄，尤其對工程師而言。我認為我們一定要謹記，我們的發明和創新可能會被拿來傷害人類的生命，哪怕這從來不是我們的初衷。

彈簧是工程發明裡一個有趣的例子，早在它背後的科學被人類認真研究過之前，就已經有很長一段時間以多種形式被運用。彈簧的製造者會透過反覆試驗，利用自己的經驗找出什麼樣的材料和形狀最適合達成他們想要的用途，這證明了我們是可以在不瞭解某樣東西的運作細節情況下取得進展。但是等到十七世紀這方面的科學知識獲得充分研究之後，我們對彈簧的運用就變得更複雜了。

而這種在理解和運用上的大幅躍進，有很大程度得歸功於羅伯特・虎克（Robert Hooke）。虎克於一六三五年出生在英格蘭的懷特島（Isle of Wight），四名手足裡排行最小的他，從小就對機器和畫圖充滿興趣，後來進入牛津大學唸書，成為真正的博學之士，並開始揚名。他建造望遠鏡來觀測火星和木星的運動，於當時那個還在詮釋《聖經》文本的年代，他已對化石和地球的年齡作出了假設，他也著手調查一六六六年在倫敦大火中受損的大半建築物。材料的彈性是他的眾多興趣之一，這也促使他開始研究彈簧。

虎克發表了一篇論文，從數學和物理上解釋彈簧是如何以可預測的方式運作，以應用在機械裝置上，這篇論文現在被稱為虎克定律（Hooke's Law）。奇怪的是，在一六六〇年，他晦澀地把這個定律當成字謎一般提出來，十八年後才給出「*Ut tensio, sic vis*」這句拉丁文作為解答，意思是「隨著伸展，作用力也跟著增加」。虎克的解釋是，彈簧的伸展與其所承受的重量成正比，彈簧要伸展得越大，就需要用更大的力量將它變形，而它儲存的能量也越多。換句話說，如果一公斤的重物導致彈簧伸展一公分，那麼兩公斤的重物就會導致兩公分的伸展，而在後者的情況下，彈簧儲存的能量也會更大（這條定律量化了蒙古弓之所以如此實用的原因）。只要這些作用力和變形不超過材料可保持彈性的範圍（亦即施力變形之後，仍能恢復原狀），虎克定律便能成立。

這條定律影響深遠，除了彈簧之外，虎克定律也能讓工程師預測一個彈性系統在特定作用力下會膨脹、收縮或移動多少。這可能涉及到一顆球能彈得多高、某種材料如何吸收聲音，或甚至一棟塔樓在風力和地震的作用力下可能的搖晃程度。此外虎克的成果也應用在許多實際用途上：譬如汽車懸吊系統的螺旋彈簧，就跟那種拿來將人類體內狹窄血管撐開的彈簧明顯不同。一旦你瞭解箇中原理，包括這些作用力是什麼，以及需要的移動程度或彈性程度是多少，你就能開始設計彈簧。假設是一個螺旋彈簧，你可以算出它的總直徑、線的長度，以及線圈的數量，確保它們達到完美平衡。工程師利用這些原理設計出像彈簧秤（我女兒出生後第二天，就被吊在彈簧秤上準確秤出她的體重）、壓力表（就像老式的血壓計，當你的胳臂被擠壓和鬆開時，指針會在一個刻度盤上旋轉），以及很難打開的複式鎖（小彈簧會落入鑰匙的刻槽裡，如果配置正確，就能打開）等機械裝置。我本來要探索彈簧在這些裝置裡頭的作用是什麼，但是我決定選擇另一個拜彈簧之賜而在演化上有一大躍進、從此改變我們生活和工作方式的機械裝置。

我前往英格蘭中部伯明罕（Birmingham）珠寶區（Jewellery Quarter）的其中一棟高大喬治式紅磚建築裡，探訪了製錶商兼鐘錶匠羅貝卡．斯特拉徹（Rebecca Struthers）博士。不論在任何時候拜訪羅貝卡都是極為有趣又獲益良多的，不過二〇二〇年疫情期間被困在家中好幾個月、經歷了各種封城措施之後，還能夠親自走訪她的工作室，的確讓人喜出望外。

那裡就像一片淨土：有著寬敞的開放空間、幾張高大的白色桌子，除了她的狗阿奇（Archie）因我的到來在隔壁房間興奮地吠叫之外，整個地方都很安靜。環顧房間四周就像是古老工具的寶庫，有車床、銑床、切頂工具……羅貝卡告訴我每一個工具都有名字，都是她家族的一部分。她在這裡和丈夫克雷格（Craig）共同經營他們的事業——斯特拉徹製錶坊（Struthers Watchmakers）——專門製作精美訂製的手錶，也兼修復歷史悠久的鐘錶，從幫國際名錶宇宙手錶（Universal Genève）製造全新的錶圈到深度清潔古董車儀表板上的時鐘，無所不包。由於她對經典手錶情有獨鍾，所以當我看到她手腕上戴着一只金色的卡西歐（Casio）電子手錶時，我很驚訝。她的解釋是：在工作時，她需要一只「適合在工作室佩戴」的手錶，這樣一來在各種珍貴機器之間移動時，就不用擔心因碰撞而受損。

除了在工作上才華橫溢之外，她在這個行業裡也是獨一無二的。八〇年代時，她母親出外工作，所以她是由待在家裡的父親帶大，這讓她看到了打破刻板印象的力量，而這也是她正在做的——在由白人中上層男性所主宰的行業裡，成為一位年輕、有紋身、來自工人階級的女性鐘錶匠（在我們戴著口罩聊天時，她這樣描述自己）。二〇一七年，她成為英國史上第一位拿到鐘錶學博士學位的鐘錶匠。羅貝卡跟我大致說明了在裝有彈簧的鐘錶被發明之前，人們在報時方面所面臨到的難題。

要精準和科學地測量時間，關鍵在於計算出周期性和規律性發生的事情。大約在五千年前，古埃及和巴比倫人基於三種自然現象來規律地報時：太陽每日的移動、月亮的每月周期循環，以及一年四季的變化。數字十二對古埃及人來說別具意義：在尼羅河一年一度的洪水期，可以看到十二個特別的星座，它們將一年分成十二個月，每個月三十天（再加五天就構成一年）。有日照和黑暗的時段各被分成十二等分，每一等分是一個時刻（temporal hour）。（這些時刻的長度會隨著白天和黑夜的長短波動而變化，所以在夏天時，白日時刻會比夜晚長。）

這是一個相當不錯的時間測量法，但也有侷限性，原因是古代人很仰賴陽光，但陽光不是永遠都在；另一個原因是隨著地球沿著軌道公轉，白日的長度會有不同；最後一個原因是太陽從升起到落下的周期的位移點不是那麼明顯。

為了實際感受時間的流逝，我們的祖先利用棍子來追蹤影子，以得知一天過了多久。後來水鐘被發明出來，讓古人不管是白天或黑夜都能測量時間。形式最簡單的水鐘，是帶有一個小孔的水盆，水會從洞裡滴進另一個容器，我們再透過它的水位來得知過了幾個小時。就像棍子慢慢演變成複雜的日晷一樣，水鐘也在經過幾百年的洗禮後變得十分精細，裝上了複雜的成組齒輪。這些都是由中世紀阿拉伯和中國的科學家引領發展出來的，這兩套系統在溫暖的氣候裡都能夠良好運作，但在北歐，雲層厚重的白日和冰冷的夜晚卻使它們不太管用，因此歐洲人必須另覓他途。

在電力被發明之前，歐洲的時鐘是靠機械裝置供應動力。最早期的機械時鐘出現在十三世紀義大利的天主教堂裡。教堂聽起來可能不太像是會出現創新工程設計的地方，但你要知道神職人員每天至少得祈禱七次，午夜也還要再一次，所以這些神父確實需要某種方法來提醒自己去履行神職。

高高坐落在教堂塔樓頂端的時鐘都有一個沉重的重物，它會因為重力作用而緩緩降落到塔樓裡面。那裡有成組的機械裝置控制這個重物的移動速度，並吸收它的能量來驅動鏈條上的齒輪。鏈條上有一根槓桿，每小時會鬆開一次去敲響鐘聲。

由於被持續不斷的重力作用所驅動，因此這個時鐘的動力來源是可靠的，但若要把不斷下降的重物掛在你的手腕上，那就一點也不務實了。重物若是被搖晃到，就會影響其可靠度，而且當大型重物下降後，還得被重新拉升回去，才能再度往下降。為了避免每天都得多次重複同樣的操作，於是需要較長的下降距離，這些時間裝置都被安裝在很高的位置上，因此時鐘才會這麼大又無法移動，直到發條（mainspring）被發明出來。

在羅貝卡的工作室裡，她把各種彈簧擺在工作桌上，有像問號形狀、丁點大的小彈簧，剛好可以放在我的指尖上；還有比較大一點的V型彈簧，是用圓柱形的細金屬線製成。當中有幾個發條，是用扁平的寬金屬條製成螺旋狀，其中一個被隨意放在桌上，呈現出最自然的樣子——它的中心點緊緊捲曲，但展開時，形狀就像費波那曲線（Fibonacci curve）那樣，變得跟我的手掌一樣大。旁邊是一根類似的彈簧，但末端往另一個方向彎曲，這令我想起海馬的尾巴。還有一根彈簧被緊緊纏繞在一起，放置在被稱為筒（barrel）的圓盒裡。這些扁平的螺旋形彈簧是小型機械鐘錶

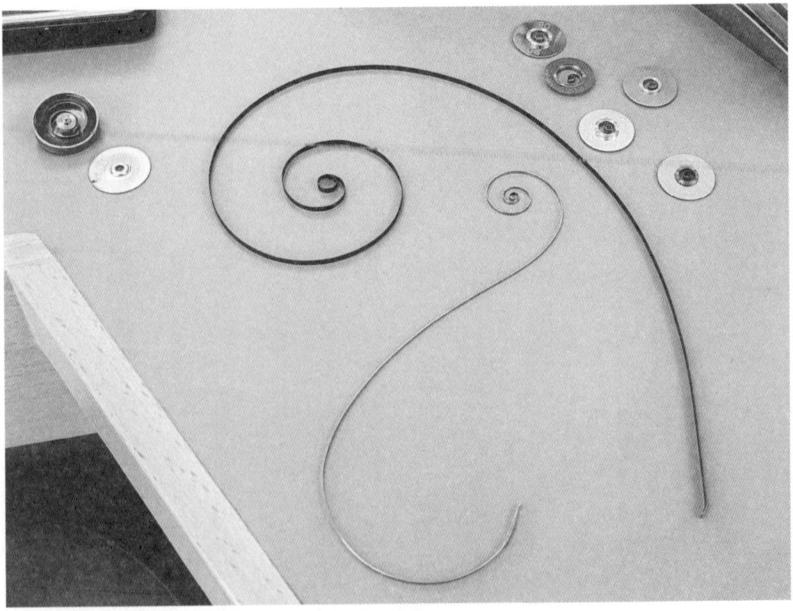

不同形狀的發條，有捲在一起的也有展開的
拍攝於斯特拉徹鐘錶製造坊

的動力來源，要驅動齒輪鏈，就得靠這種動力，才能測量出時間。於是它們取代了移動的大型重物，帶來了報時裝置的飛躍。少了它們，便無法發明出小到足以戴在腕上的手錶。

據信發條發明於十五世紀末的德國，由一條扁平的寬金屬條以螺旋形纏繞著軸心，金屬條的末端與軸心相連，當將它繞著軸心纏緊，彈簧就會緊縮，並把能量儲存起來。為了阻止彈簧很快鬆開，會使用一種叫做棘輪（ratchet）的裝置，這是一個特殊的圓形齒輪，附有一根棘爪，棘爪容許齒輪朝一個方向轉動，但如果反向旋轉，棘爪就會勾住輪齒，阻止它轉動。（這就是你在轉動發條玩具或音樂盒的旋鈕時，會發出咔噠聲響的原因。）

一旦上好發條，軸心就會被鬆開，彈簧也跟著慢慢解開，將能量傳遞進齒輪傳動鏈裡，從而驅動時鐘。通常發條的長度會被設計為足夠持續運作四十小時而不用重新上發條，理想情況下，佩戴者必須每天上一次發條，這等於給了緩衝時間以防他們忘了這件事。

羅貝卡解釋，用發條來取代時鐘裡的大型重物，意味時鐘可以變得更小巧和便於攜帶，於是懷錶問世了。然而在虎克於十七世紀中期弄清楚彈簧背後的科學原理之前，運用彈簧這種事多少得靠運氣。最初靠發條製造出來的計時器沒有那麼準確，原因是當它們縮得最緊的時候，儲存的能量最大，但鬆開時，能量就會變小。為了彌補這一點，系統裡頭添加了各種不同的機制（而且都有充滿遐想的名稱，譬如stackfreed〔編案：源於德文，意為「強有力的彈簧」〕和fusee〔編案：源於法文，意為「圓錐體」，中文譯為芝麻鏈〕），它們跟發條組合在一起，形成一種緊密一體的全新能量來源。

如今由於那種尾巴宛若海馬的彈簧已經被塑形成尾端最硬、起始處最柔軟，因此stackfreed和fusee就被嫌多餘了。根據虎克定律，尾部比較硬意味即使彈簧已經鬆開，能量變得比較小，但它的硬度會加以補償，這樣一來，就能將一致的能量輸入手錶裡，讓時間不會失準。

在羅貝卡工作桌上的彈簧旁邊，有一只精美的十九世紀手錶。我著迷地看著她費力地將它拆解，只為了秀給我看第二個重要的彈簧：遊絲（hairspring）。雖然單靠發條本身就能讓時鐘變得更小和便於攜帶，但是把發條和遊絲**組合在一起**，創造出了第一批既準確**又**便於攜帶的鐘錶，其精準程度更是前所未見。

等到羅貝卡擰開一些很小的螺絲，取下錶蓋之後，就讓我拿著錶身。我小心翼翼地把它捧在掌心裡，深怕掉到地上，微微瞇眼細看裡頭正在滴答作響的精巧機制。這些零件都是用鍍金的黃銅製成，不同尺寸的齒輪層層疊疊，散發出平淡的金色光澤。我可以看到這些齒輪以不同的速度在旋轉，而這速度取決於它們在錶面上驅動的是哪一根指針——負責秒針的齒輪轉動得異常快速，一分鐘內就轉動一整圈，和另一個轉速慵懶、十二小時才轉動一整圈的齒輪形成鮮明對比。

但是在這些熟悉的齒輪當中，還有一個很不尋常的輪子，它快速地順時鐘旋轉，然後又逆時針旋轉，一直來來回回，它被稱為擺輪（balance wheel），負責維持這個輪子快速穩定來回轉動的是一根很細的螺旋狀彈簧，也就是至關重要的遊絲。

埃及人在時間測量的精準度上遇到了難題，因為他們倚賴太陽的擺動，但太陽在二十四小時內的擺動非常緩慢，要想準確地計時，就需要某種形式的擺盪、循環或來回運動，而且得頻繁而持續不斷，才不會積累很大的誤差。在遊絲被發明之前，曾有一種精巧的工程裝置叫做擒縱器（escapement），用在十三世紀的中世紀大型鐘樓上。擒縱器的形式多樣，但都基於同樣的運作原理，那就是創造出規律的擺盪運動來調節時鐘機械裝置，以便精確記錄時間流逝。擒縱器跟長達二十四小時的太陽周期截然不同，它的周期只有幾秒鐘。

早期的擒縱器例子是機軸擺桿擒縱器（verge and foliot escapement），常見於中世紀天主教堂的鐘樓。它有一根會旋轉的垂直軸，上面連著兩塊小金屬片，垂直軸的頂端是兩根分別往左右延伸的金屬臂，各自乘載著一塊金屬物，它們可以被移動，以控制擺動的頻率。金屬臂每搖擺一次，金屬片就會隨著垂直軸扭轉，釋出冕狀輪（crown-shaped wheel）的一個輪齒，金屬片也會迫使垂直軸往另一個方向旋轉，並再次釋出冕狀輪的一個輪齒。冕狀輪與先前提到的那種緩緩下降的重物相連，因此冕狀輪每次輕微旋轉時，重物都會跟著下降一點，造成上面兩根金屬臂來回擺動，使得冕狀輪跟著輕微旋轉，讓重物再下降一點。下降中的重物會將能量傳遞進負責操縱一根槓桿的齒輪裡，敲出時鐘的鐘聲，標記出小時數。（「時鐘」的英文clock源自於拉丁文*clocca*，意思是鐘聲，它們並沒有鐘面和指針來顯示時間。）

儘管負責控制重物釋出多少能量到系統裡的擒縱器至關重要，但早期的版本敏感又不精準。不精準的原因在於擺動機制不一致，譬如機軸擺桿擒縱器這個版本，移動部位之間的摩擦、溫度變化，或者金屬塊位置的微小變動都會影響擺動的速率。當擺動的頻率受到影響，也會對重物下降的程度造成影響，進而影響到鐘響的時間，也就是說這些時鐘每週產生的誤差可能多達幾個小時。這會構成問題，也使人感到困惑，就像十七世紀《雅典水星報》（*Athenian Mercury*）上的這封投訴信所言：

> 時鐘敲兩下的時候，我正在柯芬園（Covent Garden），但當我來到薩默塞特府（Somerset House）時，它是差一刻鐘到兩點。可是等我來到聖克

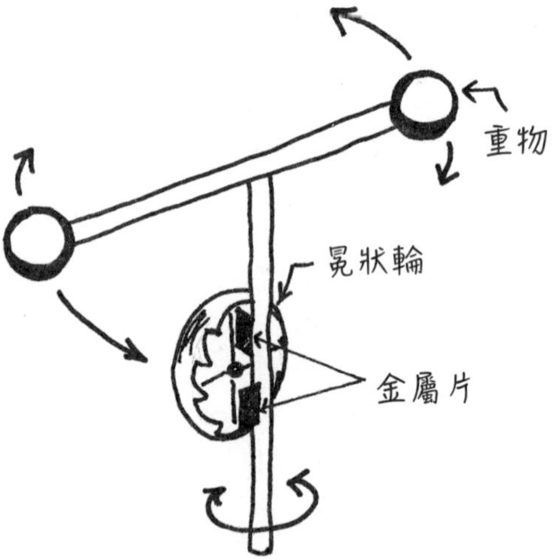

機軸擺桿擒縱器

> 萊孟（St. Clements）時，它已經兩點半。而當我來到聖鄧斯坦教堂（St. Dunstain's）時，又變成差一刻鐘兩點。等來到弗利特街上（Fleet Street）尼布（Knib）先生的日晷那裡時，竟然剛好是兩點。等我到了魯德蓋特（Ludgate），又成了一點半。後來我來到包爾教堂（Bow Church），又變成差一刻鐘到兩點。等我到了托克斯市場（Stock Market）附近的日晷時，時間變成兩點一刻。然後我到了皇家交易所（Royal Exchange），又變成差一刻鐘到兩點……

這位不滿的時鐘觀察家如果得知荷蘭的博學之士克里斯帝安．惠更斯（Christiaan Huygens）已經在擒縱器的設計上做出重大的改良，應該會很高興。

惠更斯在一六五六年將擺錘（pendulum）併入時鐘的設計裡，這是連接在一根細長桿子末端的重物，可以一致地來回擺盪。擺錘頂部有一個錨形擒縱器，會隨著每次擺動一起搖晃，並將一個齒輪的輪齒釋出，進而驅動時鐘。時間是線性的，但技術的演進不像時間，鮮少是線性的。許多擺鐘仍然是靠下降的重物驅動，就像你所看到的那種老爺爺級的古董時鐘，但在其他鐘錶裡，卻是發條在發揮作用。

儘管此舉大幅提升了時鐘的準確性，但仍然不便於攜帶，部分原因是它們很笨重，而且稍微的移動就會干擾到鐘擺和擒縱器，造成計時出錯。因此它們對探索世界的人來說沒有用處，無論是在當地探索還是搭船往各大洲探索都一樣，但遊絲的發明改變了這個狀況。

跟擺輪在一起的遊絲會形成一個高頻率的擺盪系統（高頻率才能精準），而且不論是放進口袋裡、戴在手腕上，還是出海航行，都不會受影響。當我看著羅貝卡放在我掌心裡的手錶時，瞬間被擺輪的扭動給迷住了。它速度快到幾乎難以看清楚，但每次它改變方向時，都會撞擊一個叫做擒縱叉（pallet fork）的小機械裝置，將它從一邊推到另外一邊。這個叉子有兩個尖頭，會在每次擺動時釋放一種形狀特殊的齒輪上面的一個輪齒，這種齒輪叫做擒縱輪（escape wheel）。（你在機械腕錶裡聽到的那種令人心安神定的滴答聲，有部分就是來自於這種來回敲打的動作。）

遊絲和其相關構造構成了機械手錶裡頭穩定振動的核心。（遊絲的英文名稱hairspring源自於這種彈簧最初是用豬毛製作，但這不是一種特別可靠的材料，因此最後被金屬取代，而這英文名稱仍然被保留下來。）這是一種極其精細的物件，其長度上的輕微變化，就可能使手錶的速度變慢或加快，而創造完美的平衡正是出色的鐘錶匠所追求的目標。鐘錶的準確性歸因於它擺盪的速率：平均每秒擺盪的次數越多，哪怕手錶正在到處移動，累積的誤差仍然比較小，因此計時就越準確。機軸和擺桿可能每隔幾秒才擺動一次，擺錘則是每秒擺動一到兩次，相較之下，擺輪和遊絲可以每秒擺動多次。典型常見的機械裝置是每秒擺動六次，但有一些設計每秒鐘擺動的次數可以超過一百次。

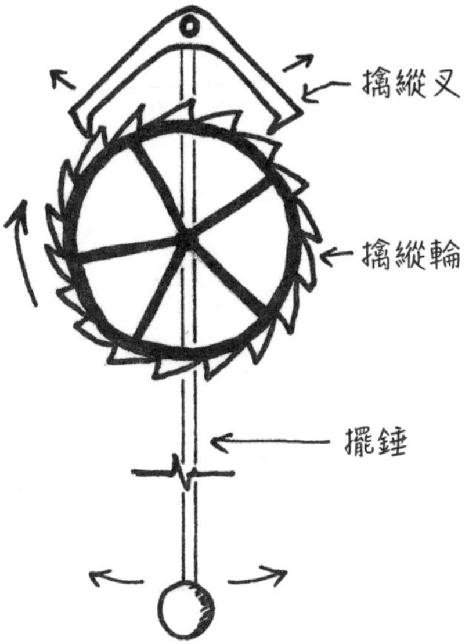

鐘擺擒縱器

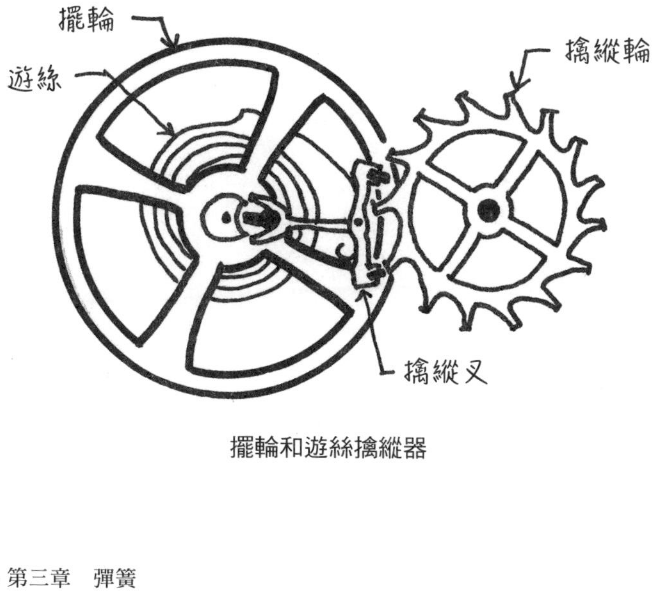

擺輪和遊絲擒縱器

我們的生活方式因出現了便於攜帶又精準的工程設計裝置而有了改變，當它們首度問世時，這些時尚的新式鐘錶被當成垂飾掛在脖子上、吊在腰帶上，或放進口袋裡，手錶曾一度被視為女性的珠寶配飾。我們可以討論一下這究竟是好事還是壞事，畢竟我們現在似乎總是被時鐘牽著鼻子走，不斷被趕著在時限內完成一個又一個的任務，但裡頭裝著各種彈簧的手錶對科學、航運和社會確實是造成了明確且深遠的影響。

科學家們現在能夠觀察太陽、月亮和星星等天體，並準確記錄它們在特定時間的位置，然後追蹤它們數日來或數年來的移動，使我們對太陽系以及系外的宇宙有了更多的認識。但言歸正傳，在鐵路出現之前，每個城鎮都是靠觀察太陽來設定自己的當地時間，然而到了十九世紀，天文學家利用電報將精準的時間傳送到全國各地，以確保整個鐵路網沿線的時鐘時間是一致的，尤其是為了預防火車在錯誤的地點和時間相撞。時間紀錄也對貿易控管以及工業革命期間工人在工廠工作時間的長短造成影響。

時間的準確也對船員的安全至關重要。一七〇七年錫利群島海難（Scilly Naval Disaster）約有一千四百人遇難，大半原因是領航員無法精準算出他們的位置。於是在船難之後，英國國會提出獎勵措施，只要有任何人能夠改善海上長途旅行的安全，就能獲得獎勵。而問題就出在地球經度的繪製上，這是在趨近陸地時的一種重要定位方法。（波利尼西亞〔Polynesia〕的領航員多年來都是靠自然觀察來計算經度，他們熟知自己所在的海域，但當時西方並未採用這種技術。）而這個解決的辦法至少在理論上是簡單的。

如果有個時鐘可以跟格林威治（Greenwich）零度經線的確切時間同步，然後帶著它展開長途航行，領航員就能利用太陽和星星計算出所在位置的時間，並與格林威治標準時間比較，時間差可以告訴他們已經東行或西行了多少度。但是這個方法仰賴於一個準確的時鐘，萬一它在航行過程中出乎意料地失準，這個計算就可能完全走樣。

十八世紀，木匠出身的約翰．哈里森（John Harrison）靠自學而成為鐘錶匠，曾花數十年時間從事鐘錶設計。他已經創造出陸地上最精準的時鐘，但海上的時鐘是完全不同的挑戰：它們必須在溫度、濕度和氣壓出現變化時仍然保持穩定狀態；抵禦含鹽空氣的腐蝕；長時間保持準確度；並且不受船隻搖晃的影響，從來沒有一個鐘錶能夠完全達到這些要求。

哈里森示範了何謂真正的執著，四十多年來，他設計和製作出五種鐘錶，也就是眾所皆知的H1到H5，前三種是時鐘，而在一七五九年完成的H4看起來更像是一個尺寸過大的懷錶，在白色的琺瑯錶盤上有一圈黑色的羅馬數字標示小時，再往外是一圈阿拉伯數字，以5的倍數從5開始遞增至60，表示分鐘。除此之外，在每一刻鐘的位置，都有一個紋路優美的精緻花卉圖案。而時針的設計也相當講究，看上去宛若一株從地底下長出來的植物。這是一件精巧的作品，不過至少對我而言，這只錶真正的美麗和複雜之處在於當你打開錶殼一探究竟的時候。錶殼是亮金色的，上面有很多類似錶盤花紋的圓形紋路浮雕，保護裡頭精良的機械裝置。

它看起來更像是精緻的珠寶，而非機械傑作。

Ｈ４由發條和芝麻鏈來維繫動力輸入，發條會持續傳遞動力一整天，然後就得用一根鑰匙來上緊發條。哈里森的設計特點之一是，就算它正在上發條，齒輪和擒縱器還是能繼續接收動力，滴答運轉，這是聰明的方法，能夠確保就算每日都要執行這個步驟，也只折損掉最少的時間。他還發明了一種叫做擺錘均衡鍵（remontoire）的彈簧裝置，由於發條的動力輸出量會有變化（即便芝麻鏈能大幅降低這種變化，但畢竟哈里森的目標是製作出世界上最精準的錶），但擺錘均衡鍵是獨立的彈簧，能夠盡可能地等量施力在擒縱器上。擺錘均衡鍵上的這片彈簧每七秒半就會由發條自動幫它重新上緊。舉例來說，如果錶在完全上緊發條的情況下跑得有點過快，或者發條不夠緊的時候跑得過慢，擺錘均衡鍵都會確保這個循環迅速又頻繁，長久下來這只錶就能維持準確度。Ｈ４的另一個重要特性是它的擺輪和遊絲比一般尺寸大，因此對物理性干擾較不敏感，而且能夠每秒振動五次。Ｈ４曾經在從英格蘭到牙買加的航程中接受測試，當時預測它每天會慢二・六六秒，結果發現，在經過調整後，這只錶經歷了長達一百四十七天的航程後，僅僅慢了一分鐘又五十四・五秒。

哈里森的航海用天文臺錶（chronometer，編案：指擁有高精準度的機芯。在今天需要經受認證，才能被稱為天文臺錶。）價格非常昂貴，因此過了一個世紀後才被普遍採用。在那之前，只有富裕的船東或船長才用得起。但還好天文臺錶促進了地圖精準度的改善，從而減少因經度計算不當而造成的船難。世界地圖的可靠性提高使得西方航運產業蓬勃發展，提升了貿易量——不過就跟許多工程上的創新發明一樣，不見得只帶來有利的後果：良好的導航技術也同時引發了對新土地的侵略、大英帝國的擴張，並助長了大西洋的非洲奴隸買賣，這些影響至今仍在全球都看得到。

幾個世紀以來，裝有彈簧的鐘錶一直是我們最佳的計時器，但是誠如我們所知，時間從來不會停滯不前，工程技術也是如此。到了二十世紀，振動的石英晶體被研發出來，隨後是原子鐘的出現。相較於平均每秒震動六次的彈簧驅動式擒縱器，原子鐘裡頭的原子每秒可以振動九十億次以上，提供了令人難以置信的精準度和標準化時間，如今深受全球網路、股票市場、輸電網、鐵路、交通號誌、全球導航系統、行動電話、無線電等設備的倚賴，原子鐘預計大約每一億年才會慢一秒鐘。

但千萬別就此告別了靠彈簧驅動的鐘錶，它們到現在仍然主宰著絕大多數的機械式腕錶，而且重新創新和改良的傳統仍在繼續。遊絲可能即將經歷另一場變革，我曾跟美國的工程師基蘭．謝卡（Kiran Shekar）聊過，他正在研究矽遊絲的可能性。他解釋金屬會受到溫度和磁場影響，導致遊絲出現變化，進而使手錶變得不精確。但如果你使用的是經過特殊設計的矽化合物而非金屬，這些問題就會大幅減少。雖然研發仍處在初始階段，但基蘭對於能把全新材質運用在舊有技術裡，為下一代手錶的尺寸和精準度帶來各種可能的突破，感到無比興奮。

諷刺的是，就像在彈簧將時鐘帶進普羅大眾之前，只有菁英階級可以接觸到時鐘一樣，如今（包括我在內）普羅大眾也傾向於配戴經濟型的電子手錶，至於彈簧驅動的手錶則處在高端（且價格昂貴的）市場上。在瞭解過機械手錶的歷史、手工製作和科學原理的一點皮毛後，我深深被那些精妙絕倫的技術設計給折服和吸引。基蘭曾對我說：「我把機械手錶看成是隨時可以戴在手腕上的卓越工程設計典範，你說這世上還有多少東西可以讓我們這樣形容？」他說得沒錯，畢竟我總不能隨身攜帶我的建築或橋樑作品吧，所以我想也該是時候幫自己弄一只機械手錶了。（只不過我可能得先多存點錢。）

看著斯特拉徹博士在她的工作室裡使用尖細的鑷子和架在顴骨上的放大鏡靈巧地拆解鐘錶，竟使我想到了我在結構工程上所運用到的彈簧，它們與鐘錶匠所用的彈簧完全不同——機械手錶裡的彈簧非常小（因為即便是一毫米的微小偏差都會嚴重影響它的性能表現），而身為結構工程師的我所接觸到的彈簧可都非常巨大，大到足以纏繞在我的大腿上。如果我用力在上面跳，只會像一隻蒼蠅落在秤重器上一樣。（沒有工程師在這個思想實驗裡受到傷害。）在手錶裡，彈簧的功能之一是調節，它們會不斷伸展和收縮。但在結構物裡，彈簧的作用是破壞，它們坐定不動，隱藏、蟄伏，直到需要它們上場的時刻。

建築和橋樑會受到振動影響，你可能曾感受過大卡車從你辦公大樓旁邊駛過時引發的隆隆聲響，或是你公寓裡的鄰居正在隔壁用吸塵器吸地毯的振動聲。有時候這些振動是偶爾才出現，雖然可能讓人聽了有點心煩，但不至於經常發生。但有些時候，振動和噪音是頻繁、經常性和擾亂性的，會造成我們的壓力，甚至損害結構。這時彈簧就會跳出來發揮作用，它們被用來攔截這些振動，盡可能吸收掉它們的能量，使進到主結構的振動力降到最低，創造出舒適安靜的環境。

我十幾歲的時候曾經不自覺地試圖利用彈性來降低振動。大學時住在學生宿舍的我，不僅能聽到隔壁房間傳來的音樂，也能實際感受到它們的聲波。從揚聲機傳來震耳欲聾的重低音總是震穿我那野獸派風格大樓的水泥地板和柱子，害我的書桌不停顫動，而當時的我正焦頭爛額地想要完成物理計算。音樂——事實上任何一種聲音——主要都是透過空氣分子的蹦蹦跳跳傳播，將能量傳遞給相鄰的分子，換言之，就是創造出一種波，它會傳進我們的耳朵，使耳膜振動。聲音也會使液體和固體振動，因此坐在大學宿舍書桌前的我會用手抱住自己的頭。事實上，物料裡的原子結構越緊密，能量和振動的傳遞就越有效率。一般來說，這代表透過固體，振動可以被傳遞得更遠更快，但如果你鋪上幾層不同密度的物料，打斷聲音傳遞的直接路徑，振動就會開始失去能量甚至消失。（因此在書桌的每根桌腳底下放一疊很厚的杯墊，儘管效果有限，但還算成功。）正是這個概念——將較柔軟的東西夾在較堅硬的東西裡面，以破壞振動——促使工程師開始懂得利用彈簧來保護結構物。

即便在結構振動的範圍內，彈簧也扮演著很多角色。以規模最極端的例子來說，螺旋狀的巨型鋼製彈簧在地震時可以吸收大部分摩天大樓所承受到的破壞性搖晃力；而以規模較小的例子來說，橋樑會承受風力的敲擊或卡車行駛而過的振動，彈簧能阻止橋樑因這些作用力所產生的危險移動。彈簧也能降低隆隆作響的鐵路沿線建築物接收到的噪音。（我自己有兩個專案基於不同理由都採用了隔振軸承〔vibration isolation bearings〕。我生平第一個專案是英國紐卡索〔Newcastle〕諾桑比亞大學〔Northumbria University〕的人行天橋，必須在主甲板下方放置大型彈簧來吸收行人行走的能量，以防止搖晃。有一棟倫敦公寓大樓是我在職業生涯後期完成的，它就正好座落在地鐵系統的正上方。為了吸收來自列車的振動，並阻止振動滲進公寓，我們在建築物結構的主柱底下放置了大型的橡膠軸承。）

而拿尺寸最小的例子來說——不過還是比手錶裡的彈簧大得多，幾近一個拳頭的尺寸——彈簧可以在空調機器或抽水馬達等大型機器的磨碾和抽動下（這些機器就宛若建築物裡頭的血管）不停伸縮，讓這些機器所在的建築物能盡可能有寧靜詳和的環境。正是這種看似規模很小的彈簧的功能，為這世上最著名的音樂廳帶來了重大的影響。

丹麥奧爾堡（Aalborg）的音樂之屋（Musikkens Hus）看起來就像一頭巨大的反烏托邦生物，它的頭顱——一個巨大的水泥正方體，其中一面裝有透明玻璃——就高高地棲在弧形水泥頸圈的頂部。環繞在頭顱下方的身體是一個巨大的U型水泥盒，並延伸出一些細長的圓形柱子，彷彿隨時會起身走動。該建築於二〇一四年開幕之後，吸引了來自世界各地的音樂家、觀眾和學生，他們都渴望浸淫在那宏偉的聲效環境裡，而這種聲效環境正是靠彈簧實現。

這個場館的聲學設計師用頗具詩意的語言向我解釋：他們的設計目標是要讓這個場館保持寂靜。寂靜是這個時代最大的奢侈之一，所有音樂都起源於寂靜，寂靜是有戲劇效果的，它可以讓觀眾感受到最輕柔的鋼琴音符以及後方三角鐵的叮咚聲。在今天的世界裡，網路上的內容無窮無盡、隨時可以取用，但若要創造出其他任何地方都獲取不了的體驗，那就格外

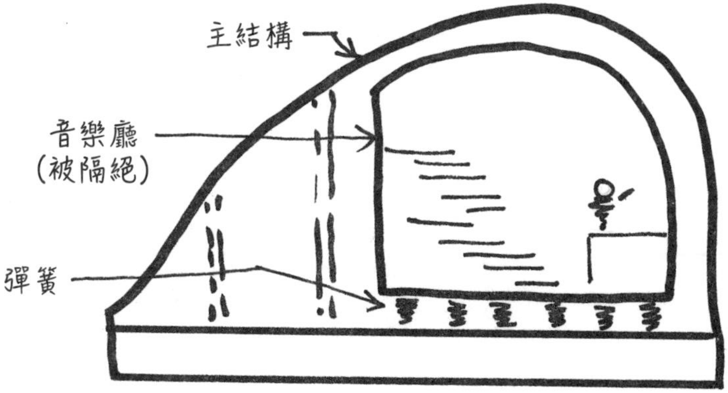

利用彈簧與主結構隔絕的音樂廳

不一樣了。當音樂廳的結構裡頭充斥著來自外面（車輛、火車和城市的囂鬧聲）和裡面（大型空調、泵浦以及訪客的喧嘩聲）的各種聲響時，要實現這個目標便不是那麼容易。除此之外，你還得防止排練室或其他表演空間裡的音樂滲透出來，干擾到隔壁的演出。在音樂之屋裡，這是很大的挑戰，因為它裡面有很多這樣的空間。在這頭「生物」的頭顱裡，大型交響樂團會在主音樂廳裡演奏，該音樂廳向來以全景式弧形樓座聞名，與它建築外觀的鋒利邊緣恰成鮮明對比。在它那U形的身體裡，有超過六十間教學用的小型排練室。地下室也有三個表演空間，分別供搖滾樂、爵士樂和古典樂使用，再加上安置所有嘈雜機器設備的主機房。因此為了在這樣的環境下創造出寂靜，建築設計師使用了六千多個彈簧。

為了防止那些來聆聽巴哈音樂會的觀眾也聽得到隔壁在翻唱皇后合唱團（Queen）的樂團聲響，他們創造出名為「箱中箱」（box-in-box）的系統。主結構是第一個箱子，用水泥築成，而為了造就完美聲學的第二個箱子就建在主結構裡面，兩者中間以氣隙隔開。這種結構意味當吉他手彈奏時，樂器發出的聲響會撞擊到任何表面，但是會受到氣隙的干擾，因為水泥和空氣之間的密度出現變化。箱中箱結構的挑戰在於你必須靠某種形式的固定物來布孔，以穩固牆壁、天花板和板材。因為如果這些固定物是實心的，就會傳遞振動，使整個結構失去意義。而這就是彈簧要發揮作用的地方，內箱的天花板是掛在螺旋形或弧形金屬彈簧下的板材；牆壁是附著長方形橡膠墊（類似巨大的橡皮擦）的板材，與外牆接合；地板是所謂的懸浮地板，用水泥製成，懸浮在主結構板上方。

在音樂之屋裡面撐起懸浮地板的彈簧是一門精巧的技術，想要在現有的水泥板上方再構成第二層水泥板，兩者之間還要隔著氣隙，這任務並不簡單。（試想把海綿蛋糕的濕麵糊倒在已經烤好的蛋糕層上，兩者中間還要保留空隙，就算有蛋糕釘棒的幫忙，也是難解的難題）。因此他們的解決方案是在已完成的第一層地板上鋪上一層薄薄的塑膠膜，再加上一些稱為自升式軸承（jack-up bearings）的精巧裝置。

這些軸承是用粗厚的圓柱形黑色橡膠組成，尺寸須以長期使用為考量，我可以給你一個參考值：大概是直徑一百五十毫米，厚五十毫米。橡膠頂部有一根向上突起的金屬螺釘。另有一個類似倒放的漏斗、帶有螺紋噴嘴的金屬杯被固定在螺釘上。這些軸承間隔一・三米、以規則的網狀排列鋪設在水泥板上。然後再把濕的水泥倒在上面，形成第二層水泥板。等到第二層水泥變硬，再用一個類似內六角板手的大號工具去轉動自升式軸承裡的螺釘。在轉動的時候，與金屬杯互相嚙合的螺紋會迫使杯子升起，連帶拉動水泥板。然後在小心翼翼的微幅調整下，每一個自升式軸承都抬升到所需的確切高度，創造出扁平的浮動地板，它有氣隙，也有作用像彈簧一樣的彈性橡膠片，可為沉浸式音效創作出完美的環境。

這看起來似乎是很現代的工程設計，但其實音樂之屋所用的自升式軸承是一九六〇年代為了迎合電視錄音室的需求而演變出來的設計。當時美國的大型廣播公司CBS需要在紐約市的攝影棚快速安裝懸浮地板，以改善攝製時的音質（他們錄製的鏡頭會有大象穿過攝影棚，地板必須能撐住牠們的重量）。一九六二年六月二十七日，一名年輕人提出了解決方案：有彈簧的自升式軸承。我看到那張原始圖稿時，其精確繪製的程度連我一開始都以為它是用電腦做出來的。但是上面有微微傾斜的手寫註解，並以英文縮寫「NM」署名，證明了這不是用電腦做的，而是一份一絲不苟的經典設計作品，出自一位很有才華的工程師之手。

NM是諾曼・梅森（Norman Mason）的英文縮寫。一九二五年出生於紐約布朗克斯區（Bronx）的他曾就讀當地的技術學校，但才過了幾年，恰逢戰爭，他就告訴父母他想從軍，到海軍服役。他所受的訓練使他得以進入商船的輪機室，在那裡他必須確保蒸汽或柴油動力引擎如常運轉，而且他喜歡親自動手操作。退伍之後，這名留著薄薄絡腮鬍、身穿引以為傲的海軍制服的帥氣年輕人回來念完了機械工程學位。

當年被稱為諾姆（Norm）的他回憶道，一九四八年對工程師來說是可怕的一年，因為很難找到工作。但他很幸運地在港口找到一份薪水不錯的臨時夜間工程師工作，並同時邊做邊找其他較為穩定的職位，他說他「當時做的是週薪八十五美元、晚上當班睡覺的工作，但同時在找一份週薪二十六美元的正職工作」，二十六美元是當時工程師的起薪。諾姆的父親建議他在「職位招聘」版位刊登廣告，不要只靠職業介紹所或者回應求職廣告來找工作。但固執又年輕的諾姆不同意這麼做，可是他的父親還是幫他刊登了一則廣告，此舉改變了諾姆的未來。

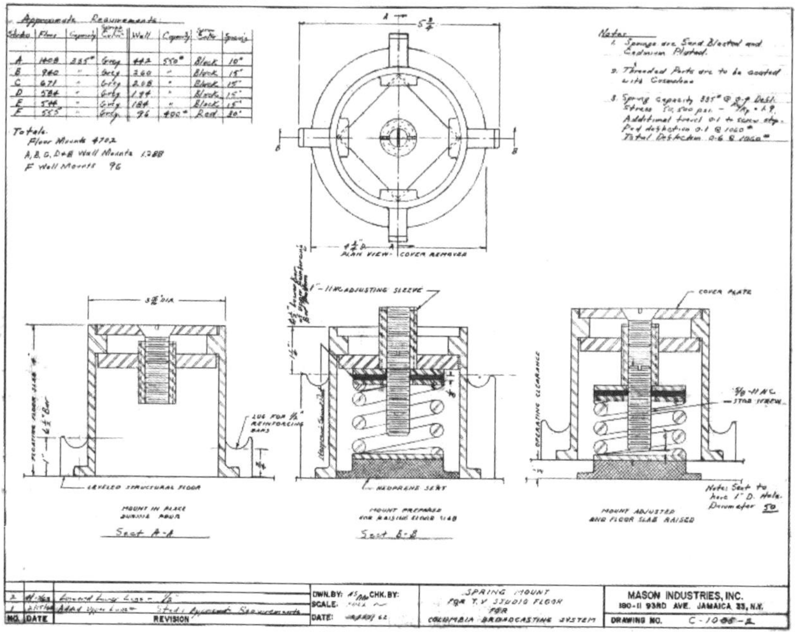

諾姆．梅森繪製的彈簧底座圖
由梅森工業公司（Mason Industries Incorporated）提供

就像虎克在確立彈簧工作原理之前的一般做法那樣，結構裡頭的隔離方式一開始也都是建立在嘗試錯誤的基礎上，而不是以科學作為根據。隔離裝置主要都在機器底下，但隨著建築物越蓋越高，需要靠更大的設備來抽送建築物四周的空氣和水，人們也開始抱怨那些聲響相當擾人安寧。因此就得追本溯源地在吵人的機器下方放置軟木或橡膠墊，將傳入周遭房間的噪音降到最低（就像在我桌腳下面放置杯墊一樣）。但即便建築物的所有人都面臨到這個有待解決的問題，卻還是很難被說服花錢在這項未經驗證的技術上。於是一家叫做柯爾芬德（Korfund）的公司（korfund是德語「軟木基礎」的縮寫）找到了另一種方法。他們不只試著銷售自己的產品，也著手研究造成這個問題的機器本身，並提供安裝解決方案的報價單，並且保證解決問題，否則不予收費。

諾姆的父親刊登的廣告讓諾姆得到了二十封回函，其中一封就來自於柯爾芬德。但諾姆的頑固和年輕氣盛差點又害了他，這場糟糕的面試才進行到一半，他就站起來，打算走人，但被其中一位面試官勸住而留下來。當諾姆意識到這份工作不是只在辦公桌前設計東西，而是需要實際處理機器時，他便決定接下這份工作。隨著經驗累積，他渴望能有自主權來自行設計和製造出最優質的產品。於是在一九五八年，也就是諾姆職業生涯的第十年，他決定自立門戶，帶著一本滿是問題攻略的六頁手冊，推銷從他那輛大別克車（Buick）的後車廂裡搬出來的設計成品。這就是他謙卑又果決的創業之始——梅森工業公司（Mason Industries），如今在全球近五十個國家都有他的生意。

諾姆將二次世界大戰後那幾十年描述得就像是一場共謀，意圖為難振動控管工程師。戰後的人們需要、也想要有更好的住宿條件，於是開始在建築物內安裝空調。機械設備通常被安置在地下室，但是地下室成了可以營利的停車場，因此機械設備必須轉移到別的地方。接著電腦出現，工程師可以迅速做完難以靠人手完成的計算，因而帶來了重量更輕以及在幾何上更為複雜的塔樓。人口的擴張再加上往城市遷移的傾向，這些都帶來了密度更高的城市景觀，也因此建築物的建造地點無可避免地離我們的基礎設施越來越近。有時候甚至是在現有建築物的下方直接行駛新的火車和開通隧道。諾姆承認，使用軟木或橡膠墊的非科學方法——也就是他口中所謂的中世紀方法——已經達成了將振動隔離這個概念帶進市場的目標，可是振動控管產業在這幾十年揚名立萬之後，已然陷入困境，所以該是時候展開科學研究了。

為了使振動能夠被妥善吸收，機械設備必須有比下方地板相對更柔韌的軟墊或支撐物。軟木和薄橡膠墊的問題在於它們並不是特別具有彈性；換句話說，當它們受到擠壓時，不會壓縮太多。這在地下室裡頭並不構成什麼大問題，畢竟這些比較薄的軟墊是放在堅固的水泥板上，即便柔韌度有限也算足夠了。但是隨著建築物越蓋越高，需要更多的機器設備來供應整棟大樓的水和空調，設備不得不放置在較高的樓層上。而這些樓層現在都使用鋼材製成，使得樓板變得更輕、更有彈性，也更容易受到振動的影響。這意味在機器的重量下，樓板的移動幅度會比墊子**更大**，而且吸收了所有的振動。

諾姆意識到不能只是簡單地選擇一個適合機器的支撐物，也必須確保它能與下方的結構相容。他的方法是把結構看成擁有兩個彈簧——支撐物本身和水泥板——進而研擬出方程式，於是設計出彈簧「彈性更好」的產品。在一九六〇和七〇年代，螺旋金屬彈簧（coiled metal spring，遠比軟木墊更柔韌）成為建物裡頭敏感區域的標準配備。這時候的諾姆已經成功完成了許多專案計畫，並靠實際數據來強化理論。

正如諾姆努力研究聲音科學一樣，整個科學界也在努力當中。那幾十年下來，有一連串的研究浪潮使我們對聲音和運動如何與結構相互作用，有了更深一步的認識。如今設計出音樂之屋和其他結構物的工程師都會運用一系列的精密工具來進行模擬，預測出一個空間可能會有什麼樣的聲響以及需要哪些干預措施。隔音這門技術已經透過對周遭環境的各種震動所做的現場實測，以及對內部的振源所作出的預測，開始化被動為主動，不再像諾姆早期那樣只能被動反應。也因此只要有需要，在一開始的時候就將會各種形式的彈簧納入設計中。但即便已經進步了這麼多，來自一九六二年的諾姆版自升式軸承到今天仍在使用中。這是耐久設計的完美典範，一位真正偉大的工程師所留下的印記。

使用彈簧來減輕結構裡的聲響改變了我們對城市的設計和規畫方法，少了彈簧，只會出現兩種可能：一種就像我們今日所熟知的城市，高樓大廈和公寓都離火車很近，但是噪音和振動分貝都很大；音樂廳會有回音以及隆隆作響的背景聲音；醫院外科醫師和研究人員難以專心工作；人們備感壓力、缺乏睡眠。至於另一種可能是妥協的城市，住宅區遠離基礎設施，導致長途通勤；設備的安置地點必須與人們使用的空間區隔開來，意味設備成本將變得昂貴，而且空間不足，並且對可建築的高度和深度造成限制。但還好有了彈簧，我們才能得到安寧。我們可以靠建造密集的城市來抑制都會的擴張，也可以在不嚴重影響既有設施的情況下，在地底下建造其他新設施。雖然彈簧被隱藏起來，但它不僅對我們每日使用的眾多小物件以及大型機械和工廠造成長遠影響，也影響著都會景觀的形塑。

第四章

磁鐵

Magnet

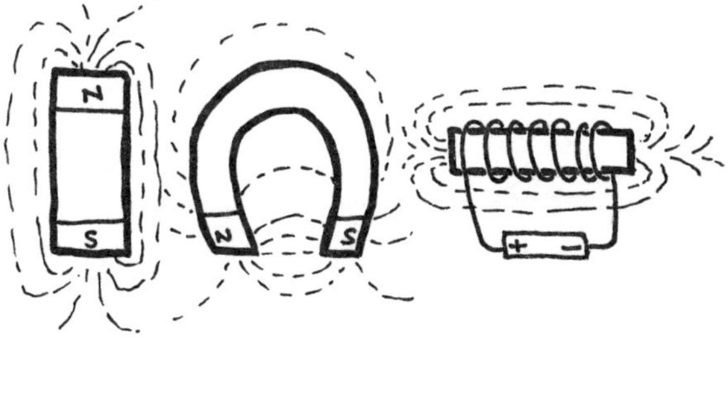

一天早上，一則消息傳到了電報局。當郵差走進印度孟買我祖父布里吉．基肖爾（Brij Kishore）和祖母昌德拉坎塔（Chandrakanta）與他們四個孩子在海邊的公寓時，他感到喉嚨一緊，因為我祖母拉著他的袖子說：「有塔爾（taar）來啦？！」在一九六〇年代的孟買，「塔爾」（電報的意思）的到來通常意味著壞消息。當時鮮少有家庭擁有電話，因此相隔遙遠的家人只能透過名符其實的「蝸牛郵件」來傳遞孩子的近況、廚藝和板球比賽的得分。只有在事情很緊急的時候，才會透過電報來發送消息。

巴布吉（Babuji，爸爸的意思）——我們都這樣叫他——撕開了信封，拿出一張淡藍色的紙，上面黏著白色紙條，紙條上只有三個英文字：ANXIOUS TO RETURN（急於回家）。他看了看妻子，翻了個白眼，向她保證沒什麼好擔心的。

巴布吉的兒子謝卡爾（Shekhar）大學畢業後就到義大利找工作，顯然他不喜歡那裡，想要回家。但巴布吉堅持謝卡爾應該再試一下，於是他穿上拖鞋，走到郵局，用最少的字發出一封電報，因為電報費用並不便宜，是按長度計費。接下來那幾週，有更多電報從義大利傳來，哀求一張回孟買的車票。巴布吉在置之不理了幾回之後終於讓步。他的兒子，也就是我的叔叔，回到了孟買，在那裡度過餘生。

幾近六十年後，疫情封城期間的每個禮拜，我那剛學會走路的孩子都會尖叫著要求：「我現在要跟奶奶說話！」這個身處在疫情裡的孩子，一生中的十八個月都不曾見過她爺爺奶奶本人，因此她想跟奶奶說話的要求立刻就被答應了。我只要在觸控螢幕上用指頭點幾下，一通電話便飛越了大氣層，去到地球彼端，我媽媽就接起了電話。她第一次看到我女兒爬、聽到她牙牙學語，全都是靠智慧型手機彩色螢幕上的實況畫面。當我停下來回想當時我們能夠如此輕鬆自在地連繫彼此，熬過那段艱困時期，我就會忍不住欽佩我們這一路以來的成就，而且懷著無比的感恩。

我們家族才過了三代而已，就經歷到科技上翻天覆地的改變，就像對整個社會所帶來的影響一樣，這過程中的每一步也都大幅改變了我們的生活：讓我們能跟自己所愛的人交流、創造出一個有著即時新聞的世界，改變了我們的工作方式，也改變了娛樂和被娛樂的方式。雖然視訊電話看似跟電報相差甚遠，但所有這些現代通訊形式都是建立在把訊號從這端傳送到彼端的科學原理基礎上，而且幾乎是瞬間傳送。我們之所以能夠辦到，全都跟磁鐵有關。

磁鐵很神奇，從它們身上輻射出來的磁場雖然看不到，卻是巨大且無遠弗屆的。這門科學很複雜，幾千年來都不被瞭解。事實上，很多物理學家會告訴你，磁力學——尤其是電磁學——仍然未被充分理解。可是至少在我們多少理解之後，就能夠創造出實用的機制。人類利用磁鐵的神奇力量創造出能與其他機器互動、或是能施力在其他機器上的機器，而且這些機器之間的距離遠超出你的想像。

磁鐵——或者說能施加磁力的物體——跟我們迄今為止看到的發明完全不同，它本來就存在於這個宇宙之中。你和我都是磁鐵（非常非常微弱的磁鐵，所以不用擔心，我們不會有突然跟冰箱吸在一起的危險），物質的微小構件——原子——就具有磁性，我們居住的這顆星球也是一塊巨大的磁鐵。磁鐵跟輪子、釘子和彈簧不同，它是被人類發現而不是被發明的，儘管如此，還是值得在這本書裡大書特書，因為是人類想出方法讓它們發揮出比自然界所能提供的還要大的用途。幾千年前，我們在周遭自然環境裡所找到的磁力都很微弱而且難以獲取，它們來自於磁鐵礦，後來被稱為磁石，是能在地球上找到的天然礦物，由鐵和氧以及雜質混合而成。它是一種磁性材料，但是存在於自然界的磁鐵礦只有很小的比例具有磁性，因為還需要和磁鐵礦裡面特定的雜質組合，並且得曝露在高溫和有磁場的特定環境條件下。

天然磁鐵這個字眼的出現最早可推溯到公元前六世紀的古希臘，大約在兩百年後，中國人也記載了天然石頭會吸住鐵的現象，後來又過了四百年，中國人開始把這種材料運用在堪輿學裡（一種占卜）。等又過了一千年，進入到中世紀，它才以指南針的形式運用在導航上。宋朝的領航員會把磁石雕成魚的形狀，讓它在水裡自由浮動，它就會始終指向南方，這個知識沒多久後被傳播到歐洲和中東。即便在那時候，我們對天然磁鐵已經有了一千多年的認識，還是無法複製它們，用途也僅限於導航。

磁鐵本身有兩種不同的形式：永久磁鐵和電磁鐵。永久磁鐵就是我們在學校科學實驗裡看到的那種馬蹄型和棒型磁鐵，以及那些用來裝飾我們冰箱的磁鐵。它們有兩極，北極和南極：將兩個磁鐵的南極或北極互相靠近，就會產生推力或斥力（repulsion force），但如果將一個磁鐵的南極與另一個磁鐵的北極互相靠近，就會吸住彼此。

我們花了幾千年的時間才掌握磁力的運作方式，因為這需要先對原子物理和材料科學有先進的認識。一種材料要成為一塊磁鐵，就需要眾多粒子在各種不同規模下以非常特殊的方式運動。讓我們先從環繞原子核的電磁開始說起，電子具有負電荷，也具有物理學家口中所謂的自旋（spin），這說明了它的磁特性。這種自旋會靠著「指向」的不同而在一些原子裡頭徹底抵消掉電子的磁力，使它們變成非磁性。但在其他原子裡，雖然有些電子被排列成自旋會被抵消掉，但不是所有電子都這樣排列，因此還殘留著淨磁力，形成磁性原子。

再來，如果我們把焦點從電子放大到原子，就會看到元素裡頭的原子都是自然地隨機排列，這意味各個原子的磁力相互抵消。但在某些材料裡，有一小部分的原子——被稱為**磁域**（domains）——會使原子全都朝同一方向排列，使得這個磁域具有淨磁性。但是它們還不算是磁鐵，因為磁域本身通常是隨機排列。

因此要使一種物料產生磁性，多數磁域裡頭的原子都需要靠強烈的外部磁場，或在特定溫度下靠特定順序施加的大量熱能來強制形成磁排列。一旦磁域都指向同一方向，就有了磁鐵。

即便到了今天，仍有人爭論磁鐵礦是如何一開始就磁化，因此人工複製這種磁化向來是種挑戰。某些像鐵、鈷和鎳這類原料所具有的電子排列方式有利於其原子變得有磁性，因此是位在定義明確的磁域裡。我們的祖先曾試著調配這些金屬混合物，並以各種組合方式來加熱和冷卻它們，來找出形成永久磁鐵的最佳配方。他們是成功了，但只限於某種程度，因為他們製造出來的磁鐵，磁力有點弱，而且無法維持長久。

科學方法發展出來的永久磁鐵始於十七世紀，當時威廉・吉爾伯特（William Gilbert）博士出版了《論磁石》（*De Magnete*）一書，概述他對磁性原料的實驗。到了十八和十九世紀，我們發展出更先進的冶鐵和煉鋼技術，並觀察到某些組合可以製造出更強大或更持久的磁鐵，甚至是兩者兼具，但我們還是沒有真正瞭解箇中原因。十九世紀也見證了電磁學的到來，這個主題我們稍後會再回來討論，但直到二十世紀以及量子物理概念出現之後，我們才懂得定義和充分理解原子和電子，進而製造出強大且持久的永久磁鐵。

我們運用三種原料來製造永久磁鐵：金屬、陶瓷和稀土礦物。第一個重大改良是開發出鋁－鎳－鈷金屬混合物來製造亞力可（alnico）磁鐵，但製作過程複雜又昂貴的。到了一九四〇年代，我們將小球狀的鋇或鍶跟鐵壓製在一起，創造出陶瓷磁鐵，這種磁鐵的價格便宜很多，在今天按重量來算的永久磁鐵裡頭，絕大多數都是用這種方法生產出來的。第三類原料是稀土磁鐵，靠像釤、鈽、鏑、鐠等元素製成。

在上一世紀裡發明的這三種永久磁鐵所產生的磁場比以前強大了兩百倍，這種改良過後的效率使得永久磁鐵在我們現代生活的諸多方面開始擔任起重要的角色，譬如一輛汽車就有三十種獨磁鐵的應用方式，使用到的磁鐵數量超過一百個；恆溫器、門扣、揚聲器、馬達、剎車、發電機、人體掃瞄儀、電路和電組件……只要拆開任何一樣，你都能在裡面找到永久磁鐵。

不過就像我們看到的，永久磁鐵和電磁鐵的故事總是交織在一起，而且自從大約兩百年前發現了電磁鐵之後，各種電磁鐵便隨著人類對其運作原理及用途的瞭解，而在我們的偏好清單中進進出出。過去幾十年來，永久磁鐵的普及不僅是拜強度和緊密性不斷增加之賜，也是因為它們不像電磁鐵一樣需要靠電源。不過自十九世紀起，甚至到了今天，在需要巨大磁場的情況下，電磁鐵開始佔據主導地位。我們可以控制它們的強度，在有需要的時候關閉或者增強電磁鐵的磁場。

電磁鐵花了這麼長的時間才出現在這個領域裡的原因是，我們必須先對材料科學、電力、光學，以及電磁的神秘力量有所瞭解才行。只有當我們能夠在原料裡頭移動電子時，我們才懂得如何去創造和改變這種力，並將它運用在科技裡。

電磁力就像重力一樣是自然界的基本作用力之一，它是發生在粒子之間的物理互動，而這些粒子就像電子一樣具有電荷。十八世紀末和十九世紀初的時候，安德烈－馬里・安培（Andre-Marie Ampere）、麥可・法拉第（Michael Faraday）和其他科學家發表了很多關於電場和磁場的理論，這些理論最終被數學家詹姆士・克拉克・馬克士威（James Clerk Maxwell）整合總結進現在被稱之為馬克士威方程式（Maxwell equations）的理論裡。這些方程式給了我們重要的資訊，於是我們發明了電動馬達，而這些方程式也是輸電網、無線電、電話、印刷機、空調、硬碟和資料儲存裝置的基礎，它們甚至被用來製造出強大的顯微鏡。

移動電荷會產生磁場是這方面科技發展的背後關鍵原理，毋須深入探究複雜的科學，簡單來說電流如果透過一圈導線流動，行為就會像磁鐵一樣。要是你改變強度，也會改變磁鐵的強度。反之亦然，在導線附近施加可變磁場，就會在導線裡創造出電流。以此科學原理為基礎的實驗已經證明，當電荷（像電子一樣）在磁場裡移動時（不管是自由移動還是在導線裡移動），都會感受到推力。

對電磁力的研究使我們得以界定出電磁波的現象，你可以把電磁波想成是電場和磁場之間相互作用下，力的流動所造成的波浪。當我們能夠將光量化成電磁波時，我們對光的認識就成倍增長了（更多內容請見下一章）。而且除了可見光之外，我們還發現了一整套電磁波譜，從無線電波（波長最長）到伽馬射線（波長最短）。還有這些波可以透過不同方式來運用：我們的長程通訊技術正是建立在電磁學和電磁波的基礎上，全球各地無數的人——像我叔叔這樣的重度電報使用者——都是利用這種技術在跟所愛的人分享消息。

曾經數萬年來，人類都無法快速地長距離發送訊息。在以前，通訊的意思是利用信差或騎馬的人長途跋涉地將自己或信件實際運送過去，直到輪子出現才加快了速度，但也只加快了一點。隨著時間過去，古中國人和古埃及文明找到了遠距離快速傳遞信號的方法：他們把柱子按固定間隔安置好，發出煙霧信號，或者在危險逼進時，敲擊大鼓，傳送加密的訊息。這種訊息傳遞的方法逐漸演變成信號系統，它靠的是串連一線的高塔，每座高塔的塔頂都設有兩個望遠鏡，各自面向兩側離它最近的其他高塔。高塔裡的操作員會透過一種由旗幟形狀構成的語言來溝通，至於旗幟的形狀則是靠不同位置或不同角度的握持方式來呈現，然後透過望遠鏡觀察這些形狀，再傳遞給下一座高塔。這套系統雖然在緊急情況下很管用，但仍有侷限，它們的範圍不夠廣遠，這指的不只是訊息傳遞的距離和人口數，也是指能夠如實傳遞的訊息內容。人們能夠在幾小時甚或幾分鐘內跨越大陸傳遞訊息的可能性，其實是在過去兩百年來才陸續實現的，當時大家對電學和磁學已經有更多認識，於是發明了電報。

靠電報傳送訊息的本領改變了我們的生活方式，貿易變得不再那麼有風險，變數也不再那麼多，因為商人可以每小時追蹤一次價格；鐵路公司可以發送預警，告知蒸汽火車的行駛進展，確保鐵路網安全運行。我們今天所知的新聞報導方式也才變得可能，因為人們不需要再多等幾天或幾週才能得知最新的發展，如今記者也能遠距離轉播最新消息。人們得以被凝聚，家人可以隨時溝通，以及與遠方的朋友保持聯繫。只是更簡單便利的通訊方式也意味著更容易去征服，殖民者可以更牢固地掌控他們的殖民地。

那套幫助傳遞我叔叔消息的電報系統源自大英帝國。印度的地理環境對任何一種遠距通訊方式來說都是一大挑戰，印度的地形不像歐洲，它有各式各樣的山脈、叢林、沼澤和缺乏橋樑的河流，再加上大型的鳥類、猴子和暴風雨，這一切都對歐洲工程師造成了極大困擾。起初最先完工的是一八一八年印度東部一套以信號設計為基礎的視覺系統，目的是要促進加爾各答和丘納爾（Chunar）之間的快速通訊，兩者距離將近七百公里。

後來到了一八三九年，一位叫做威廉・布魯克・奧肖內西（William Brooke O'Shaughnessy）的二十九歲醫師、化學家兼發明家在加爾各答建造了一條實驗性的電報線路。他用一根鐵絲來回串連好幾根直立的竹杆，但把線路的發射器和接收器都安置在同一端，以便進行實驗。拜前幾十年的電學實驗和電池發明之賜，透過電纜傳送電流不是問題，真正的問題在於如何將電流轉化成語言。

奧肖內西是獨立作業的，與曾在一八三〇年代設計出一套系統的英國工程師（威廉・庫克〔William Cooke〕和查爾斯・惠斯登〔Charles Wheatstone〕）以及美國工程師（塞繆爾・摩斯〔Samuel Morse〕）毫無瓜葛。他的首批設計之一是靠兩個類似時鐘的裝置來傳遞訊息，發送者和接收者都用同一臺「時鐘」，錶盤上顯示的是字母而非數字。（他本來考慮使用天文臺錶，但太貴了，買不起，而且操作不易，無法滿足他的實驗需求。）

他的設計是當時鐘的指針指向特定字母時，發送者就傳送出一個電流脈衝，然後實際電擊接收者的手，後者看著時鐘，記下那一瞬間所指向的字母。奧肖內西在他一八三九年的實驗報告裡描述了電擊的感覺，從「完全無法忍受」到「強烈但不至於令人不快」，再到「就像鈍掉的鋸輕輕劃過手掌」。奧肖內西試圖靠「眼睛和耳朵容易分心」但「專注的觸感不容易受到打擾」這樣的說辭來為自己的系統辯護。

還好對他的操作員來說，電磁學這門科學的研究越來越深入。丹麥物理學家漢斯・克里斯蒂安・奧斯特（Hans Christian Ørsted）在一八二〇年用理論說明，當指南針被放置在帶有電流的電線附近時，指南針的磁針會微微旋轉，最後指向不同的方向。奧肖內西利用了這個原理，並測試了包含電磁鐵在內的多種設計。

他記錄了信號在不同材質和尺寸的電線裡的傳送速度，並在線圈附近嘗試使用不同排列組合的指針，最後他選擇了一套系統。在這套系統裡，電流會通過線圈產生磁場，使一根指針視電流傳送的方向往右或往左擺動。他稱這些偏轉為「右手拍」或「左手拍」，再用一系列的拍子來代表每個字母——A是一個右手拍、B是兩個右手拍，如此類推，一直到Z是四個左手拍和一個右手拍。

奧肖內西靠著實驗這種概念——這套電報系統裡的磁鐵可以解讀出靠電流傳送的訊息——展現出企圖心，他想要建立一套橫跨印度的系統。總督達爾豪斯（Dalhousie）協助他規避了英屬東印度公司（East India Company）繁瑣的官僚體系，讓他在一八五〇年代初期就拿到一條核准的線路。一八五二年，第一段線路在加爾各答、鑽石港（Diamond Harbour）和胡格利河（River Hooghly）的基德格里（Kedgeree）之間完成，交由奧肖內西的門生西布昌德・南迪（Seebchunder Nandy，出現在官方電報部門紀錄裡的第一位印度人）管理。南迪從鑽石港端發送出第一個信號，奧肖內西在達爾豪斯勛爵的面前接收了這個信號，後來南迪就被任命為該線路的督察。

一八五三年到一八五六年期間，有長達六千五百公里的線路被建造出來。這條線路經過六十個站點，起點是東部的加爾各答，往西北延伸到阿格拉（Agra），再沿著西海岸往南到孟買，接著橫越到東岸的馬德拉斯（Madras），並有一條支線穿越北邊的德里（Delhi）和旁遮普（Punjab）。由於這條線路是根據殖民地的政治和軍事策略來規畫，因此沿著加爾各答到馬達拉斯之間的東海岸區域被排除在外，他們認為這些地區不重要。基於類似的理由，施工分為兩個階段進行：第一個階段是利用竹杆搭建臨時線路，以便快速建立起供帝國部隊使用的通訊系統，以隨時警戒當地的造反問題。後來才又安裝了永久性的電線桿，電線桿的其中一端被塑形成巨型的螺釘狀，好鑽進地底加以固定。政府和軍方之間的通訊往來主要都是透過這套系統傳遞，但是從一八五五年開始，公眾首度被允許使用電報，價格是一則訊息一盧比（大約相當於今天的二千五百盧比或二十五英鎊），至多發送十六個字到距離四百英里內的地方。

在第一次獨立戰爭期間，這套系統經歷了一些波折，當時入伍英國軍隊的印度士兵於一八五七年反叛英國。革命分子破壞了幾近一千五百公里的線路，以阻止英國向全國各地基地示警，並利用了尚未被電報線路覆蓋的區域優勢。但是英國及時向北邊和南邊的站點發送緊急警告，於是很大程度地限制住叛亂的擴大，使它未能成功。後來這套網絡又被擴張和升級，幾近覆蓋了一萬八千公里，路徑完全配合殖民者的需求。到了一八六〇年代末，這套系統已經伸向倫敦，協助帝國政府對其殖民地建立起更牢固的控管。

到了一九三九年，還在英國統治下的印度已經有十萬英里的線路，一年傳送一千七百萬則電報訊息。不過這套系統在印度一九四七年獨立之後的那幾年內達到顛峰，一九八五年（也就是我出生的兩年後），有六千萬封電報從四萬五千間辦公室發送和接收。只是科技從來不會停滯，行動電話技術和網路發展終於導致電報服務關門大吉，印度的最後一封電報是在二〇一三年七月十四日被發送。

就我所知，我的家族至少有三代人曾使用過電報。即便電子式電報今天已經幾乎被淘汰，但在快速長途通訊的歷史裡頭，它代表的是一個轉折點，而這一切都始於有人夢想能利用磁鐵將電脈衝轉換成書面語言。電報的故事也在在提醒我們，擁有權力的人是如何利用神奇的科學發展來鞏固自己的權勢，壓迫沒有權力的人。

我姑姑拉塔（Lata）在大學時認識了維杰（Vijay），他們參加了同一個樂團。拉塔是主唱，維杰是塔布拉雙鼓（tabla）鼓手，一起練唱有助於減輕他們在醫學院求學的壓力，同時也有助於感情升溫。畢業後不久，他們結婚了，一九七〇年決定從印度移民到美國，建立自己的醫學事業。

維杰在接受外科醫生訓練時，經常在急診室待命，度過許多個不眠的夜晚，拉塔則在醫院的胃腸科日日長時間工作。對於這對年輕夫婦來說，沒有家人和從小長大的朋友陪在身邊的生活既辛苦又孤單，他們都是家族裡第一個畢業的孩子，也是第一個到陌生的外地成家立業的孩子，他們渴望與親人保持聯繫，但要保持聯繫並不容易。每個月拉塔會打電話到康乃狄克州紐哈芬市（New Haven）的電信局登記一通打到孟買的長途電話，費用是五美元。她會把家裡的電話號碼告知接線員，二十四小時後，紐哈芬市的電信局會再次聯繫拉塔，告知她通話的日期和時間。

拉塔只預訂了三分鐘的通話費，已經付了五美元來登記長途通話的她得再付十五美元，才能享有這三分鐘的通話時間，這加起來很多錢（大約相當於今天的一百四十美元）。但透過電信局那嘎吱作響的線路打出去的最初那幾通長途電話，只能讓她隱約聽到父母和我父親在內的手足對著話筒齊聲大喊「哈囉」的聲音。在通話時間用盡、被唐突切斷之前，他們幾乎都聽不太到彼此的聲音。後來他們立下了一個約定，不要再說哈囉，也不要再互相問好，才能留出時間快速交換最新的重要訊息。那一代的家族成員彼此間的詳談，仍然得倚賴我祖父和姑姑每兩個禮拜往來一次的長篇抒情書信。

信件之所以管用，是因為我們有辦法實際橫越大陸，運送那幾張紙。但是要遠距離傳送聲音就不簡單了，因為聲音是一種振動，當我們說話時，空氣會穿過聲帶的肌肉，使它們顫動，並製造出振動，傳播到空氣裡，進入我們的耳膜。然後耳膜也會振動，再靠大腦去詮釋這些訊號，我們才能聽到聲音。但我們的聲音只能傳播到一定的距離，因為隨著振動的傳播，能量會漸失（就像被扔進池塘裡的小石頭所形成的漣漪，最終會消失一樣）。

要增加這個距離，你可以拿兩個空罐頭用一根細繩連接起來，製作出一個簡陋的電話。如果兩個人各拿一個空罐頭，然後在細繩長度允許的範圍內盡可能拉開距離，就能輪流聽到彼此透過空罐頭所傳遞過來的聲音。說話者會在罐頭裡製造出振動，進而傳遞進被拉緊的細繩上，再沿著細繩傳遞到另一個空罐頭，讓它也開始振動並發出聲音。這一條細繩能相當有效率地傳遞振動，又不至於喪失太多能量，只是這些裝置在距離和可行性上，都有其限制。

雖然電報當時正在打破這些限制，但它的做法需要靠某種有待詮釋的代碼：你不能直接對著電報說話。為了把通訊提升到下一個階段，我們必須將罐頭電話和電報技術結合起來。

利用磁鐵將電流的脈衝轉化成指針運動的電報，啟發了工程師擴大思維。一八七〇年代，人們推論如果電流能夠在磁鐵裡製造運動，而且若是這種運動有別於電報，每秒發生數百次或數千次，就會產生振動，並製造出聲音。

早期電話有著各種不同的設計，但是都有一個共通點，它們都是使用磁鐵再加上線圈來創造出相互作用。電流和磁場是如此緊密交織，以至於電流的變化一定會造成磁場變化，磁場的變化也會引起電流變化。曾拿到第一臺電話專利的美國發明家亞歷山大・格拉漢姆・貝爾（Alexander Graham Bell，儘管幾個小時之後就有其他人提出了文件申請），曾以不同排列組合的磁鐵和線圈進行實驗，來打造出他的機器。

貝爾的母親和妻子都是聾人，他的畢生抱負就是教會聾人說話。在愛蜜莉・布思（Emily Booth）的著作《奇蹟的發明》（*The Invention of Miracles*）裡，她解釋貝爾最初想創造的不是電話，而是一臺能將語音振動轉化成某種視覺化東西的機器，好讓聾人能夠看到。但是在聾人社群裡，他的成就卻是毀譽參半，他極力主張刪除課堂裡的手語教育，並且在「優生學」這個字眼被創造出來的同時，發表了一篇回憶錄反對聾人互相通婚。他擔心聾人會生出更多失聰的孩子，甚至可能導致整個人類都是聾人。布思說這故事很複雜，因為貝爾深信自己是在做對的事，但是他教導聾人說話和消除手語的雙重使命，至今對聾人教育仍有負面的影響。

諷刺的是，貝爾最後創造出來的是一臺聾人無法使用的裝置。他早期的設計之一是將一根橫放的長形永久磁鐵棒，靠兩根木製支撐物架在一個木塊上，磁鐵的其中一頭連著一卷細線圈，外面一點的地方有一片垂直放置的薄鐵片，被固定在獨立的木製支撐物上，於是鐵片和線圈之間留有小縫隙。由於鐵片是用磁性材質製成，因此在它和磁鐵棒之間會形成磁場。有一個離鐵片（或振膜）很近的漏斗會來回傳遞音波，然後還有第二個同樣的裝置靠一根導線跟第一個裝置連接起來。

貝爾電話的運作原理是，在漏斗前面講話（在這種情況下，漏斗相當於話筒），它會將振動傳送到振膜，後者會模仿講話者聲音的語

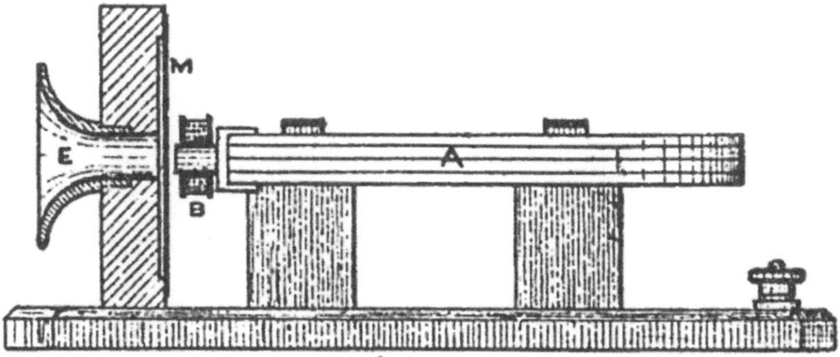

亞歷山大．格拉漢姆．貝爾其中一個版本的電話，它有：A：永久磁鐵；B：小線圈；M：薄鐵片；E：話筒和聽筒。摘自威廉．亨利．普利斯（William Henry Preece）和亞瑟．史塔布斯（Arthur J. Stubbs）合著的《電信手冊》（*A Manual of Telephony*），由Whittaker & Co. 於一八九三年出版。

調和音量。振膜會因振動而來回移動，並與磁鐵棒相呼應，使它們之間的磁場快速變化，這種變動的磁場會在線圈裡引發快速變化的電流，電流通過導線流向第二個裝置。到了這裡，整個流程會反過來，跟第一個裝置一樣的可變電流在線圈裡被複製出來，產生一個變動的磁場，來回推動振膜，使它振動出跟剛剛接收端接收到的相同模式——儘管不那麼強烈，畢竟這種振動會自然折損掉一些能量。這時第二個人把耳朵貼近漏斗——現在它被當成了聽筒——耳朵裡的耳膜就會接收到這些減弱的振動，於是就（幾乎）能聽到對方在說什麼。

一八七七年二月十二日，在美國麻州塞勒姆（Salem）的學府廳（Lyceum Hall）裡，貝爾使用這個裝置的改良版致電遠在十六英里外的波士頓的助理湯瑪斯・華森（Thomas Watson）。貝爾使用一個小型敲擊器敲打儀器的振膜（這是華森想出來的創新點子）來提醒華森他已經準備好，他的助理也以同樣的方式回應。然後貝爾靠近盒子問道：「華森先生，你聽得到我的聲音嗎？」

過了一會兒，線路上先是傳來霹啪聲響，然後聽眾終於聽到華森回答：「是的，先生，我聽到了。」接著又霹啪作響地停頓了一下，然後華森主動提議要為塞勒姆的觀眾獻唱一首歌。

示範結束後，塞勒姆那頭的一位記者使用這臺電話向波士頓的一位同事口述了當天晚上的情況，於是有史以來第一次長途通話的始末就靠一臺電話傳遞了出去，並在第二天早上以〈靠電線傳送過來的人聲所發送的第一份快報〉（The First Newspaper Despatch Sent by a Human

Voice Over the Wires）為標題來發表。

即便當時的電話仍有一些怪毛病，但這已經是我們通訊本領的一大躍進。貝爾這個版本的裝置的漏斗既是傳送器也是接收器，所以在你對著它講話之後，必須再把耳朵貼近它，才能聽到對方說什麼，這其實很不方便。將接收器裡的聲音轉換成電流是種挑戰，而解決方案就是需要一塊很大的電池來為系統供電。這個問題直到五十年後的一九二六年才得到解決，當時在美國貝爾實驗室（Bell Labs）工作的詹姆斯・韋斯特（James West）和格哈德・塞斯勒（Gerhard Sessler）發明了所謂的駐極體麥克風（electret microphone）。（當時雖然種族隔離盛行，黑人男性在這個領域的工作機會有限，但還好韋斯特仍頑固地追求自己的夢想，最終成為科學家。）

除了裝置本身特有的問題之外，不同裝置之間的連接也面臨著挑戰。電話是成對操作的，比方說，在你家和你的辦公室的兩臺電話只能互相通話。如果你想將你家裡的電話跟……譬如說其他三個站點連線，你就需要有三條電線，每個站點一條。這聽起來可能也不是那麼不合理，但如果每個人都想有三條連線，甚至更多連線，你就可以想見電線會有多亂七八糟。為了解決這個問題，需要一套不同的系統。

我姑姑是從紐哈芬市打電話到孟買，而紐哈芬市正是這世上第一個擁有商業電話交換所的地方，它的作用就像是電話纜線的中央匯合點。（我姑姑可能是連上了更新過的交換所，因為原本的在一九七〇年代就被拆除了。）最初的紐哈芬市電話交換所共有二十一名訂戶有電纜可以從他們的企業所在地和家裡延伸到交換所，而交換所那裡有一臺交換機——據說是用馬車螺栓、茶壺蓋的把手和電線組裝起來——能讓他們互相連線。每個月付一．五美元就可以在他們的電話上轉動一個曲柄（這個曲柄會轉動跟一卷電線對應的磁鐵，從而產生電流），以便讓交換所知道他們想要打電話。然後他們會告訴接線員電話號碼，接線員再把導線親手插進插孔（就像我們耳機末端的插孔一樣），來連結這兩條線路之間的電纜以完成迴路。等到打電話的人結束通話，再用曲柄敲響鈴聲，讓接線員知道通話結束了。我的姑姑必須連結好幾個不同的交換機，才能把電話接通到孟買。在印度，並沒有可以同時連接她和她父母線路的交換機。她是先接到紐哈芬市，我祖父母則是先接到孟買，但還是需要靠紐約和倫敦等其他交換機來完成整個環節。這就是為什麼得花二十四小時來安排一通電話的原因，只有當整條線路——有時候也被稱為幹線（trunk）——都可用的時候，才能撥通電話。

當擁有電話的人相對少的時候，僱用接線員（通常是女性，被稱為女接線生〔hello girl〕）來手動插進和拔掉交換機上的導線，還算可行。但隨著電話使用者數量暴增，這些女性的工作量變得不堪負荷，儘管她們雙手靈活，也有良好的人際溝通技巧，但往往在某個插槽可用之前，人們就只能在線上等候。

交換機自動化的故事——乃是純屬惡意的一種發明——始於一名殯葬業者的辦公室。據說在一八八〇年代，阿爾蒙．斯特羅格（Almon Strowger）是美國堪薩斯州艾爾多拉多（El Dorado）

唯一一家葬儀社的老闆。但是沒多久另一家也開業了，斯特羅格發現他的生意急劇下滑，原來新葬儀社老闆的太太在交換機前工作，每當有人打來詢問斯特羅格的電話時，她就把他們轉接到她丈夫的葬儀社。沮喪的斯特羅格於是想知道如何創建一個「無女性、無髒話、無故障、無等候」的交換系統。

一八九二年，斯特羅格申請了他的自動交換機專利。他用磁鐵來替代那些可能不老實的人工接線員，在此同時，他也發明了撥號式電話（dial telephone），就是那些可愛的復古電話，上面有帶孔的撥號盤，每個孔裡面都有一個數字。如果你想撥三八這個號碼，就把手指插入數字三的孔洞裡，然後把撥號盤旋轉到底，等到撥後盤轉回原來的位置（謝謝你，彈簧），它就會沿著線路發送出三個電脈衝；撥號八則會發送出八個電脈衝。

斯特羅格的自動交換機是圓柱形的，有十排金屬環被裝在一種非磁性的材料裡。每一個環都有十個隆起物與電線連結，各代表一個人的電話線。在圓柱的中心處有一根直杆，末端有齒牙，頂端則是齒輪，還有一根橫臂。一根跟一對電磁鐵連結的槓桿咬住直杆末端的齒牙，從底部將它垂直固定住，另外還有兩根槓桿（也分別跟一對磁鐵連結）則是與頂部的齒輪嚙合。

來自電話的前三個電脈衝抵達時，底部的電磁鐵就會把這三個電脈衝轉換成振動，使那根槓桿將杆子往上推三步，於是它的橫臂就會碰到第三個環。接著進來的八個電脈衝會發送信號到頂部的磁鐵組，迫使圓柱轉動，於是它的橫臂會連上那個環的第八個隆起物，這就完成了連線，於是你現在可以對話了——跟對的葬儀社老闆對話。

交換機需要接線員，早期其中一種龐大的女性勞動力就是由這種需求而被創造出來的，但自動交換機的出現害她們得另覓它職或者回歸全職主婦的生活。諷刺的是，斯特羅格也因為他的成就而改變了職業，他本是為了挽救自己的殯葬事業，卻因此離開了這個行業，改而大量生產他的新發明。他跟家人和朋友共同創立了斯特羅格自動電話交換機公司（Strowger Automatic Telephone Exchange），該公司於一八九二年在印第安納州的拉波特市（La

(No Model.) 3 Sheets—Sheet 3.

A. B. STROWGER.

AUTOMATIC TELEPHONE EXCHANGE.

No. 447,918. Patented Mar. 10, 1891.

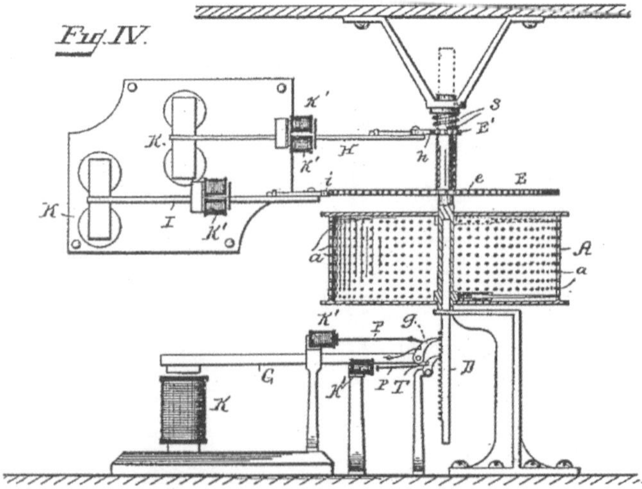

斯特羅格的專利，K和K'處為電磁鐵

Porte）安裝了第一套作業系統。

斯特羅格的設計是靠安置一系列依序擺放的圓筒來增加連線數量，但是這套系統還是需要移動部件以及大量的空間。一九四〇年代，拜電晶體之賜，開啟了電子裝置的全新世界，斯特羅格的交換機被數位系統取代，也為我們的行動電話預先鋪好道路。拉塔和維杰現在都是使用這種新科技，但在他們結婚之初，為了聽到家人的聲音，就只能倚賴磁鐵將聲音轉換成電流，然後再轉換回來。

莉妮特（Lynette）曾住過許多地方，她在倫敦出生後，便搬到印度賈坎德邦（Jharkhand）的吉里德（Giridh），後來十幾歲的時候到孟買念大學。在那裡，有人介紹她認識了在上紐約州工作的工程師赫姆（Hem）。他們結婚後，就在一九七八年搬到上紐約州。

身為流行文化狂熱消費者的她，曾經失望地發現她在孟買的學生宿舍竟然只有一臺黑白電視機，所以她一到美國，就幫他們家買了一臺彩色電視機，並看了許多集以男性配音開場的遊戲節目《命運輪盤》（*Wheel of Fortune*），這名男配音員會興奮地列舉參賽者可能獲得的獎項，觀眾們再齊聲高喊節目名稱。

這樣的開場白以及連續劇《女作家與謀殺案》（*Murder She Wrote*）播映時帶著喜氣的鋼琴樂聲，總令我回想起小時候睡覺前站在客廳角落的種種回憶。莉妮特就是我母親，她會讓我聽完這些開場，再趕我去睡覺。白天的時候，我會看瑪丹娜八〇年代熱門歌曲的演唱影片，還有沙米．卡普爾（Shammi Kapoor）在花園裡蹦蹦跳跳地為他最新的愛慕對象獻上情歌。

我還記得我們家那臺電機視大概跟我的肩膀一樣寬，打開電視時，螢幕中央會先閃過一條水平線，它需要一秒鐘的暖機時間，才能在螢幕上投射出影像。如果我站得離它很近（其實不該這麼做），就會看到很多紅、綠、藍色的點點。它的玻璃螢幕是弧形的，圓鼓鼓的後機身包裹在黑色的塑膠外殼裡，還有很長的細槽。我現在知道在這黑色塑料裡有一塊強大的電磁鐵。

從全球的角度來說，電視完全改變了我們的日常生活。它的發展涉及到許多技術，是靠世界上許多國家的眾多人才研發出來的。若少了這種複雜的創新網絡，便不可能出現最早期的電視機。但我一定要把一位很特別的先驅人物的故事說出來，他並不有名，因為他沒有為自己最早期的設計申請專利，他大多是獨立作業，與西方發明家的合作經驗少之又少，而且他的成果和紀錄很多都在第二次世界大戰時被摧毀。但是在他的祖國日本，他被公認是電視之父。

高柳健次郎（Takayanagi Kenjiro）一八九九年出生於日本濱松市，九十一年後他去世時，已經獲得日本天皇頒發的平民最高榮譽獎，這對一個幾乎錯失高等教育的人來說實乃是巨大的成就。

高柳的父親經商失敗，無法負擔他兒子的中學學費，因此這位未來的先驅只能黯然放棄，過起艱苦的生活。但是當他利用了一些美麗的書法作品來修補家裡的紙糊窗時，引起一位學校校長的注意。多虧了這位校長以及一位膝下無子、好心照顧姪子的姑姑，他才能重回校園，後來高柳又去念技術學院，然後在一九二四年當上濱松技術中學的教師，培育學生成為電工和技術人員。

高柳是夢想家。他對收音機很著迷，眾人皆知他經常站在飯店門口攔下外國遊客請教他們收音機的最新發展。他曾在一九二四年寫出一個願景，希望有一天他的家人能齊聚在一臺有個旋鈕的機器前，微調之後，就會有一場皇家劇院（Imperial Theatre）的華麗舞蹈出現在眼前的螢幕上，他想創造一個被他稱為「有視覺的無線電」的東西。

高柳設法說服學校校長撥出一小筆研究經費，但這筆經費用罄之後，他又動用了妻子的嫁妝。幾乎完全孤立作業的他在一九二六年十二月二十五日，成功將房間裡一臺相機拍到的片假名「イ」的圖像，傳輸到另一個房間的螢幕上，這是世界上第一臺使用陰極射線管（cathode-ray tube）的電視，當時他沒有申請專利。（這件事就發生在那位常被視為是電視發明者的費羅・法恩司沃斯〔Philo Farnsworth〕於同年在加州舊金山為他的電視系統申請專利的兩個禮拜之前。）

早期電視的主要元件是發送器和接收器。發送器的角色就像是一臺攝影機，捕獲一系列的圖像，然後將圖像轉換成可發送的信號。接收器收到信號後再將它轉換回一連串可快速變化的圖像，創造出有動感的影片。雖然高柳的企圖心想讓這兩個元件都是電子裝置，卻沒有辦法在他一九二六年的那臺電視裡達成這個目標。那臺電視接收器是電子的，但發送器卻是機械的，這限制了圖像生成的品質。不過經過一段時間後，他就將磁鐵放進這兩者裡頭，靠著這方法改善這些關鍵元件，創造出那個年代裡最好的電視影像。

要瞭解為什麼機械性發送器的品質會受限，我不免想起在排燈節（Diwali）時玩的煙火。我最喜歡做的一件事就是快速揮動手臂，在空中畫圈。雖然我們知道那只是一個光點，但我們之所以能夠看到一個發亮的圈圈，是因為我們的眼睛和大腦不擅長處理快速移動的光點，所以我們會看到模糊的一團。電視就是依據這個原理設計，但是工程師並沒有靠快速移動光點來畫圈，而是使用了叫做光柵（raster）的圖案。

這種圖案是這樣形成的：假設在一個長方形的右上角先有一個光點，它迅速往左邊直線移動，橫越這個長方形，然後從長方形的尾端跳到下一行的最右端。（我們這些九〇年代前的孩子都還記得早期的印表機也會做類似的動作。）如果這動作是快速地不斷重複，快到足以讓光覆蓋整個長方形，然後再從右上角重新開始，你就會產生長方形充滿光的錯覺。如果你在光點來回掠過螢幕時改變它的強度，就可以創造出亮與暗的斑塊。又如果你在它的動作設計上夠聰明，這些斑塊就會形成某個圖像，又或者是每個瞬間都有些微變化的一連串圖像，於是你就得到了一幅正在移動的畫面。

高柳在他的第一臺電視裡頭使用的機械裝置是聶潑科夫旋轉分像盤（Nipkow disc）。這個分像盤會沿著周長以螺旋方式鑽出一連串小孔洞，產生光柵圖案。他先將分像盤垂直放置，後面會有個發送器射出明亮又千變萬化的光。當分像盤旋轉時，光的脈衝會穿過前面正快速移動的孔洞。當光從離分像盤邊緣最近的孔洞穿出去時，就會在螢幕的頂部「繪出」線條，再隨著穿過的孔洞離分像盤中央越來越近而慢慢往螢幕底部移動。就這樣，他創造了一個有四十條線的光柵圖案。到了一九二七年，他已經將解析度提高到一百條線，這個成就在一九三一年之前都無人可及。

我在一九八〇年代看的電視通常有四百八十條線，每秒刷新三十到六十次。高柳的第一臺機器跟我小時候看的電視的區別在於磁鐵。要創造出銳利又不會閃爍的畫面就需要靠更快和更密集的光柵圖案，換句話說，要有更多條線以很高的頻率呈現。但是旋轉的分像盤每秒只能轉那麼多次，而且也就這麼大，再大就會變得笨重且難以維護，因此品質上受到侷限。

一九二九年，高柳大幅改良了一種被稱為布勞恩管（Braun tube，或稱陰極射線管）的裝置。他把玻璃管的形狀從均勻劃一的寬度改成漏斗形，並使用漏斗比較寬的那一端作為螢幕。螢幕上塗了一層化學物質，因此當電子擊中它時，就會發光，電子的傳播就像光一樣，如果沒有外力作用在它們身上，便會直線前進。至於較窄的那一端則有一把電子槍，裡面有排列好的電線，可以射出電子流。

在這樣的安排下，你只會在螢幕中央看到一個光點，而它的亮度取決於電子的能量，以及它們能否一路暢行無阻地穿過那根管子。高柳成功將擊中螢幕的電子能量提高十倍，而且還盡量排出管子裡的空氣，以免其他空氣或氣體粒子干擾到光束。而且很重要的一點是，他還加裝了電磁鐵，並讓電磁鐵的排列方式有助磁場施加作用力在電子光束上，使它可以快速地以光柵圖案來移動。這一次，他不再受限於分像盤的旋轉速度，因為只要透過線圈改變電流，磁場就能出奇地快速變化，於是他就能夠製造出明亮和清晰的圖像，終於在一九三六年完成了全用電的電視系統。一九三九年五月，他以平均每秒二十

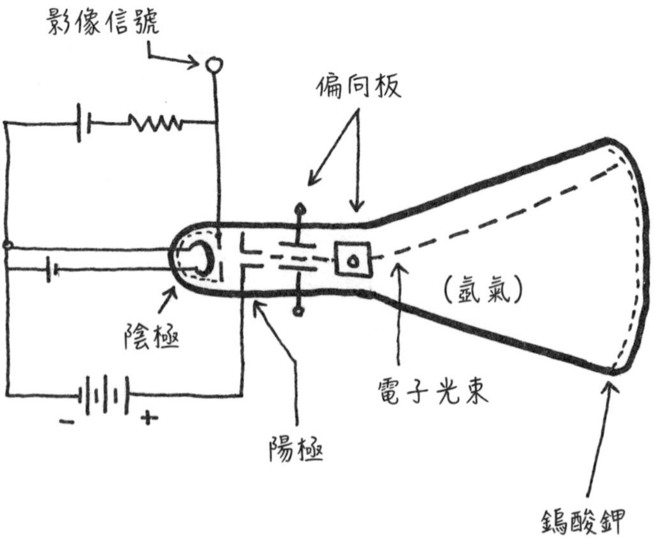

被高柳改良過的布勞恩管，並用它來創造出他的電視

五幀的速度達到了四百四十一條掃瞄線的目標，並建立起第一個日本電視廣播系統。

我在一九八〇年代看的陰極射線管彩色電視，會有三道獨立的電子光束，在擊中螢光幕時產生三種顏色：紅色、綠色和藍色。這就是當我站得離電視機太近時會看到的東西，當它們集合起來時，在強度相等的情況下，就會產生白色的點。增加或減少不同光束的強度會在螢幕上製造出不同顏色，就像在調色盤上混合顏料一樣。這種形式的電視最大的侷限在於螢幕尺寸，問題就出在它的重量上，你想要的螢幕越大，就需要越大的陰極射線管，玻璃也要更厚，才能抵禦內部的真空壓力，但我們今天看到的大螢幕是另一種不同的技術。

我們現在的平板電視並不需要靠磁鐵來直接生成圖像，但是在平板電視的發展過程中，磁鐵仍是不可或缺的。LED（發光二極體，light-emitting diode）電視擁有成千上萬個微小燈泡，它們使用很少的能量，靠原子裡頭電子的微微跳動來運作。紅色和綠色的LED在一九六〇年代就出現了，但是要創造出白色像素，還需要加進藍色。工程師努力誘導電子進行更微弱的跳動，以發射出藍光。一九九〇年代，來自日本的一組物理學家終於能夠製造出特殊材質的晶體，發明了這種寶貴的技術。

但是大規模生產藍色LED仍是個挑戰，因為材料非常容易出現瑕疵，你只能利用一臺最先進的電子顯微鏡來看出這些缺失，藉由磁鐵讓你觀察到〇．一奈米（一百億分之一公尺）這麼小的方寸。這個成就造就出新一代節能和明亮的白光燈和彩色螢幕，LED燈被預料會為世界帶來改變，因為這世上有十五億以上的人口無法獲得供電網，LED很可能得以造福他們，因為它們的效率高到可以靠當地廉價的太陽能來運作。

我大概在一九九八年左右註冊了生平第一個電子郵件帳戶，電郵地址是roma_millenium@hotmail.com……沒錯，我英文拼錯了，畢竟當時我才十五歲。我會把電話線插進中央處理器，利用撥接方式連上網路，然後在陰極射線管顯示器前瀏覽網頁。那是家用網路的早期階段，而且我記得有一次我花了史上無敵長的二十五分鐘等候載入我的電子郵件（都是垃圾郵件）。

我們如今身處的快速全球通訊世界靠的是（除了我已經說明過的技術之外）：大型數據儲存器、以光速傳輸數據的光纖電纜，以及從地球表面來回反彈到上方衛星的無線信號。

無線科技倚賴的是無線電波，它是電磁波的一種，我們無法透過肉眼看到，但它就在我們四周，向我們的手機、Wi-Fi和衛星發送數據包。這項技術的早期先驅之一是印度科學家賈格迪什·錢德拉·博斯（Jagadish Chandra Bose）。

博斯並沒有將自己侷限在單一研究領域或學科裡，除了寫科幻小說和研究植物學之外（他發明了可用來測量植物生長的植物生長描記器〔crescograph〕），還研究過無線電和微波光學。

早在一八九五年，他就證明了電磁波可以有效地遠距離傳送。他舉辦了一場公共講座，該州的副州長也出席參加。博斯在講座上打開一個發射器，讓它產生波，這些波穿過講堂，也穿過隔壁房間和外面的走廊，最後抵達七十五英尺外的第三個房間。它們穿過了三面實心牆和副州長的身體，最終抵達了他所設置的接收器。當它們在那裡被攔截下來時，鐘聲響起、手槍發射，還有一枚小型地雷爆炸（沒有人受傷）。博斯的發射器和接收器都跟一根二十英尺高的柱子頂部的圓形金屬板連結，後者就像天線一樣運作。

在派翠克·格德斯（Patrick Geddes）所著的博斯傳記裡，他寫道，博斯受到印度教信仰裡頭供奉白花的影響和啟發，下定決心一生中任何貢獻都決不會因個人利益的考量而受到玷污。他發明了一種叫做檢波器（coherer）的裝置，可以處理電磁信號的接收和解讀等棘手工作。他從來不藏私這項設計，也沒有去申請專利，但若沒有這項設計，古列爾莫·馬可尼（Guglielmo Marconi）便無法發明令他揚名立萬的長距離無線電系統。博斯雖然居功厥偉，卻沒有得到應有的表揚。如果少了他那用電磁波來傳遞訊息的研究成果，今天就不會有能發送和接收數據的手機了。

全球資訊網是另一項改變全球的通訊技術，我們都是靠連上它來使用網際網路，而它是在歐洲核子研究組織（CERN）的辦公室裡發明的。這個組織有來自世界各地的科學家在此工作，當時提姆・柏納－李（Tim Berners-Lee）爵士想創造出一種更有效的方法來共享數據，好讓整個團隊都能輕鬆快速地存取。自我十幾歲起，就很著迷於CERN，因為當年我是個物理學宅，只是我迷的東西不太一樣：大型強子對撞機（Large Hadron Collider，LHC）。

LHC是世界上最大的粒子加速器，它是一個巨大的隧道，全長二十七公里，形狀像個圓戒，座落在法國和瑞士的地底下。科學家們正在研究原子的組成成分——微小粒子，並在這些粒子束之間創造爆炸性碰撞，藉此瞭解物質和宇宙的起源。

由於這些粒子帶有電荷，會感受到來自磁場的力，於是他們利用九千五百九十三個電磁鐵使帶電的粒子被形塑成兩束，各朝兩個方向繞著隧道行進，再穩定地增加磁鐵的強度，使粒子加速到幾近光速，然後調整它們的路徑，使之碰撞。研究人員希望可以藉由粒子之間高速和高能量的相互作用來解答一些跟我們起源有關的根本問題。

我們對磁學的瞭解就像這些粒子的路徑一樣似乎也走了完整的一圈：從發現它存在於地球，到創造出我們自己的磁體，再到發明電磁鐵，並使用它們去更深入瞭解我們的存在本質。而在經過一段時期的緩慢吸收和接納之後，如今磁鐵在家家戶戶裡的數量都已經是數以百計：它出現在光碟、記憶體晶片、網際網路端口、洗衣機、電話、收音機、時鐘和各種計量器裡。但我們還是沒有停止對新型磁體的探索與創造。二〇二二年，佐川真人（Masato Sagawa）博士因發現、開發和商業化世上最強大的永久磁鐵而獲得伊麗莎白女王工程獎（Queen Elizabeth

Prize for Engineering）。

真人博士利用一種稱為燒結（sintering）的獨特製造技術（意思是將混合好的稀土材料加熱和壓縮）把鐵和釹、硼結合起來（釹鐵硼磁鐵，Nd-Fe-B），成功將先前大眾市場上最好的磁鐵效能又提高了幾乎一倍。他的成果意味永久磁鐵再一次在尺寸和功率上邁出一大步。這個創新發明已經被運用在機器人、家用電器、行動電話揚聲器、電動馬達（包括電動車）以及風力渦輪發電機上。但願現在起可以靠磁鐵的神奇力量引領我們走向更綠色的未來。

第五章

鏡片

Lens

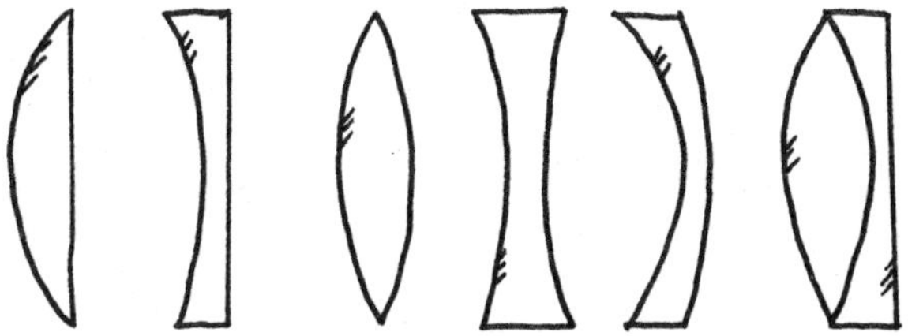

親愛的查莉亞（Zarya）：

就某些方面來說，我感到很幸運，因為在你進入我體內之前，我能先看到你。當時你還只是一團由一百五十個細胞組成、深淺不一的灰色小肉團，但多虧有位醫生幫我列印出一張高倍放大的圖片，我才能見到你。真的，你的出現讓我感到何其有幸。我體內的阻塞問題意味若是沒有現代醫學奇蹟，我們根本沒辦法把你創造出來，但我也自覺很不幸、非常不幸，為什麼我本身有這些阻塞問題呢？為什麼製造你會這麼這麼難呢？

我們在經過幾個月的嘗試失敗之後，才去看醫生，檢查我們是不是有什麼問題。檢查的方式一開始都還滿簡單的：血檢一次、尿檢一次，然後是一次無痛的掃描。一切看起來都很好，可是又過了一段時間，仍然毫無進展。最後我被送進醫院動手術查看我的腹部器官，瞭解子宮是否有不該存在的組織，也順道確定我卵巢裡的卵子能否通過輸卵管，完成預期的旅程。

當我被麻醉昏迷的時候，外科醫生在我身上做了兩個小切口，一個在我的左側，另一個則在我的肚臍，她經由這兩個小切口插進一根細長的黑色管子：這是一綑被稱之為光纖電纜的特殊纜線，可用來傳輸光。管子末端有一個微小的鏡頭和燈，能將我體內的影像投射到螢幕上，使醫生能夠在不需要動大刀手術的情況下便能窺探我體內的狀況。再經由我的陰道插入一根塑膠管，透過管子加壓注入液體，觀察X光機照出來的子宮影像。好消息是我的器官很乾淨和正常，沒有不該有的組織，也沒有子宮內膜異位症，但是我子宮裡有液體滯留，導致輸卵管阻塞。當時剛從麻醉中醒來，還在腦霧狀態的我試圖消化她的這番話，這位外科醫生以實事求是的態度對我說：「我幫你轉介到試管受精那裡吧。」我頓時感到無法呼吸。

你爸爸和我又約診了無數次，進行了更多的掃描和檢測。然後就在我第一本書出版約一個禮拜後的某一天，我開始了第一回合的療程，等服用完一兩個禮拜的藥物之後，我們坐在你現在的房間裡，注視著一支針筒和一小瓶裝滿荷爾蒙的藥水。當時我心想，我要怎麼在自知又自願的情況下拿起這根針來扎自己？但我做到了，而且還做了幾百次，目的是為了強迫我的卵巢同時讓多顆卵子成熟，並且調節我的荷爾蒙水準，以讓子宮形成一層完好厚實的內膜，更是為了稀釋我的血液，據說這能提高懷孕的機率。

幾個星期後，我們回到診所，他們用長針、鏡頭和螢幕取出我卵巢裡眾多充滿液體的卵泡，每個卵泡都像葡萄那麼大，而且希望每個卵泡裡頭都有一顆微小的卵子，你爸爸也捐出了他的細胞。然後我們就回家了，當時的我們只能等待。

當我在家裡漸漸康復（至少在身體上）的同時，科學家們正在實驗室裡小心翼翼地工作，試著創造出生命。穿著藍色工作服、蒙著頭的胚胎學家正隔著一臺強大的顯微鏡低頭研究我們的細胞，將它們結合起來。這些小小的雙細胞受精卵被放置在一種模擬子宮的特殊凝膠裡，接受滋養，使其增生。每天都會有人檢查每一組細胞，瞭解它們的生長情況，當然前提是如果有生長的話。他們製造了十個有可能變成嬰兒的受精卵，其中八個存活並且茁壯成長——查莉亞，你是其中之一。但我因為這個療程生病了，必須等一個月後才能讓他們把一個胚胎植入我體內。後來我回到了診所，他們挑出最強壯的胚胎植入，也把另一個可能成為你手足的胚胎植入，但後者沒有成功。

我不知道那一小簇細胞後來會長成誰，而我也永遠不會知道了。但是你黏住了我，頑強地附著在我的子宮內膜上開始成長，你有了自己的小小心臟，我做過很多次超音波掃描，有一次我看到你那顆小小的心臟在黑白螢幕上不停跳動。我還觀察到當醫生試圖捕捉你的影像時，你會一直扭來扭去。在經過九個月的焦慮等待後，你來到了這個世界，當你從我的身體出來時，你爸爸設法偷拍了一張照片，那時的你仍跟我臍帶相連，滴著血，痛苦地皺著眉眼，對著你剛被拉進來的這個又吵又亮的世界放聲尖叫。如今日子過得飛快，我試圖在照片裡捕捉這些稍縱即逝的片刻，但我的記憶感覺雜亂又不可靠，因為你的存在，時間給我的感覺都變得反常了。

查莉亞，我感恩有你，即便在去接你的這條路上曾經崎嶇難行，即便你出生後，我一路上也仍走得非常艱辛，尤其是因為全球大流行的一場疫情。但即使是在這些艱困的時期裡，我還是找到了希望、靈感和驚奇，當然這都是在你身上找到的，也是在那些讓你的生命成為可能的人身上找到的。我指的不僅僅是你爸爸和我，或者爺爺、奶奶、阿姨和外婆，也不僅僅是指把你結合出來的胚胎學家，或者把你放回我體內的醫生，以及協助檢查你在我腹中是否健康安全的助產士、護理師和顧問，我更是指歷史上成千上萬的人，拜他們之賜，你故事中所涉及到的所有科學和工程學才得以成真。我的天啊，為了造就出你，這過程中竟需要涉及到如此複雜的科學與工程學。查莉亞，你媽媽學過物理，是一位工程師，所以無可避免地會告訴你一些關於這些學問的故事（我知道你喜歡聽故事）。所以，這裡有一個重要的故事要告訴你——這世上要是沒有一片看似簡單、稱之為鏡片的小弧形玻璃片，你就不可能存在，而這全是為了你。

給你我所有的愛
媽媽筆

神力女超人（Wonder Woman）有真言套索、奧科耶（Okoye）有汎合金長矛、神娃（She-Ra）有保護之劍，就像這些特殊裝備能賜給超級英雄更多異能一樣，鏡片也給了我們人類某種超能力。這些弧形的玻璃片（或者其他能透光的材料）讓我們得以操控光線，補足了肉眼力有未逮之處。拜鏡片之賜，視力不夠完美的數十億人得以看清這世界。鏡片也為我們打開了其他更多可能，有了鏡片，我們才能觀察到各種微小細胞的內部，並查探像深海這類難以進入的地理環境，以及探索太陽系以外的星系。因為有了鏡片，我們才能夠去做一些令人不敢置信的事情，譬如探究宇宙的起源或者製造胚胎。但是在我們深入探討鏡片的故事細節之前，先讓我宅一下我最愛的物理，因為鏡片的故事跟光的故事密不可分。

很久以來，光一直是個謎。古埃及人相信他們的太陽神拉（Ra）是靠睜開眼睛將光照耀在人類身上，所以當祂閉上眼睛時，天就變暗了；古印度人則推測光是由極微小的粒子組成，它們以不可思議的速度直線式向外輻射；古希臘人提出了各種理論來說明我們是如何看到東西，包括物體和我們眼睛之間的那層空氣不知怎麼搞地被印上該物體的圖像，或者是物質的微粒從物體流向我們的眼睛（還有其他微粒填充空間，確保物體不會縮小），又或者是我們的眼睛射出射線觸及物體——最後一個理論當然是錯的，卻盛行了千年之久。

儘管如此茫然不解，我們的祖先還是意識到弧形玻璃的潛力。亞述宮殿（Assyrian Palace）就位在今天的伊拉克境內，一位維多利亞時代的考古學家曾在那裡發現了一小片圓形水晶，它被仔細地磨平和拋光，使其中一面變得平滑，另一面則些微彎曲。它就是眾所皆知的尼姆魯德透鏡（Nimrud lens），可以追溯至公元前七世紀，有些人認為那是早期的放大鏡。古希臘戲劇《雲》（*The Clouds*）是阿里斯托芬（Aristophanes）在公元前四二四年的創作，劇中提到一種「燃燒鏡」（burning glass）可用來集中太陽光，形成熱點。幾百年後，來自羅馬帝國的老普林尼（Pliny the Elder）也提到了這種裝置。

希臘人對於光是如何反射在鏡子上，甚至如何透過鏡片折射，都定出了一些基本規則。但是如果無法從科學角度充分理解光究竟是什麼，以及我們的眼睛是如何運作，那日後就絕對無法觀察到月球表面，並把觀察距離拉近到像是可以碰到它一樣；也無法想像我們能把細胞互相注入，因而有了製造新生命的希望。在接下來約一千年的時間裡，光學領域（光行為的研究）持續被各種古怪和錯誤的理論主導。但是到了十一世紀，阿拉伯博學的伊本·海什木（Ibn al-Haytham，在西方被稱為海桑〔Alhazen〕）打開了我們的眼界，他也被後人公認為光學之父，更是這世界上最偉大的思想家之一。

公元九六五年海什木出生於伊拉克南部的巴士拉（Basra），他接受了良好的教育，在數學和科學上展現出極高的天分，因而聲名大噪。他創造出一種大壩的設計來馴服埃及的尼羅河，這是一處長年飽受洪水和乾旱之苦的地方。這個設計構想的消息一出，就引起了哈里發哈基姆．比阿穆爾．阿拉（Al-Hākim bi'amr Illāh，公元九八五年到一〇二一年在位）的注意，他邀請海什木前往亞斯文（Aswan）建造大壩。但沒多久海什木便被這龐大的工程給壓得喘不氣來，顯然是擔心自身安危，於是假裝自己瘋了，結果被送進精神療養院待了十年，直到哈基姆失蹤了，被推測已經死亡，海什木才敢出院。

但這麼長的隔離時間也給了海什木思考和寫作的空間，他一被放出來，就馬上發表大量作品。他反駁古希臘的理論，以簡單的邏輯正確地解釋了視覺的運作原理。如果是眼睛射出光線擊中物體讓我們能看清楚，那麼物體也必須朝眼睛射回一些光線才對，可是在那樣的情況下，為什麼眼睛還需要光亮的地方才能看清楚呢？於是他試著證明是光源射出來的光照亮了物體，然後傳遞到眼睛裡，他利用暗室實驗來證明這一點——房間外面有兩盞燈籠的光透過一個洞射進房間裡，形成兩個光點，當他遮住其中一盞燈時，對應的光點便跟著消失。透過這個實驗，他證明了暗箱（camera obscura）的運作原理，並使用數學來解釋為什麼它的圖像是倒置的（這部分我稍後會提到）。

海什木在光學方面的成就之所以石破天驚，基於很多理由，這是有史以來第一次有人指出——而且是正確地指出——光**獨立**存在於視覺之外。現在對我們來說這似乎是再明顯不過的道理，但在當時，人們都以為是因為我們的眼睛，視覺才會瞬間發生，光獨立存在於自然界的想法對他們來說是怪異的。海什木指出光的速度是有限的，而且在不同材質裡的速度會變得不一樣。我們現在知道這就是為什麼光會透過鏡片折射（儘管他對此現象發生**原因**的理解是錯誤的）。他還說光線是沿著直線行進，不會被穿過它們路徑的其他光線改變。他還首度針對鏡片所形成的影像進行了科學研究，因為這種影像常有模糊的問題，而這對我們日後的顯微鏡來說是不利的。簡而言之，由於海什木把光線與生理上的觀看行為分隔開來，因此成功以數學和科學模型來解釋光和鏡片的運作原理。他為日後的科學家奠定了基礎——包括在他死後七百年才發表成果的牛頓——不僅使他們能進一步對光進行研究和解釋，甚至設計出眼鏡、顯微鏡、望遠鏡、相機等物品。（在另一個有趣的連繫裡，物理學家吉姆・艾爾－卡利里〔Jim Al-Khalili〕寫到海什木就「透視」所做的各種討論，在十四世紀被翻譯成義大利文，促使文藝復興時期的藝術家得以創作出具有立體深度的畫像。）

海什木大部分的光學理論都被囊括在他那多達七卷的《光學之書》（*Kitāb al-Manāthir*）裡，這部書在公元一〇一七年完成。這是一部關鍵性的作品，不僅因為其中的光學見解而已。我們現在都把「觀察自然現象、提出理論、實驗檢測、批判性地檢視過去成果、然後分析結果」視為科學方法，但這些其實都有賴於他在這本書裡為我們打下基礎。他所信仰的伊斯蘭教鼓勵追求知識，進而啟發了他去深入探索這個世界，他的所有努力都是建立在兩個具有深意的基礎概念上：**ikhtibar**（實驗）和**mukhtabir**（實驗者）。他會去質疑古人的理論，並透過實驗檢測，於是有了開拓性的成果。他寫道：「會對科學家的著作進行調查的人，若是目標是要去瞭解真相，那麼他的職責就是把自己變成敵人來面對他所讀到的一切。」

接下來幾個世紀，科學家們的成就都是奠定在海什木成果之上。今天我們對光是什麼有了複雜的理論：光由波形成，由被稱為光子（photons）的微小粒子組成，它既是波也是粒子。為了方便起見，我將會使用光波的理論，這個理論認為光是一種波，會因為電場和磁場的振動或震盪而帶著能量在空間裡行進。（正如我們在前一章所見，這兩個領域是互有關聯的。）

當光在真空裡行進，遠離其他物體時，不會有（顯著的）外在電場或磁場影響到它。但是當光穿過物質時，光的電場會受到該物質內部電場的影響，因而對光場有效地施加制動作用，使光放慢速

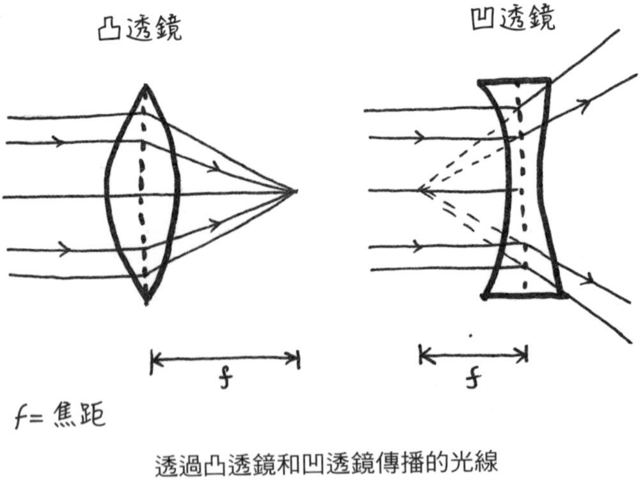

透過凸透鏡和凹透鏡傳播的光線

度並改變路徑，這種光的彎曲被稱為折射（refraction）。

如果你把一束很窄的光照到長方形的玻璃塊上，光在進入玻璃時就會減慢速度並出現彎曲。等再次出現時，它會加快速度並以同樣的角度再次彎折。鏡片因為有弧形表面，因此會迫使光線做出更有趣的事。就一道光束來說，裡頭的每一條光線都會分別擊中弧面的不同部位，這意味每一條光線的入射角度以及隨後出現的折射方式都各有不同，所以光束從另一頭出現時並不像擊中長方形玻璃塊那樣仍然是一道平行的光束，原因是曲率的變化會改變光束的形狀。凸透鏡的兩面都往外凸出，會將光束聚焦到一個點上；而凹透鏡的兩面都往內凹，會將光束散開，因此鏡片的弧面可以在某程度上操縱光，使我們看見想要看到的東西。

鏡片之所以能改變我們看到的東西，原因在於我們的眼睛（和大腦）對影像的解譯方式。如果你隔著放大鏡觀察一隻螞蟻，來自於地面和螞蟻的光線是以平行方式進入放大鏡，光線折射穿過鏡片然後匯聚，這就是我們的眼睛所接收到的。可是

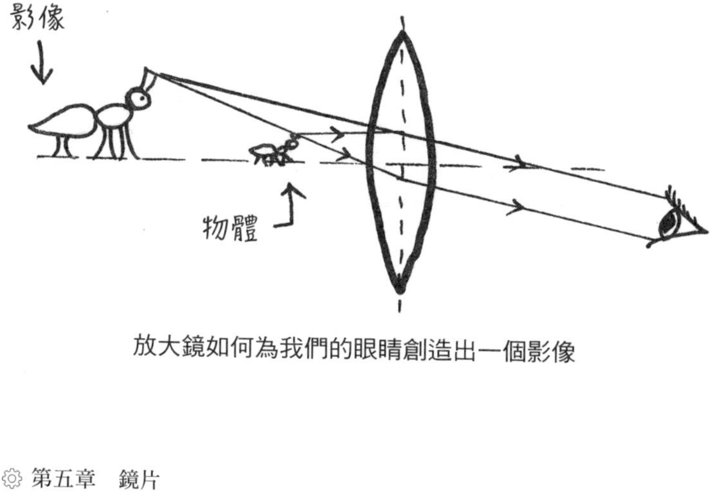

放大鏡如何為我們的眼睛創造出一個影像

隨後眼睛和大腦會形成一個光學幻像，它們會投射出匯聚的光束，彷彿光束從未彎曲過似的，創造出一個虛擬影像，這個影像比螞蟻的真正位置再往後一點，但變得比較大，這樣我們就能看到它。當光線沒有在我們眼睛後面匯聚成一個點時，螞蟻就會變得模糊不清，因此我們會來回移動放大鏡，直到螞蟻變得清晰為止。

所以要為特定目的創造一枚鏡片，就必須先弄清楚光線是怎麼彎曲穿過它的。當你去看驗光師時，他會趁著要求你讀出那越來越小的字母時測試各種鏡片，目的是要找到一枚能以你眼睛的獨特形狀為基礎來彎曲光線、將其聚焦在你眼睛後面（視網膜）的鏡片。光在鏡片裡的行為取決於光進入這個材質時的角度以及材質本身的特性。在伊斯蘭的科學黃金時代裡（Islamic Golden Age），海什木有一位前輩叫做阿布・薩德－阿拉・伊本・沙爾（Abu Sa'd al-Alaa Ibn Sahl），曾於公元九八四年左右寫了一本叫做《關於燃燒儀器》（*On the Burning Instruments*）的書，談到如何使用鏡子和鏡片來聚焦太陽光線和產生熱量。儘管這種現象已經被阿里斯托芬和老普林尼觀察到，但這本書卻是首度對鏡片運用方式進行的嚴肅數學研究。我們對透鏡的知識和運用其實遠遠超過我們對它們的**理解**，這跟磁鐵的情況是一樣的，事實上，世上許多發現也都是如此。過了半個多世紀之後，時值一六二一年，荷蘭天文學家威理博・司乃耳（Willibrord Snellius）想出一個折射的公式來告訴我們光在材質之間的彎曲程度（現在稱之為司乃耳定律〔Snell's Law〕）。但其實沙爾早已構想出一個幾何公式來正確預測光線以既定入射角度穿過特定材質時的折射方式。只是沙爾的成果一直到一九九〇年代才重見天日，當時是埃及歷史學家羅斯迪・拉希德（Roshdi Rashed）將他的手稿拼湊在一起才發現的，這些手稿分別在大馬士革（Damascus）和德黑蘭（Tehran）被發現。

光學這門科學在伊斯蘭帝國取得了顯著的進展，但鏡片的實際應用仍侷限在燃燒鏡和簡單的放大作用上。幾個世紀過後，中東的伊斯蘭科學黃金時代開始黯淡下來，但光明卻打破了西方的黑暗時代（Dark Ages），歐洲的文藝復興思想家以中世紀時代同業的成就作為立足點，開始真正駕馭鏡片的超能力。

只要一提到那個時代的顯微鏡，總會讓人聯想到戴著假髮的男士注視著被安裝在可調式支架上的鍍金管，或者是有窄圓筒和精細螺絲，以及以薄板固定在基座上的發亮黃銅儀器——但其實揭開全新世界的是一款看起來相當粗糙的裝置。羅伯特・虎克是博學之士，我們曾在彈簧的章節見過他，他以他的著作《微縮圖：對放大鏡製造出來的微小物體所做的一些生理描述，並就這些物體進行觀察和探問》（*Micrographia: or Some Physiological Descriptions of Minute Bodies Made by Magnifying Glasses, With Observations and Inquiries Thereupon*）而聞名，此書於一六六五年出版。那時的虎克忙著將熟悉的物體放大，再將它們精心繪製，譬如那幅著名的跳蚤素描，就有著美麗的黑白明暗色調。而在這本書的前言裡，也有描述到其中一種比較簡單的顯微鏡：小巧、手持式、有一個手工磨製的鏡片。那是一位荷蘭的店主所製作的，他鐵定是受到虎克成果的啟迪，儘管這位店主本身並沒有受過太多正式教育，但他憑著入微的觀察，看到了人類以前不曾見過的許多東西。

一六五四年，安東尼．雷文霍克（Antony Leeuwenhoek）開了一家布店，那年他才二十二歲。個性向來孤僻但做事又很狂熱的他對自然世界甚為著迷，不過他還是選擇待在台夫特（Delft）買賣布料和負責一些公家機關的瑣事。跟他那個時代的其他科學家和哲學家相比，他不算受過什麼良好教育，也不會講拉丁文。為了確認布料的品質，雷文霍克製作出簡單的放大鏡來檢視紗線的密度，他並沒有對鏡片作更多的運用，直到四十歲，才開始製作自己的顯微鏡來觀察自然界。接下來的那五十年，他繼續製造出幾近五百個單鏡頭顯微鏡，但對於鏡片的製造方法，他則高度保密。

我曾在倫敦的科學博物館（Science Museum）看過他其中一臺顯微鏡的結構，看起來一點也不像文藝復興時期那種精心建構、具有優美弧形的顯微鏡。事實上，由於它有兩片長而扁

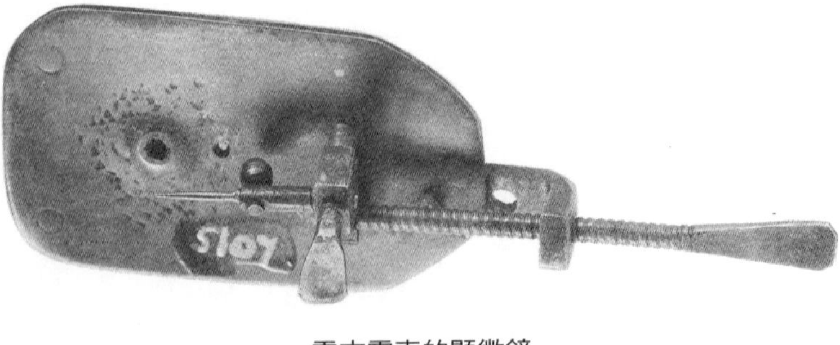

雷文霍克的顯微鏡

平的鉚接黃銅板，以長螺釘固定在頂部，因此看上去更像是令人費解的鎖頭裝置而非顯微鏡，但是在黃銅板上有一個穿孔，孔裡頭有一枚鏡片。雷文霍克的顯微鏡很小，鏡片通常用玻璃球打磨出來，只有〇．一公分寬，而在黃銅板底部有一個L型托架，被一根支柱穿過，延伸到長螺釘那裡，螺釘頂部靠一個金屬塊來限制住它旋轉進去的深度。

雷文霍克會將他的樣品放在一個小玻璃瓶裡，然後用膠水或蠟將它黏在大螺釘的頂部，再靠幾顆螺釘來調整對齊。他會把顯微鏡舉高到眼前，隔著自製的鏡片來窺看，其中有些鏡片能將物體放大到驚人的二百二十六倍。相形之下，十六世紀末的荷蘭父子檔漢斯和查哈里亞斯．楊森（Hans and Zacharias Janssen）所發明的雙鏡頭顯微鏡由於受制於鏡片的品質以及海什木當年就在研究的放大後影像模糊的問題，因此頂多只能將物體放大十倍。

雷文霍克的顯微鏡引領他找到了十七世紀最驚人的一些發現。一六七四年他敬畏地寫道，他觀察到美麗的綠色螺旋體、綠色的小球體，還有顏色多樣、帶著發光小鱗片的「小蟲」，今天我們稱這些微生物為單細胞生物、纖毛蟲和水藻。他還刺破手指，成為第一個看到紅血球細胞的人。後來他又發現了細菌，那是因為前一個冬天的一場疾病使雷文霍克暫時失去味覺，他在仔細檢查後，發現舌頭上有一層毛絨絨的東西，這啟發了他利用顯微鏡去觀察牛舌，結果看到了我們今天所知的味蕾。他想知道這些小突起物是如何與胡椒和薑這類強烈的味道相互作用，於是又檢視了這些香料的泡製液。當時他看到裡面有成千上萬條像小鰻魚一樣的有機體時，一定很驚愕，那其實就是細菌。這對人類來說，實乃從此改變生活的重大發現。即便又花了科學家大約兩百年，才弄懂這些細菌是許多疾病的成因，但若沒有他當年的全心投入，我們根本不會使用抗生素去治療多種疾病，挽救無數的生命。

在他的各種發現裡頭，有一項跟查莉亞的誕生有關，這是在他研究自己的某種體液時發現到的。雷文霍克寫給倫敦皇家學會（Royal Society）的書信通常都是色彩豐富而且描述仔細，但他在一六七七年對其發現所作的描述相較於其他書信內容卻異常地靦腆，可能是因為擔心內容會令這些學者反感或者害他名譽受損，因此他向他們保證樣本是取自於夫妻間性交後自然留下的東西，他並沒有犯下任何罪行。而在這些殘留物以及眾多生物的「種子」（精液）裡，他看到了微小的動物，小到他甚至相信就算集合了一百萬隻，也不會比一粒沙子大。它們有著圓圓的身體，前半部是鈍的，後半部是尖的，有一條細尾巴幫助它們像鰻魚一樣移動，他看到的是精子。

無獨有偶，所有雌性動物都有卵子的理論也是在一六七〇年代中期出現的，可是令人驚訝的是，得再等到兩百年過後，人類才終於理解嬰兒是如何形成的。我實在很難想像十九世紀的我們雖然在各種科學和工程領域上都已經取得了如此大的進展，卻仍然相信單靠卵子（如果你是卵子派）或精子（如果你是精子派）就能創造出新生命（哪怕我們已經承認精子和卵子必須以某種方式相互作用）。終於到了一八七五年，德國生物學家奧斯卡．赫特維希（Oskar

Hertwig）透過顯微鏡進行了數小時的研究觀察後，總算看到了單一海膽精子進入卵子裡，導致細胞分裂，這就是受精，至此我們才算完全理解和證明嬰兒是如何形成的。

但在二十世紀初的時候，醫師還不真正瞭解排卵周期的細節，現代的超音波掃描機器可以生成大家都很熟悉的胎兒黑白影像，而當時沒有這類機器的醫師無法預測卵子何時會被卵巢釋出。就連對卵子的受精地點、卵子分裂增生成胚胎需時多久，以及胚胎會在哪裡著床，也都知之甚少。從一九三〇年代開始，臨床醫師約翰・洛克（John Rock）和哈佛病理學家亞瑟・赫提格（Arthur Hertig）在美國合作了近二十年，在追蹤人類胚胎早期發育階段有了驚人的成果。那時洛克也另聘了科學家米里安・門肯（Miriam Menkin）來負責進行體外或試管內的人類胚胎培育。他們的工作都是建立在多年以來的研究基礎上，包括薩繆爾・利奧波德・申克（Samuel Leopold Schenk）於一八七八年提出了以兔子和豚鼠卵子作體外受精的研究結果，以及沃爾特・希普（Walter Heape）於一八九〇年將胚胎從某種兔子品種轉移到另一種兔子品種的成功經驗。

門肯曾想取得生物學博士學位，最後卻不得不在經濟上支持她正在念醫學院的丈夫，同時還要照顧兩個孩子。她沒能追求自己的研究，反而都是在協助他人研究。在兔子體外受精方面很有經驗的她，帶著自己的知識和嚴謹的科學技術來到了洛克的實驗室。她自稱是洛克的「卵子獵人」，因為每週要是有其中一位研究志願者正在進行手術，她就會在實驗室地下室的手術房外面等候，看能不能取得切除的卵巢組織，一旦拿到，就往上跑三層樓去搜尋裡面的卵子。這是一項乏味的工作，有近千名婦女同意參與研究，但門肯只在其中四十七個樣本裡頭找到卵子，而找到卵子只是第一步，她還得試著讓它們受精。

經過六年這種耗體力的每週例行工作之後，一九四四年二月六日，正在顯微鏡旁打瞌睡的門肯醒來時竟看到了兩個細胞。前一晚，她因為她孩子長牙而一夜未眠，疲憊不堪的她並未像平常一樣多次洗滌精子，甚至還使用了更濃稠的混合精子，而且她忘了時間，結果卵子和精子被放在培養皿的時間比平常更久。她興奮地向同事介紹她的成果，還針對最理想的受精卵保存方式進行了一場熱烈的討論，卻忘了拍攝細胞的照片，但她在那一年又成功讓另外三顆卵子受精（這些卵子都有被仔細拍攝下來）。

門肯使用的顯微鏡並不特別厲害，它可以將人類最小的細胞——精子——放大三十五倍，但這倍數就足夠了，也足以觀察精子跟人類最大的細胞——卵子——之間的互動。這個倍數也可以讓她觀察到細胞的分裂，確保胚胎發育良好。她的顯微鏡是傳統的顯微鏡，有一個平臺可以放置細胞培養皿，上方有一個目鏡和光源供俯看。光會把細胞反射到放大鏡上，再穿過目鏡，進入她的眼裡。她證明了人類的胚胎可以在實驗室裡創造出來，這對不孕症的治療來說是一大躍進。但是要實際治療不孕症，得先讓胚胎在體外生長幾天，再植回子宮，並成功著床、不會流產才行。而要處理所有這些複雜的科學問題，得再等三十四個年頭，才有了路易斯·布朗（Louis Brown）——第一個體外受精的嬰兒——的誕生。

現在用來創造胚胎的顯微鏡比門肯當年的顯微鏡來得更強大和複雜，為了確保最大的成功機率，胚胎學家建議使用稱為ICSI（卵細胞質內單精蟲注射）的複雜工序。ICSI不同於以往在培養皿裡將大量精子與卵子混合的方式，而是將單一精子細胞**注射**進卵子裡。這需要靠一種顯微操控系統，它是一條可移動的機械臂，帶有微小的針頭，可供手控操作其中一端內含卵子的管子以及另一端負責注射精子的針頭。人類的手指無法獨力拿穩管子和針頭，畢竟它們都是玻璃製的，而注射的針頭只有〇．〇〇〇五毫米（內含卵子的管子稍微粗一點）。這也難怪我曾聽胚胎學家克里斯汀娜．安東尼亞杜．斯蒂利亞努（Christiana Antoniadou Stylianou）跟我說過，在她職業生涯的頭五年，每次進行ICSI時，她都會屏氣凝神。

顯然這需要某種厲害的技巧，但如果克里斯汀娜看不到她手上正在做的事，那也無從做起。這道工序之所以如此現代化，是因為你必須要觀察到在三維空間裡的卵子，然後轉動它，找到裡頭一個微小的結構。對於正在分裂的細胞來說，這個結構是它能否正確分配染色體的關鍵所在，要是它被注射的針頭刺穿，卵子就會死亡，胚胎也就沒了。要看得到這個結構，必須把卵子放大約四百倍，比門肯顯微鏡的性能極限多出十倍。如今胚胎學家使用的顯微鏡被稱為倒立顯微鏡（inverted microscopes）。常用的顯微鏡是透過鏡片收集反射光，這意味會喪失一些光的亮度，也無法看出細胞介質的層次和厚度。倒立顯微鏡可以讓鏡片收集到培養皿裡頭**穿透**

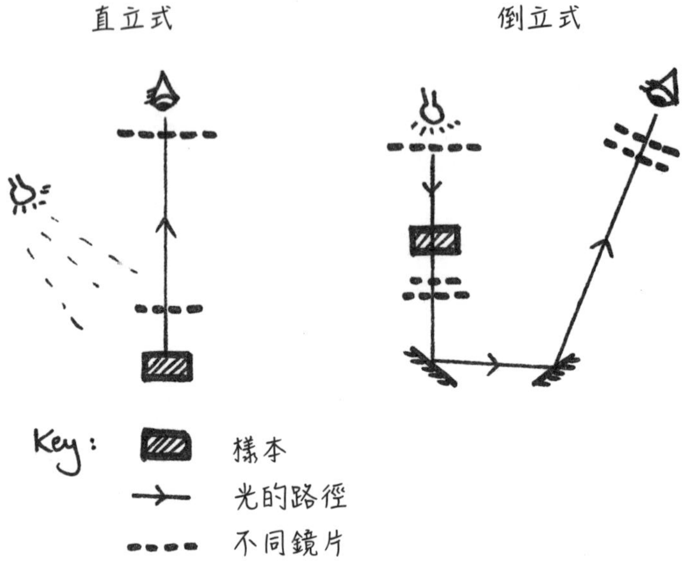

簡化示意圖：光如何透過直立和倒立式的顯微鏡行進

介質的光，使胚胎學家能夠看得更清楚，也能夠調整鏡片的焦距，因此可以看出介質的層次和厚度，也看到球狀的卵子。要讓ICSI變得可行，所需技術包括顯微鏡、操縱系統、針頭，以及確保ICSI嬰兒能健康成長的各種研究工作，這些都是到了最近才全部結合起來，並在一九九二年迎來了第一個試管嬰兒。

這個靠科學和工程學創造出我女兒的故事感覺像是經歷了一千多年之久，但同時也短得令人不安。不管是治療上還是技術上的大幅躍進，全都在我有生之年內發生。靠試管方式誕生的人類，至今年紀最大的也只比我大五歲而已，所以我們還不知道他們到中年時會發生什麼事。也許他們會瞬間突變，得到某種令人興奮的超能力，但也可能不會。不過有件事是肯定的，那就是如果沒有經歷過光學、鏡片和精液樣本等冗長繁複的探索過程，今天就不會有查莉亞。

◎◎◎

鏡片揭露出微觀的世界，使我們得以看見那些小到肉眼看不到的東西，給了像我這樣的人受孕的機會，當然這只是其中一個例子，有了顯微鏡，意味我們可以研究細菌和病毒，進而挽救生命。而在另一方面，望遠鏡裡的鏡片也擴展了我們的視野，將遠到看不見的東西帶進我們的視線焦距裡。從相信地球是平的，到意識它只是一顆微不足道的圓點，而且還只是數十億顆圓點中的其中之一，圓點間的散布距離遠到你無法想像，人類其實走了相當漫長的一段路才總算明白我們在宇宙裡的位置。

雷文霍克留下了一項歷久不衰的遺產，讓我們能夠透過鏡片觀察到活生生的微小有機體。COVID-19疫情爆發時，科學家迅速勾勒出病毒的結構，然後競相研發出人們殷切盼望的疫苗。但若是少了鏡片，這些疫苗就不會被創造出來。要對抗另一種傷害過許多人的毀滅性疾病——癌症，我們也必須盡可能仔細觀察那些永遠都在複製中的細胞。但我們不能只靠高倍放大的靜態圖來觀察癌細胞，也要即時追蹤它們內部的狀態，我們的辦法是對著癌細胞照射出一種特殊類型的光——也就是雷射。

雷射（Laser，它是Light Amplification by Stimulated Emission of Radiation的首字母縮寫，原文意思是在輻射刺激下被放大的光）是人工創造出來的純淨光束，它的功率極大，可以切開金屬和刺穿鑽石。雷射光束與來自燈泡或手電筒的光相當不同，後兩種令人熟悉的光源都是發出白光，也就是由所有顏色或波長混合出來的光波，但雷射卻是由單一波長或者相當窄的波長範圍構成。手電筒的光是成錐形散開，然後消散，但雷射的光束緊密狹窄，幾乎呈平行，因此可以更長距離且一致地傳播。手電筒射出來的光波是混亂的（就像街上隨意行走的人），而雷射卻是同步發生和前後一致的（就像齊步走的士兵）。雷射還能做到一件特殊的事，那就是它可以形成極短的脈衝，與手電筒射出來的連續光波恰成對比。

要製造雷射，不一定得靠鏡片，但是要傳送和調整射出的光束，鏡片再加上它的三角形表親——稜鏡和鏡子，這三者至關重要，它們可以確保機器發射出來的光束具有能符合你目的的正確寬度、強度和同步程度，將雷射轉化成實用的工具。

世上一些最先進和最強大的雷射甚至是倚賴某種鏡片與鏡子的混合體而產生的，鈦／藍寶石雷射就是其中一種，它可以製造出最短和最強大的雷射脈衝。為了產生這些脈衝，會用綠色雷射照在鈦／藍寶石晶體上，刺激它的原子。受到刺激的原子會射出波長較長（紅色）和能量更大的光脈衝，然後會有一對鏡子／鏡片裝置，以可讓綠雷射光穿過它們後能夠聚焦的方式排列，在晶體上形成一個高強度的光點，就像鏡片的作用一樣。然而從晶體發射出來的紅光則會在鏡子之間來回反射，直到形成一道強大的光束，再允許它穿過，進入主儀器裡。

史坦利・博區威（Stanley Botchway）教授就是使用這些雷射的其中一種，當成他研究裡頭的顯微鏡，這種雷射可以製造出短到只有六飛秒（相當於六千萬億分之一秒）的脈衝。史坦利研究的是當我們的細胞曝露在不同類型的雷射底下時，細胞裡的DNA會如何受損。目前廣義來說，用來治療癌症的放射療法都是向腫瘤發射出高能量的X光，以殺死癌細胞，但問題是腫瘤四周健康的細胞也會受損，造成嚴重的副作用。

他的其中一個專案是測試如何同時使用藥物和雷射，也稱為光動力療法（photodynamic therapy），他先將未活化的藥物分子給患者使用，它們會尋找癌細胞，因為這些藥物分子被設計成偏好含氧量低的環境（腫瘤生長的速度快到血管根本追不上，因此含氧量較低）。這種藥物會瞄準聚集的癌細胞的外部結構，接著用鈦／藍寶石雷射小心對準腫瘤。藥物一被飛秒脈衝擊中，就會活化，殺死癌細胞。

由於周遭的健康細胞不會吸引到什麼藥物，再加上雷射可以精準瞄準腫瘤，因此健康的細胞所受到的影響很小。來自雷射的紅光比X光更能深入穿透組織，因此若要治療難以觸及的腫瘤，效果會更好，也能同時降低副作用。

值得注意的是，用在癌症研究以及其他無數種疾病研究的細胞，被稱為海拉細胞（Hela

cells）。海拉細胞是一名叫做亨莉耶塔・拉克斯（Henrietta Lacks）的黑人女性身上的癌細胞，在未經她同意下被取出來作為研究之用。她在一九五一年三十一歲的時候去世，這些癌細胞是她還在世時取出的，自此以後不斷被複製，是醫學研究裡最重要的細胞系之一。五十多年後，約翰・霍普金斯大學（Johns Hopkins）發表了道歉聲明，但她的家人只獲得極少的補償。

科學家們也利用這些脈衝極短的雷射來觀察細胞內發生的生物過程（biological process），由於疾病的關係，我們的細胞內會出現很多相互作用或變化，就連健康的細胞也不例外，而這些相互作用和變化的速度快到根本沒辦法利用普通的顯微鏡來觀察。因此我們得靠這些向細胞瞬間射出的脈衝以平均每秒數以萬計的影像速度拍攝，才能觀察到生命構造的活動情況。

鏡片還能透過另一種方式為我們帶來新的視角，那就是透過攝影這個媒介來捕捉我們理論上看得到、但實際上卻無法觸及的影像。相機的中央有個鏡頭，當然從技術面來說，相機並不需要鏡頭，因為你也可以利用沒有鏡頭的針孔相機來拍出影像。但我選擇相機，因為它加上鏡頭就改變了攝影，也連帶改變了社會。追求不同情境下對焦完美的清晰照片，也帶動了鏡頭設計的巨大創新。沒有鏡頭，我們就無法拍攝出大小物體、靜物和快速移動的物體，以及特寫和遠距物體的銳利影像。二十世紀最偉大的人像攝影師之一、亞美尼亞裔加拿大人尤瑟夫・卡希（Yousaf Karsh）曾說：「在按下快門之前，先觀察和思考一下，心靈才是相機真正的鏡頭。」我覺得這是個迷人的比喻，將攝影師的心靈比擬為相機的鏡頭，等於將鏡頭視為相機的靈魂。

拜相機之賜，歷史上稍縱即逝的瞬間才得以保存下來，讓我們今天還能夠回顧，相機帶給我們鮮明的影像，讓我們看到地球上無法觸及的地方和人，其中有許多影像甚至曾引發或傳播了社會變革。當賈斯汀・霍夫曼（Justin Hofman）拍攝到一隻小海馬用尾巴捲著一根棉花棒的照片在網路瘋傳時，人們便意識到我們的廢棄物是如何對大自然造成破壞性的影響。一九六〇年代在越南的攝影報導，最有名的當然是黃公吾（Nick Ut）所拍到的潘氏金福（Phan Thi Kim Phuc，通常被簡稱為「燒夷彈女孩」）照片，粉碎了一般美國人的假像。這張照片向他們展示了戰爭的真正面貌，並在隨後的抗議活動中起了重要作用。印度第一位女性攝影記者霍梅・維亞拉瓦拉（Homai Vyarawalla）曾捕捉到一般百姓與政治領袖之間眾多激勵人心的瞬間，並在一九三〇和四〇年代的獨立運動期間廣為流傳，如今她的作品已經成為該時代的重要紀錄。（起初因為她只是一個名不見經傳的女性，只能借用丈夫的名義行事，這種情況雖然令人失望，但維亞拉瓦拉卻將它轉化成自己的優勢——人們不把她當成記者，反而讓她能夠「進入敏感地區」拍攝他人無法捕捉到的畫面。）此外，不是只有鏡頭後面的人曾促成社會變革。弗萊德里克・道格拉斯（Frederick Douglass）以前曾是奴隸，後來成為廢奴主義者，以振奮人心的演講聞名。他就曾刻意利用攝影這樣的「民主藝術」（democratic art）來對抗當時普遍存在、針對黑人的嘲弄及惡意的嘲諷畫，轉而傳遞他種族的多樣性與真實人性。道格拉斯不是亞伯拉罕・林肯，卻是十九世紀最常被拍攝的美國人。

儘管攝影可能是一種具有教育和改變思想力量的民主藝術，但攝影的歷史仍充滿了模稜兩可的地帶，起初並非所有人在鏡頭面前都是平等的，要創造出道格拉斯的真實人像還是得靠變革。最早期的相機是由白人專門為白人設計的，這使得黑人的影像會顯得扁平且缺乏細節。為了公平對待各種膚色的人種，就需要有更多的光穿透鏡頭，以讓底片捕捉。在許多國家，相機也被殖民者拿來對殖民地展現權力，他們會在回國後公開分享那些被認為是低等或不夠進步的種族影像，這些影像給人帶來很不舒服的觀影經驗，其中有一張展示了安達曼群島（Andaman Islands）某偏遠部落的島民，他們全身赤裸地被刻意擺好姿勢，並讓一個白人站在他們上面，代表他是他們的「守護者」。基於宗教或心靈因素而遮住臉部的女性和男性則被迫在鏡頭面前曝露自己的臉，並在有違意願的情況下被拍攝下來。鏡頭賦予我們力量去看見超乎想像的東西，但是就像超級英雄蜘蛛人曾被告誡的：能力越大，責任越大。相機技術以及我們的拍照方式，在上個世紀甚至是在我有生之年中便有了極為快速的發展。我拍下的數千張查莉亞照片正以0與1的形式存放在某個模糊的雲端裡，數量已超過我整個童年被拍攝下來的照片總量。當年我的照片都是印在照相紙上，而影像來自於底片，現在這些照片看起來都頗有復古的味道，邊緣有些磨損，顏色稍微褪了點。每當回到童年的家時，我很喜歡翻閱這些照片，有點不敢相信我當年會穿那樣的衣服——藍紅配色的格子長褲和一件毛衣，再搭上紅色吊帶，甚至我大學時的多數記憶也都保存在印刷的紙張上。我二十出頭時，終於買了一臺數位相機，但現在我隨身攜帶智慧型手機，它的相機功能遠比我的數位相機還強大，而且我每天都拍很多照片。今年（二〇二三）全球拍攝的照片將會超過一萬四千億張。

相機的前身——暗箱——是到十六世紀才裝上鏡頭的。暗箱是拉丁文，意思是「黑暗的房間」，而暗箱也的確如此，它是一個你可以進去觀看外面影像的黑暗房間，這個影像是上下顛倒和反轉的，靠一面牆上的一個小洞形成，這個小洞會讓一小束光照進來（這就是海什木設置雙燈實驗的方式）。如果你把雙臂向前在手腕處交叉，你的雙臂和雙手代表光線，手腕則代表小洞，你就會發現因為你交叉手臂，所以你的右手會變成在左邊，左手則在右邊。如果你能設法扭曲手臂，讓右手肘直接貼在左手肘上方，你就會再次發現，雙手之間的「影像」顛倒了，變成右手在左手的下面。

暗箱的問題在於影像不夠明亮或銳利，為了使影像更明亮，你必須擴大洞口讓更多光線進入，但是光線會在大洞口周圍四處交錯，少了銳利的射入點，影像就會變得模糊。隨著十六世紀歐洲鏡頭製造技術進步，暗箱的小洞被放進一個鏡頭，洞口可以做得更大，以容納更多光線進入，因為這個鏡頭會彎曲光線，將它們傳送到指定的點上，創造出銳利的影像。儘管如此，這個裝置還是需要你走進裡面才能看到外面的影像，這並不算是什麼新奇或者能讓你開拓視野的事情，所以它的用途大多是用來娛樂。你無法捕捉影像，除非手動來追蹤它。藝術家就是利用暗箱來創造出景色或物體的三維空間投影，然後在平面上作畫。（藝術家大衛・霍克尼〔David Hockney〕在他的著作《隱秘知識：重新發現古老大師們的失傳技藝》〔*Secret Knowledge: Rediscovering the Lost Techniques of the Old Masters*〕裡提出了一個曾被激烈辯論的觀點，就是從十五世紀開始，西方藝術精緻度的提升，部分歸因於暗箱和其他光學裝置的使用。他後來曾進一步與物理學家查爾斯・法爾科〔Charles M. Falco〕共同探討這個論點，現在被稱之為「霍克尼－法爾科論點」〔Hockney-Falco thesis〕。法爾科還主張，正是海什木的《光學之書》為藝術發展提供了最初的靈感。）

儘管相機技術當時仍處於起步階段，但品質越來越好的鏡頭正被製造出來，並運用在顯微鏡和望遠鏡上。十六世紀和十七世紀的科學家因所謂的像差（aberrations）問題而為那些被鏡頭創造出來的影像神傷。我們從彩虹得知光由不同顏色組成，每種顏色都有不同的波長，所謂波長就是從一個波峰到下一個波峰的距離。由於光穿過鏡片後的彎折程度取決於它的波長，因此紅光彎折的程度和藍光不太一樣，於是就出現了所謂色像差（chromatic aberration）的問題。還有一個問題是，雖然理論上穿過凸透鏡的光線應該聚焦在單一點上，但實際上，射進凸透鏡中央的光跟離中央點較遠的光比起來，其彎折程度會有些許不同，這種現象則被稱為球面像差（spherical aberration，海什木曾仔細研究過這個問題）。除了這些像差之外，還有一件事，那就是鏡片都是靠手工打磨和拋光的玻璃塊，儘管這些儀器製造者都有精湛的工藝技術，但還是無法創造出完全吻合理論的完美鏡片形狀。所有因素加在一起，導致影像失去了銳利度，進而限制了物體可被放大的程度，因為在被放大到某種程度時，影像就會模糊到無法看清任何有用的東西。

像差問題在十八世紀被望遠鏡的設計師解決了，他們採用兩種不同材質的玻璃來製造不同形狀的鏡片，再將它們裝配起來，製成所謂的消色差透鏡（achromatic lens）或雙合透鏡（doublet）。由於材料和形狀的關係，每一塊鏡片所引致的像差都不一樣，但是結合在一起的時候，這些像差會相互抵消，創造出品質更好、更清晰銳利的圖像，這使科學家得以將很小或遠處的物體放大到前所未見的程度。

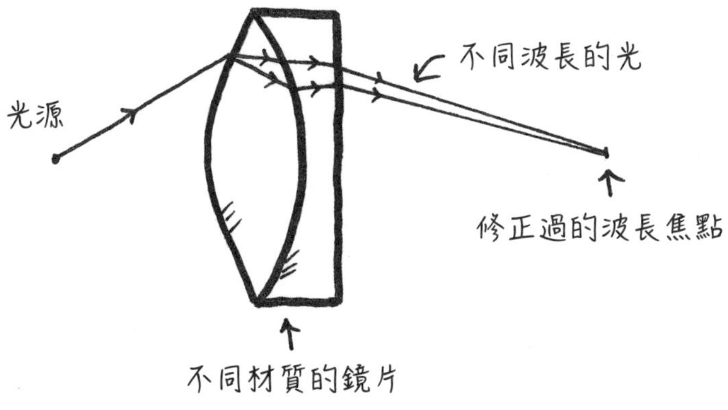

使用由不同材質製成的鏡片來降低像差

儘管鏡片的設計不斷進步，但化學技術卻未能跟上，那時我們還沒有真正找到將光永久壓印在材料上的方法。直到十九世紀初，當我們開始懂得把塗滿化學藥劑的板子放在鏡片後方時，鏡頭才開始真正發揮威力。終於，我們在離開相機時，可以帶走一張捕捉到的影像，這就是今天眾所皆知的攝影的誕生。

相機的故事隨後成為鏡頭技術和底片技術兩者之間的微妙平衡故事，這種平衡決定了我們可以捕捉到什麼樣的影像。如果你曾經好奇為什麼幾百年前的人物照看起來總是那麼僵硬和不苟言笑，這其實是因為他們必須坐在椅子上很長一段時間，而椅子上會有一個看起來挺折磨人的裝置將他們的頭固定好。達蓋爾銀版攝影法（daguerretotype）是最早成功創造商業價值的影像技術之一，以它的發明者路易－雅克－芒代・達蓋爾（Louis-Jacques-Mandé Daguerre）的名字來命名。攝影師將一張鍍銀且曝露在碘蒸氣裡的銅片放進相機裡，而這是一個挺大的裝置，必須放在支架上穩定。為了讓影像壓印出來，這張銅片得曝露在光線底下長達三十分鐘（後來的版本將時間縮減到一分鐘左右），然後再曝露在汞蒸氣裡以顯示影像，最後撒上鹽使影像永久保存。其中涉及到的一些化學品非常危險（汞中毒可能損害神經系統，造成神志不清，人格改變和記憶喪失，這些症狀有時被稱為「瘋帽匠症候群」〔mad hatter syndrome〕，因為製帽業普遍使用汞來處理毛氈），因此在二十世紀之前，攝影的技術一直掌握在專業人士手裡。

人像攝影所使用的鏡頭在設計上是為了縮小視野，畢竟這種攝影的目的是要創造出離鏡頭相當近的銳利人像照片。至於要捕捉風景，則需要不同形狀的鏡頭，因為這時候廣闊的視野比焦點來得重要。甚至還有一種鏡頭是用充滿水的空心球體製成，可提供更寬廣（但有些扭曲）的視野，以拍攝全景影像。但在那個年代，大概就只能拍人像和風景照，因為曝光時間長，而且相機本身相對笨重。

一八九〇年代，新型的玻璃上市，其中一種稱為鋇玻璃，由於它分子結構的關係，因此能夠折射出相對多的光，另一種則是石英玻璃的改良版，跟鋇玻璃比起來，折射率較低。在此同時，鏡頭製造商不再依賴嘗試錯誤的方法，而是透過開發數學方程式以預測鏡片是如何根據曲度運作。靠這些材料和科學方法製造的雙合透鏡帶來了更大的高品質鏡頭，能讓大量的光進入相機，有助於加快曝光時間。

自十九世紀晚期開始，相機裡的鏡頭迅速變得越來越複雜，雙合透鏡演變成三合透鏡（triplets，有三層玻璃），這類鏡片後來又被設計成三個或四個成排、甚至更多種的排列方式，目的全是為了要盡量抵消掉像差。即便鏡片是用透明的材質製成，理論上能讓大部分的光線穿透，也還是會反射一些光。一九三〇年代，科學家凱瑟琳・布爾・布洛傑特（Katherine Burr Blodgett）開發出一種玻璃用塗層，僅有幾個分子厚，可以極大化穿透鏡片的光線量，這就是早期的防反射塗層，就跟今天許多人用在眼鏡上的塗層一樣。

隨著鏡頭的改良、進光量的增加，底片技術也在同步發展，曝光時間從幾分鐘或幾秒鐘降

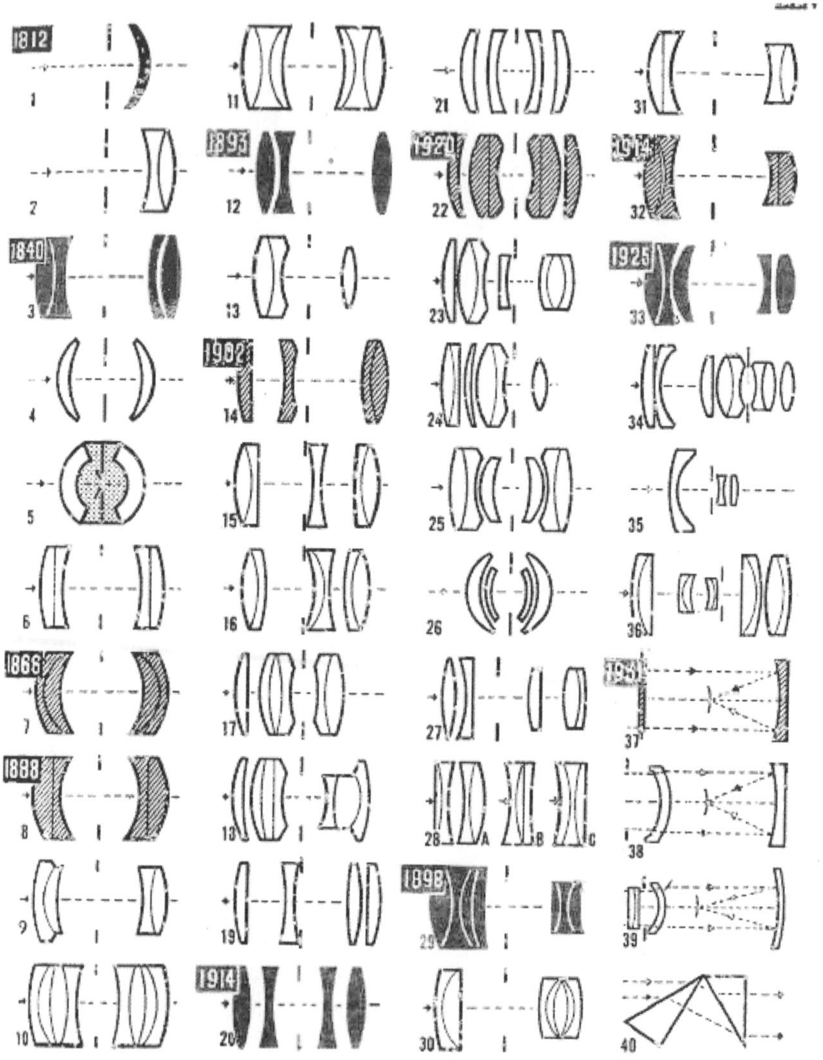

鏡頭發展的時間軸。摘自London Focal Press《攝影學的焦點百科》（The Focal Encyclopedia of Photography）桌面版

低到幾分之一秒。到了今天，一般影像都是以大約二百分之一秒的曝光時間來拍攝，有時甚至可能縮短到八千分之一秒。早期攝影師只能打開鏡頭，然後等曝光時間結束再蓋上鏡頭，但是在使用這些新相機時，手動操作可能會有曝光過度的風險，所以這時就引進了機械快門，它被放在鏡頭前面以降低可進入相機的光線量。後來又運用了更多機械裝置，以供調節鏡片之間的距離，讓攝影師能夠放大和縮小他們的攝影主體。

鏡頭和底片的設計越來越進步，使得相機變得越來越小、更容易使用、價格更便宜，也不再那麼危險。一八八八年，市場上出現一款叫做柯達壹號（Kodak No. 1）的相機，它有固定的快門速度、固定的焦距、一個簡陋的觀景窗，而且還預先裝好底片。等那卷有一百張影像的底片拍完之後，就可以把整臺機器送到美國羅徹斯特（Rochester）的一家工廠，工廠會在沖洗底片的同時，順道重新裝填新的底片，再送回去給顧客。後來相機終於普及到一般民眾手裡，曾經貼滿正式人像照片的家庭相簿，開始成了各種即興事件的紀錄簿。曝光時間縮短，使我們能及時捕捉到繁忙的街景以及行人和物體移動的瞬間，為影像注入了生命。相機也被帶往海外，人們開始能在自己的家中體驗其他國家與文化。

誠如我說過，攝影在我有生之年裡最大的改變之一，就是從底片攝影轉變成靠數位捕捉影像。起初這個變化對鏡頭的設計並沒有造成太大影響，因為負責記錄數位影像的電子感應器的尺寸被設計得跟底片一樣，這表示當我們在底片相機和數位相機之間轉換時，兩者的鏡頭配件是可以互換的。

但是我們的智慧型手機對鏡頭的要求更高，手持相機有空間容納較大的鏡頭，而且鏡頭離底片或感應器的距離也較遠，但手機不一樣，它的鏡頭較小且離感應器的距離很近，因此可以將光聚焦在更微小的範圍內去捕捉影像。

早期的手機只有一個單焦鏡頭，也就是說，在特定距離下，被拍攝的主體才會清晰。但後來引進了具有自動對焦功能的相機，裡頭有微小的機械結構可稍微來回移動鏡頭，增加焦距的範圍。最近我們的手機都有兩個甚或三個鏡頭，其中一個焦距很長的鏡頭專門拍攝遠處物體，另一個是可以拍攝廣角的短焦距鏡頭，再加上一個介於兩者之間的鏡頭。手機裡面負責偵測光線並轉換成電子信號的感應器，比數位相機裡的感應器小得多，目的是為了減輕手機的重量和厚度。而潛望鏡對焦技術則為這些小相機帶來了改善的新契機，它靠稜鏡或傾斜的玻璃片將來自相機鏡頭的光線轉向九十度，再透過數個可以調整的鏡片將光束沿著手機背面傳送。

未來數十年，我們將可能看到鏡片的製作材料持續發展，使鏡頭變得更輕、影像更清晰、價格也更便宜。市面上會有軟體繼續協助我們在電腦上設計出更複雜的鏡頭陣列方式，毋須再像早期的鏡頭製造商那樣得手動嘗試不同的排列。我們甚至已經有了人工鏡片，當我們自己的生物鏡頭變得模糊、患上白內障時，便可用它來替代。

過去二十年來，工程師已經研發出仿生眼球來協助一些因年長而患有黃斑部病變的人重建視力。這是一種影響全球數百萬人的疾病，會造成視覺變形和視力喪失。他們把僅有兩毫米寬的電子晶片植入盲眼的後方，患者會戴上裝有攝像頭的眼鏡，這個攝像頭會跟裝在腰帶上的小型電腦連線，將數據傳送進電腦，經過處理後，再傳送回眼鏡。然後眼鏡會投射一束紅外線穿過眼睛，進到晶片裡，晶片再向大腦發送電子信號，大腦解譯信號之後，就能讓患者看到影像。中國的科學家正在研究與瞳孔一樣會對光作出反應的材質——在黑暗時擴張、明亮時收縮——以便在義眼裡頭複製出自然反射。

超級英雄有超能力能看到我們肉眼看不到的東西，這種超能力既刺激又富教育性，對人類也有助益。但令我感動的是，為了增進我們的個人體驗，這類技術也正在研究當中。就像相機曾讓我們可以回顧自己的過往，使我們能夠再度看見和體驗曾經有過的珍貴回憶一樣，等我們的眼睛晶體開始模糊或甚至看不到的時候，未來的鏡片技術或許也能幫助我們再度看見當下的世界。

第六章

繩子

String

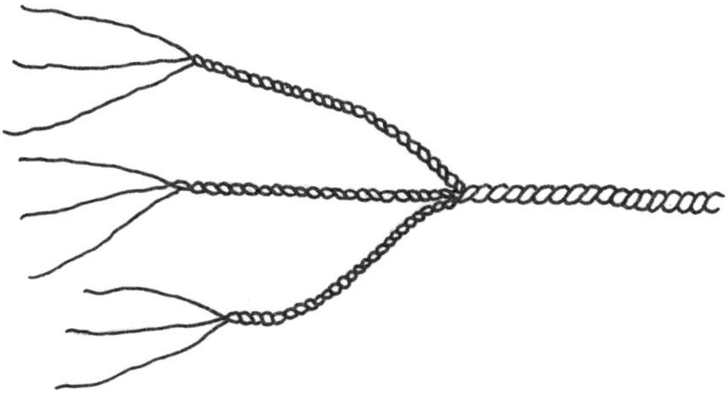

在我工程師生涯裡最有意義、也最令我不安一天，就是我第一次站在諾桑比亞大學橋堅固鋼板上的那天。就在這一天的十八個月前，我開始了我的第一份全職工作，這份美麗的橋樑結構設計圖被交到我手上。我很訝異這個在當時還只是概念的東西，竟然有朝一日能變成完整的真實物體。這一天來到時，我前往紐卡索（希望自己做對了所有的數學計算），站在之前只在紙上見過的鋼板上。

每項工程專案都有一些參數來界定我們能做什麼和不能做什麼：電纜必須傳輸電流，並且不會讓我們觸碰時觸電；洗衣機必須能穿過標準門寬，而且不能漏水。而在這個專案裡，工程團隊必須確保車道上方有安全的高度可供卡車和巴士通行，同時也要跟橋面兩端現有的道路銜接（而且還不能搖晃或倒塌），因而只有有限的空間來囊括結構。我們能設計出來的最簡約橋樑是僅靠兩端支撐的水平鋼樑橋，相對而言，這座四十米長的橋算是規模較小的橋。即便如此，要確保它足夠堅固，走在上面時不會下陷太多，就得使用到極深的深樑（deep beams），但這些樑會侵佔車流上方的淨高度（clear height）。要解決這個問題，其中一個辦法是在橋樑下方多加一根柱子支撐，可是那就得放置在車道上，但哪怕是安置在中央分隔帶（central reservation）上，仍然存在支撐柱可能遭到碰撞而損害橋樑的風險。我們需要找到一個更安全和美觀的替代方案。

我們的對策是從上方懸掛橋樑。當我走在這條完工的橋樑上時，忍不住抬頭凝視在上方騰空而過的六對鋼索。這條橋樑自身的巨大重量以及走在橋上的行人加起來的總重量，都是透過這些鋼索分散，使它穩定堅固。

人類史上最長的橋樑以及我這座短橋都是靠堅固的鋼索懸掛，它們由一種看似簡單的技術演變出來，那就是繩子。繩子使我們的祖先得以作出一連串的創新，形塑出我們今天的生活。我們利用線來縫合動物皮革，製作出各種不同的布料，再把這些布料製成衣服來保護自己免受自然環境傷害，因而得以居住在單靠皮膚無法熬過的嚴寒或酷熱天候；我們透過弦樂器演奏音樂，將故事傳承給後代子孫；我們利用船隻探索世界和殖民，這些船隻需要靠織物來做出船帆和擺動船帆的繩索；我們利用纖維製成畫布，在上面繪製和記錄我們的經歷；我們縫合傷口、架橋橫跨山谷，穿上衣服保護身體，這一切都歸功於繩子的無聲力量。這正是繩子的典型特徵，你可以視目標所需，讓它很堅固，同時保持靈活。

自然界有許多可以製造堅固線狀物質的動物，譬如蜘蛛和蠶。人類可能是從牠們身上找到靈感，進而創造出自己的版本。但是最初發明繩子的不是智人，而是尼安德塔人（Neanderthals）。在法國東南部，靠近阿德榭河（Ardèche River）的一處山谷裡有多個被稱為阿布里·杜·馬哈斯（Abri du Maras）的洞穴，據信尼安德塔人曾經在舊石器時代中期（約三十萬年前到三萬年前）長時間居住在那裡。二〇二〇年，據報導考古學家在今天的地下三公尺處找到一件石製工具，上面黏著一小段繩子，只有六．二毫米長、〇．五毫米粗，位處年代介於四萬一千年前到五萬二千年前之間的地質層裡。

這是令人興奮的發現，一部分原因在於，它比之前發現的最古老繩子（只追溯到一萬九千年前）還要古老得多，另一部分原因則是它打破了尼安德塔人是智人不太聰明的表親這種刻板印象。能夠製造出這種成品，意味尼安德塔人可能已經創造出袋子、墊子、籃子，甚至是布料。繩子可能在他們的日常生活和娛樂裡都扮演了重要的角色，因為製作繩子是既費時又費力的工作。

這也揭示他們的認知能力，因為需要對力學有一定瞭解才能製作出繩子。繩子是用纖維製成，但是單束纖維很脆弱，毫無用處。為了使它更耐用，必須設法將數束纖維結合起來，使它們彼此摩擦，這種摩擦力正是賦予繩子強韌度的關鍵。在阿布里．杜．馬哈斯發現到的樣本裡頭，尼安德塔人是將取自於樹皮的纖維加以搓撚，製成紗線。他們的搓撚法至今仍常用，被稱為「S撚」（S-twist），就像英文字母S中間的那部分，你可以看到纖維順著紗線的長度從左上往右下轉動裹覆，接著再將三根不同的紗線反向搓撚成繩子，這被稱為「Z撚」（Z-twist），也就是讓紗線從右上往左下轉動裹覆。

這種利用反向搓撚層層交織的方法正是繩子的奧妙之處。如果你將纖維朝某個方向搓撚成紗線，再把數條紗線朝同樣方向搓撚來試圖加固它，你一定會失敗，因為只要稍微一扯，就會使這些螺紋散開，結構完全鬆掉。一層一層地反向搓撚，意味要鬆開它們，便得反向解開，而這些紗線層之間的摩擦正好能阻止這種情況發生。

雖然尼安德塔人當時並不瞭解箇中道理，但他們的做法其實就是在仿效生物特徵，我們今天最重要的天然纖維——羊毛，就是由複雜、多層的角蛋白（這也是構成我們指甲和頭髮的蛋白質）構成，這種蛋白質的最裡層也有相同的反向搓捻結構。

我向來會為了讀者而使出渾身解數，因此在研究這個章節時，我特地去買了一些紗線，並小試了一下我編織的身手。我一開始用的是稍微做了S捻的粗紗線，果不其然，這種紗線很容易自己散開，可是一旦編織成居家拖鞋，刻意纏結和套環縫合的紗線便創造出複雜的摩擦力，使它變得很牢固。然後我試著使用所謂的精紡羊毛（或稱亞蘭羊毛〔Aran wool〕），基本上這種羊毛的結構跟尼安德塔人的繩子一樣：三束纖維先被S捻在一起，然後再用Z捻組合起來，使它難以散開。（這時候的我已經升級到套頭羊毛衫這種更具野心的編織計畫了，而且老實說，這手藝還挺討人喜歡的，我甚至可以說服自己，它能合理地讓我暫時忘卻寫作這回事。）

古代人迫切想要創造出類似繩子的材料，或許這也證明了各種形式的繩子對我們生活的諸多方面有多不可或缺：從撐起橋樑，以防我們墜落，到保護甚至重塑我們的身體，以及產生悅耳的音樂……我鮮少看到繩子被列在「頂級發明」的清單上，但我個人認為它應該名列其中。為了爭取它被納入，我必須提到一個人，那就是古羅馬工程師兼建築師維特魯威（Vitruvius）。在他的《建築十書》（*De Architectura*，此書對文藝復興時期的建築產生了巨大的影響）裡，他認為優良設計得具備三項原則：**堅固、實用和美觀**。而繩子足以令人信服其集三者於一身。

堅固

對工程師來說，經常得面對的挑戰之一就是必須設計出務實、雅緻又不突兀的結構。傳統上，建築通常都利用最容易取得的材料來建造，譬如石頭或磚塊，或者（我們一弄懂怎麼製造它，就開始使用的）水泥，這些材料都有強大的力量可以抵禦壓縮或擠壓下的作用力，它們耐用、能夠達到我們的要求。可是在過去，它們往往使橋樑看起來相當笨重，需要靠許多柱子來支撐重量。如果想要橫跨較寬的水域或很深的山谷，那麼就只能多花成本和時間，至於最壞的情況則是根本建造不出來。

後來出現一種不同形態的橋樑——先把很長的繩索拋擲出去，越過障礙地形，再以此作為通道的建造起點。搓捻過的繩索在拉伸或處於張力狀態下是很棒的結構材料，由於繩索是由許多纖維組成，就算其中一些纖維被拉到斷裂，繩索本身也不會在無預警的情況下突然完全無法使用。我們會先看到繩索磨損，那是正在腐朽的跡象，於是就會知道它需要維修或更換。這些繩索結構能有效地將拉力疏導至兩端，而這兩端則會被安全地固定在岩面或地基上（這是我在穿越這種橋樑時，必須提醒自己的事，因為即便我是工程師，還是會感到恐懼）。在某些情況下，製作好繩索並將它固定在適當位置上，要比處理石塊或固定住水泥以待硬化等費力工程來得容易。

有一座令人驚奇的橋至今仍在，那就是秘魯的印加繩橋（Q'eswachaka Bridge），這座橋的通道、扶手和支撐物全都是用天然纖維編織而成，看起來就像極具企圖心的編結藝術工程。這座橋最初建於五百多年前的印加帝國，是串連起整個帝國的大印加路網（the Great Inca Road）的一部分。在很長一段時間裡，這座長達三十公尺的結構物是阿普里馬克河（Apurimac River）兩岸村落之間唯一的橋樑。每年春天，山谷兩邊的喀珠亞族（Quechua）社區都會舉辦一場更新儀式，婦女會坐在峽谷頂端，將ichu草搓捻成很長的繩索，男人們再把這些繩索編織起來，形成六條跟大腿一樣粗的主繩索——這座橋的主體結構就是由這些主繩索構成，其中四條並排橫跨山谷，形成可供行走的橋面，最後兩條則作為扶手，安置在與肩等高的地方並同樣連接橋的兩端。為了完成這項工程，男人們會跨坐在那四條主繩索上，另外有兩到三個男人站在他們身後，將較細的繩索遞過來，供他們小心翼翼地編織六條主繩索，將它們穩固住，創造出可供行人安全通行的橋面，免於墜落下方的峽谷。最後舊的結構會被斬斷，任由它掉進峽谷裡。

最初喀珠亞族人就像古代的其他工程師一樣，利用的是手邊最堅固和最實用的材料。而隨著時間過去，其他材料相繼出現，於是帶來了新的工程方案來跨越障礙。接著我們在採礦和金屬加工等方面的技術進步，終於建造出靠鐵鏈懸掛的橋樑，這種鐵鏈通常用熟鐵製成，其中一些相當類似我們平常想像的鎖鏈：金屬環彼此相扣串連。但更多時候，這些鐵鏈是用扁平的金屬條製成，再使用被稱為銷（pins）的圓形金屬短管（就像第一章看到的鉚釘）接合起來。在英國有梅奈吊橋（Menai Bridge）和克利夫頓吊橋（Clifton Suspension Bridge）這兩個例子。

儘管鐵鏈理所當然比ichu草來得堅固，但也帶來了設計和建造上的挑戰。每個鐵環都需要澆鑄或鍛造，所以需要大量的材料和能源來加熱鐵，使其液化。但是製造出來的鐵板又重又難以處置，為了騰出空間給工人把鐵環逐一串成鐵鏈，還得在橋樑座落的地方建造臨時平臺。鐵鏈的重量意味跨距的長度是有限制的，否則鐵鏈將難以承受自身重量，更別提靠它懸掛的橋樑本身也有重量。此外還有一件令人擔心的事，那就是要是其中一個銷斷了，就可能導致整條鐵鏈斷裂，跟繩子不同，鐵鏈的冗餘度（redundancy）有限，一個失誤便可能造成災難性後果。

用鋼索來替代鐵鏈則減少了這些不利因素。我們在工業革命期間一找到便宜製造鋼材的方法，便開始在大型工廠裡生產鋼絲，再運送到鋼索製造商那裡。他們會使用機械在不用加熱的情況下拉長鋼絲（這過程稱之為冷拉〔cold-drawing〕）。按重量來算，冷拉鋼絲比它古老的表親熟鐵來得堅固，因此靠這種新材質製成的鋼索就比鐵鏈輕多了。

一旦鋼絲的直徑縮小——通常縮小到幾毫米——就能被紮成一束束，這跟使用多條長紗線搓捻成繩子一樣。不過有了鋼材之後，選擇就更多了，鋼絲可以像紗線一樣層層絞合起來，也可以直線平行排列，再夾起來，視乎用途是什麼。

為了見識一下鋼索，我前去拜訪了雪菲爾（Shelffield）市郊馬卡洛伊公司（Macalloy）的工程師，那裡有適用於不同結構的鋼條和鋼索。我的第一項工程專案——諾桑比亞大學橋——所使用的實心鋼條就是由這家公司供應，但今天我來參觀的是各種絞合過的鋼索。被鏗鏘的金屬聲、陣陣襲來的蒸氣以及油脂味道包圍的我被帶到工廠盡頭，那裡有一個很大的架子，上頭堆滿纏裹在捲筒上的鋼索——就像裹在紗管上的紗線一樣，只是尺寸大多了。

我仔細檢查其中一根鋼索的末端，以瞭解它的剖面看起來是什麼樣子。從外面看，可以清楚看到Z捻構造。這根鋼索由七束較小的鋼索組成，而這些小鋼索本身也是被絞合起來的。仔細地分開其中一束，就可以看到小鋼索是用十九根鋼絲組成：正中間那根是直的，被六根鋼絲以Z捻的方式裹住，形成一個六邊形，然後四周再裹上S捻的十二根鋼絲，形成另一個六邊形。由於最外層是S捻，因此這些小鋼索再以Z捻的方式彼此纏裹，形成最後的鋼索。為了看清楚這些扭絞的細節，我的眼睛都變得有點模糊了，於是我休息片刻後，再去弄清楚這些鋼索各自的用途。

絞合鋼索（twisted cable）最大的好處之一就是它的穩定性和靈活度，一旦鋼絲按照所需的配置方式絞合之後，鋼索就能夠彎曲和搬動，而不會散開。這意味它們可以裹纏在捲筒或絞盤上，這種形狀緊實便捷，也方便運輸，同時（在捲筒不會重到無法舉起的情況下）能裝下你需要的長度。鋼索非常適合用來作為結構物的末端，諸如支撐懸在畫廊天花板上的重型藝術品、彈性布料製成的戶外天篷、樓梯的吊架或者建築外觀的玻璃元件等。小一點的橋樑也會用到它們，我在馬卡洛伊公司裡得知最不尋常的用途之一，是阿布達比法拉利樂園（Ferrai World）那條長達四百公尺的高空滑索，可以讓你像雲霄飛車一樣飛馳而過。

絞合鋼索的缺點在於，它與生俱來的柔韌度所帶來的微彈性或可移動性也意味著在承受巨大的拉力時，它會被拉長和拉鬆，但如果把同樣的鋼絲並排齊放，反而比鉸合鋼索來得堅固。世界上最大型的橋樑所承載的橋面和行駛其上的車輛重量何其沉重，因此它們的鋼索往往都是並排成束地製成。

世界上第一批使用這種技術的橋樑之一，是位於紐約的地標橋樑布魯克林大橋（Brooklyn Bridge）。（我特別喜愛這座橋，因為在設計師約翰・羅布林〔John Roebling〕去世後以及他兒子健康日益惡化的情況下，橋樑工程仍然在愛蜜莉・華倫・羅布林〔Emily Warren Roebling〕的監督下持續進行。這是一個非比尋常的故事，畢竟當時女性被認為只適合從事家務工作。我的第一本著作《如何在果凍上蓋城市？》〔*Built*〕曾詳述這個故事。）除了設計橋樑之外，約翰・羅布林也有做鋼絲製造的生意，布魯克林大橋的鋼絲就是在他的工廠中製造的。他僱用了大約三百五十名工人，經營五家工廠，當時全美約有四分之三的鋼絲都是從他那裡生產的。一位曾前往探訪的記者寫道：「鮮少能目睹到忙碌的工人用鉗子從白熱爐裡取出熱燙發紅的鋼塊，再經由輥軋機（rolling mills）將它們拉長成形狀怪異的蛇狀物，相互交錯地放在鐵地板上，等著被送進退火爐（annealing furnaces）裡，再經由其他拉線板（draw plates）來拉出鋼絲。成品不是供應給珠寶商製作精美的手工製品，就是拿來將紐約和布魯克林這兩座擁有數百萬居民的城市銜接起來。」

布魯克林大橋是一座吊橋，意味它有兩條主鋼索，橋面懸掛在上面。為了支撐這兩條鋼索，河岸兩邊立了兩座高塔。鋼索先一開始牢牢固定在其中一端的地基上，再一路往上牽到第一座高塔上，然後橫跨那條河，直達第二座高塔，並再次固定在第二座塔後方的另一個地基上。鋼索在兩座高塔之間因自身重量而下垂，形成被稱為懸鏈線（catenary）的線條。為了完成整個結構系統，還有較小的垂直鋼索從兩條大鋼索上垂掛而下，將橋面接合起來。

安裝這些鋼索本身就是一項壯舉，它們不是一次過放進施工現場，反而得先在空中用較細的鋼索組裝。首先，會在兩座塔頂上方拉出一根被稱為工作繩的臨時鋼索，再利用同樣的方法，把一條連續不斷的細鋼絲從地基拉到對岸，一樣從上方越過橋樑上的兩座高塔，然後再拉回來。等這個動作做了二百七十八遍，就有二百七十八條鋼絲被綁在一起形成鋼繩。然後重複同樣的工序，等到十九條鋼繩（每條鋼繩裡面都有二百七十八條鋼絲）都拉好之後，就會被捆在一起形成最後的鋼索，接著用一層軟鐵絲構成的表皮緊緊包覆，作為保護層，所以每條鋼索都有超過五千六百五十六公里的鋼絲在裡頭。

自那時起，鋼絲的強度一直在穩定增強，不過在設計上還是很相似：鋼絲以一百七十二根左右的數量捆綁成鋼繩，形成一個六邊形，然後這些鋼繩也同樣被捆綁成六邊形。它們被緊緊夾在一起，以產生摩擦力。為了防止鋼絲生銹，會從鋼索的其中一端打進乾燥的空氣，好去除縫隙裡的濕氣，而在鋼索彎曲的低點所結集到的任何水滴都會被清除。這些鋼索不像鐵鏈，就算在某處有條鋼絲斷裂也無所謂，因為還有幾十條甚至幾百條鋼絲撐住。

即便鋼索的強度不斷增強（一條直徑僅一毫米的鋼絲便足以承載一頭雄性大猩猩的重量），但鋼索的長度仍有限制。因為在某種程度上，鋼的重量對鋼索自身的負荷太大。如今工程師都在探索運用碳纖維的可能性，這種超乎想像的材質與鋼一樣堅固，但比它輕很多。碳纖維目前仍處於開發實驗階段，研究人員正在研究如何有效地製造它——碳不像鋼絲那樣可以彎曲，因此現階段在運輸上甚為困難，等到我們能夠克服這些挑戰，我們架橋的長度距離就能超越目前的限制了。

實用

我們光靠直覺就能想像，這些組裝起來、達到最大強度的結構性鋼索是強韌的，但若要想像非金屬的繩索也能靠不同的方式變得一樣強韌，恐怕就有點難了。不過這正是繩子的靈活之處，當繩索是用鋼製成時，它可以用來支撐橋樑，但如果是用塑料編織，就可以拿來擋子彈。

這種材料的發明者跟愛蜜莉・華倫・羅布林一樣是一位女性，也在傳統上被認為是男性主導的就業環境裡工作。史蒂芬妮・克沃勒克（Stephanie Kwolek）是波蘭裔美國人的女兒，父親是博物學家。受到父親的影響，她決定主修化學，想要當個醫生，但是攻讀醫學學位需要很長的時間，使得她難以應付學費。由於戰後有許多男性仍滯留海外，工業界便對女性釋出了新的工作機會，因此克沃勒克做了一個務實的決定，一九四六年，她找到了在化學公司杜邦（DuPont）的工作，從此放棄追求醫學，不過她最後挽救的性命卻比當醫生還要多。

杜邦從過往就一直在研究如何用輕量化的材質取代車子輪胎裡的鋼絲，克沃勒克被指派去負責製造可供測試的纖維。她曾不斷實驗一種被稱之為聚對苯二甲酸對苯二酯（poly-p-phenylene-terephthalate）及聚醯苯胺（polybenzamide）的聚合物。聚合物是比較大的分子，由許多小單位重複組成，就像一條鐵鏈由許多同樣的鐵環組成一樣。為了創造出用於製造纖維的長鏈版本，得先把聚合物溶解在溶劑裡。接下來，產出的液體會在一臺稱為紡嘴（spinneret）的機器裡頭旋轉，這設備有點像是棉花糖機，它會將多餘的液體從纖維中分離出來。通常在這種實驗裡，聚合物和溶劑的混合會產生一種清澈且黏稠的液體，但克沃勒克的實驗卻意外產出一種水狀卻很混濁的液體。雖然懷疑自己的樣本有誤，但她還是決定著手測試，結果出人意料地竟從這種牛奶狀的混合物裡產出了一種非常強固又硬挺的纖維，它不像尼龍（一九三〇年代發明的第一代合成纖維）那麼容易斷裂。

杜邦意識到這種新纖維——聚對苯二甲醯對苯二胺（poly-paraphenylene terephthalamide）——的重要實用性，將它命名為克維拉。就材料強度來說，克維拉非常輕巧，如果你分別測量它和鋼的強度，並除以各自的密度，就會發現克維拉的材料強度比鋼高出五倍，這意味在相同強度下，克維拉要輕盈許多。一九七〇年代，它開始進入商業用途，如同最初的計畫，一開始是用在賽車輪胎上。但是這種材料強度和輕量化的組合意味克維拉是一種極度實用的材質，後來克維拉得以進入各式各樣的應用領域，例如運動服裝、網球拍上的穿線、汽車的煞車、橋樑的纜索、智慧型手機、小軍鼓和光纖電纜等等。不過多數人都是因為防彈背心，才認識到這種材質。當然，克維拉並非是第一種可用來抵禦武器的材料。在中世紀，騎士們會把金屬板穿在身上，但是製作金屬板的非常耗時，而且重量很重，難以活動，使用金屬板來保護身體的方法一直延用到兩次世界大戰期間。尼龍製作的防彈背心曾在第二次世界大戰期間試用，但是它們也很笨重，而且效果不佳。克維拉革命性地改變了防護性服裝，不僅是因為它的強度極高——即便金屬子彈也無法穿透——也因為它足夠實用，克維拉的輕巧性、柔韌性和耐熱性使它成為最佳的防護材料。

克沃勒克開發和探索克維拉的過程是最值得欽佩的地方，因為這發生在就當時來說極度男性主導的行業裡，女性的機會相當有限。我好奇她在那樣的環境裡的工作感覺如何，結果在一次訪談中，我找到了這句話，總結了她的感受：「我很幸運能有一群非常熱衷於探索和發明的男性帶領我工作。由於他們對自己所做的事情非常熱衷，因此丟下我一個人，我才能夠獨立進行實驗，而且我發現這很刺激，完全喚醒了了我心裡的創造魂。」

當然防彈背心並不是香奈兒外套，它幾乎不算是時尚產品（除非你對摩托車裝備很感興趣）。但它同樣提醒著我們，人類有多依賴繩子和其他形式的編織材料來製作衣物，穿在身上保護自己，哪怕僅僅是為了免受天候影響。要確定人類究竟何時開始穿上由絲線製成的衣服，並不容易，因為地底下保存下來的樣本極少。我們的祖先最初是拿動物毛皮和草葉披覆在身上，但其中一些可能是被縫合起來的，原始的縫針可以追溯到大約四萬年前。不過證據顯示，我們穿上衣服的時間還要更早，證據來自一個令人意外又有點觸目驚心的源頭：體蝨。頭蝨只在頭皮上居住和進食，體蝨則棲身在我們皮膚的其他部位，不過它們也能在衣服上定居。一些科學家假設，如果能夠弄清楚體蝨的起源時間，或許就能說明人類是何時開始普遍地穿上衣物，他們找到的答案是大約七萬二千年前，誤差為正負四萬二千年。

用天然材料製作衣服涉及五個關鍵步驟：栽培和收割植物、準備纖維、紡紗、將紗線編織成紡織品，以及將紡織品組合起來製成衣服。關於紡織品的第一個確鑿證據可追溯至約公元前六千年，考古學家在安納托利亞（Anatolia）的加泰土丘（Çatalhöyük）找到一副嬰兒的骨骸被包裹在一塊亞麻布裡。大約在公元前五千年到三千年間，埃及人和印度人發展出亞麻和棉花的紡紗技術，得以製作出強韌的長紗線。

從那時起，我們開始馴養羊群，生產羊毛，也開始製造絲線。用絲線、羊毛、棉花和麻類植物製成的布料沿著絲路主宰了近兩千年的貿易。一直以來，所有工序都是靠規模較小、代代相傳的手工技藝完成。

直到十六世紀晚期，織襪機的發明種下了工業化的種子，這是一種機械式的編織機器。十八世紀，這類機器在西方急速發展，飛梭（flying shuttle）改進了織布技術，提升了布料的編織速度，珍妮紡紗機（Spinning Jenny）是第一臺能快速且大量紡線的機器。當時已能在紡織機上生產出更強韌的紗線，再加上其他發明進一步完善織布過程，譬如棉纖維的清潔自動化以及可以織出複雜圖案的紡織機等。

那個時代也見證了英國機器生產的紡織品產量大幅增長，這也對它的殖民地造成深遠的影響。每一項工程發明都會很大程度地受到社會權力結構左右，而我們用來覆蓋身體的織線正是一個好例子。英國東印度公司利用它的殖民地——特別是印度——作為工業化生產紡織品的市場，同時對印度出口的手工製品徵收高額關稅，並以剝削性的低價購買棉花等原物料，使英國從中獲取經濟利益，同時削弱殖民地的經濟。這就是為什麼旋轉的輪子（我在第二章中提到的紡車）會成為印度獨立運動的恆久象徵：它鼓勵人民拒絕英國商品、支持本地產品，並創造個人財務自由，這是一種非暴力抗議的手段。

織線除了從國家經濟的角度對該國的繁榮、貧困和權力造成深遠影響之外，也會影響到社會的性別「規範」。身為工程師，我一向對這些規範如何影響不同性別的孩子在生活中的抉擇，以及對職場偏見所帶來的直接影響——包括我這個行業裡所存在的巨大性別差距——等議題很感興趣。我們穿甚麼衣服這種再簡單不過的事情，卻會受到跟性別、種族、宗教、階級和種姓有關的想法和刻板印象根深柢固的影響，這件事一直以來都在我腦中揮之不去（甚至是感到震驚）。阿洛克・瓦德－梅農（Alok Vaid-Menon）是一位非常規性別（gender non-confirming）藝術家、表演者、詩人，也是《超越性別二元論》（*Beyond the Gender Binary*）的作者，他表示：「我們應該要能自行決定我們想穿的衣服和顏色、我們想棲住的身體、我們所愛的人對**我們**的意義。衣服就是衣服，不應該有男孩的衣服或女孩的衣服之分。」他也主張：「時尚應該促進各種可能，而不是限制。」但在歷史上，衣服總是被拿來創造和強化所謂的男女性別差異。其中一個最震驚的例子就是緊身胸衣，在西方，女性會把自己的身體強行塞進曲線分明的衣著裡，以突顯女性特徵。在通俗文化裡，我們看到各種用力勒緊繫帶——緊身胸衣後面交錯的繩子——以塑造出完美身形的描繪。當然在這四百年間，「完美」形態的定義也在不斷變化中：從創造出高腰線的輪廓，到三角形輪廓，再到維多利亞時代接近臀部的腰身曲線標準。在這方面，織線被用於壓迫，以及強化這套限制性的社會標準。

有鑒於我總是在店裡看到女孩與男孩服裝之間的鮮明對比（我通常得去服裝店的男童部購買我女兒喜歡的那種有挖土機和卡車圖案的衣服），因此有一點務必要記住，那就是現實並非總是如此，「規範」是會演化和改變的。回溯幾千年前的印度神話，女性和女神常被描繪成上身赤裸，而且男性和女性都一樣裹著纏腰布，身穿庫塔衫（kurta-pyjamas）和安格拉卡（anghrakhas，像洋裝一樣的長外袍）。印度有許多現代設計師正在重新探索和接受這種遺風，創作出性別流動的服裝系列。

在幾個世紀前的在西方世界，年幼的男孩就像女孩一樣穿著不分性別顏色的長裙。事實上，粉紅色更像是軍紅色的色調，多用在男孩身上，至於女孩則比較常穿藍色的衣服，因為這是聖母瑪利亞衣服的顏色。粉紅色布料需要昂貴的進口染料，因此十六世紀的男性會穿上粉紅色衣服來彰顯他的經濟實力甚至是勇猛的體力。雖然幼童的衣著仍具有有一定的性別流動性，但美國曾經有許多法律規定了誰能穿什麼，譬如有條法律禁止女性穿著長褲（這條法律一九二三年才被司法部長廢除）。即便到了今天，這些規定仍然對我們造成影響：洋裝和裙子仍被視為女性在婚禮或舞會上的適當服裝。但另一方面來說，女性穿上長褲和其他曾被認為是男性專屬的服裝雖然已經相當平常，可是男性穿洋裝、裙子或者化妝卻「不太能被大眾接受」，它們仍被認定是女性的東西。這條粉紅色和藍色的分界線（現在已經換過來了），依然根深柢固地存在於兒童的服飾和玩具當中。

我們把織線運用在衣服裡所帶來的另一個重大社會影響是生態性的，生產紡織品的溫室氣體排放量已經超過所有國際航班和海上運輸的總和，我們每年產生約九千二百萬噸紡織品廢棄物，並消耗掉約一．五兆公升水。除了審視消費習慣之外，我們也透過技術層面來處理從製造過程到回收利用的龐大問題。就纖維本身來說，創新者正使用像鳳梨葉、蘋果皮、葡萄皮和莖，以及木漿等材料來製造出不含畜產品的皮革；也有人在利用海洋塑料和塑膠瓶製造出可織成布料的紗線。改用天然的大麻纖維也有所幫助，因為種植大麻所需的水量僅為棉花的一半，並且不需要大量使用殺蟲劑。

對於我們的健康而言，布料也扮演著重要角色。在COVID-19疫情期間，科學家和工程師廣泛測試了各種材質，以查明在含有病毒的環境裡呼吸時，這些材質所能提供的保護程度。醫用或外科口罩通常由三層塑料基材製成，也就是所謂的「不織布」（non-woven）。用來製作衣服或家具的傳統材料都具有編織或針織結構來形成規則的圖案，但不織布的纖維排列是隨機的，就像盤子上的義大利麵一樣，這種隨機性可以使這種材料更容易捕捉到像病毒那麼小的粒子。其中一種不織布原料是紡粘聚丙烯（spunbond polypropylene），它那隨機無序的纖維會被壓縮和融合起來，這種材料通常用在家具的底部，可以被清洗，而且一般來說不是醫療器材供應鏈的一部分，因此在某些地方，會作為濾網加在布口罩的分層之間，以增加額外的保護力。

有鑒於纖維在人類生活裡無處不在又極為實用，因此專注於這種材料，好讓我們的健康、生活和世界變得更美好，也是合情合理。下次去購買衣服時，我不會再只考慮它們的價格或者穿在身上好不好看，我會好好想想它們在權力結構裡的角色、它們的物理限制，以及它們對環境的影響，也會想想它們有沒有可能把我們從不自覺陷入的框架裡釋放出來。

美學

在我踏上我的人行天橋（沒錯，它屬於我的）的幾年前，我經歷到另一個生平最重要的時刻。那是一九九九年八月，我學習婆羅多舞（Bharata Natyam）已經有九年了，那是傳承了三千多年的古典印度舞蹈。當時我正在表演我的阿蘭吉拉姆舞（arangetram），它算是一種儀式，代表我已經是個成熟的舞者。如今二十多年過去了，我依然記得我站在舞臺邊緣等待出場的那一刻，當時觀眾席裡有我兩百多位朋友和家人正熱切地等待我上場。我站直身子，雙手放在腰際，肩膀往後挺，擠出笑容。一陣美妙的旋律充滿整個音樂廳，樂師正彈奏著坦普拉琴（tanpura）和敲擊著銅鈸，托拉科鼓（dholak）的快速節拍示意我該上場了。我深吸一口氣，踩著強而有力的節奏步伐踏上舞臺。

音樂是阿蘭吉拉姆舞的一個鮮明特色，它以弦樂為主，除了有四根琴弦的坦普拉琴奏出長低音以及用繩索勒緊的托拉科鼓敲擊節拍之外，還有小提琴拉弓奏出旋律。兩個沉重的銅鈸（用一條白色繩索連接）相互碰撞，配合貢格魯綁腳鈴（ghungroo，綁在我腳踝上的數十個小鈴鐺）的聲響，層層疊疊，相得益彰。

線在張力上的彈性和強韌度，適合用來製作衣物，也適用於音樂用途。在小提琴、西塔琴（sitar）、大提琴、沙樂琴（sarod）和鋼琴裡，拉緊的弦線靠被敲擊、撥彈或拉動琴弓來產生音符。這些音符的品質——音高、音色、深度、持久性——都是建立在波動物理學的基礎上。

當你把一根弦繫在兩點之間，然後彈一下，它就會振動。振動的弦會造成周圍空氣和樂器本體連帶振動，並產生波動，這些因弦線的振動而來的空氣波紋在我們的耳膜裡被轉譯為聲音。

我以前向來對舞蹈更有興趣的，因此很遺憾從未學會任何樂器，但我知道在我的阿蘭吉拉姆舞裡，坦普拉琴是演出不可或缺的一部分。這種樂器有不同尺寸，通常在一到一．五公尺之間，底座是一個球體，用乾掉的葫蘆或南瓜製成，它有一根長長的木頸從球體處伸出來，頂端有四枚釘子。四根長長的弦線繞纏在

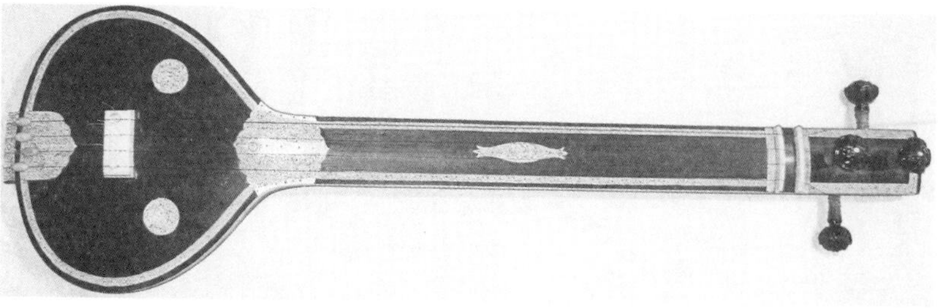

坦普拉琴，製作者：Allauddin，創意共響

釘子上，沿著木頸拉到球體上，琴弦會被一個寬的「琴橋」撐住，然後繼續順著南瓜的曲線纏繞。每根弦的末端都有一顆漂亮的珠子連在樂器主體上，可供你順著曲線上下調整，控制弦線的鬆緊度。

坦普拉琴沒有指板（frets），不像吉他或小提琴那樣是用來演奏旋律的。坦普拉琴是印度古典音樂裡獨有的樂器，它會創造出一種聽覺上的聲景藝術效果——一種處在低音區的連續音色，激發其他音樂家演奏。我一直想知道它是如何製造出這麼出色的聲音，於是決定深入瞭解。結果這聲音不僅僅來自於音樂家的嫻熟技巧，也來自對弦線的細心和獨特運用。

我趁著排燈節、也就是印度教的光明節的時候，特地前往倫敦的紹索爾區（Southall），那是以旁遮普裔（Punjabi）聞名的地區。我很興奮地看到街上滿是穿著沙麗克米茲（salwar kameez，一種套服，有寬鬆的褲子和長襯衫）和莎麗（saris，包裹全身的長條薄布）的人，他們手拿盤子大裝街頭小吃和甜食，背景是用擴音機宣傳煙火鞭炮的店家。

我拿起一盤酥炸球之後，就朝我的目標前進。JAS音樂（JAS Musicals）是一家專售和維修印度樂器的商店，已經在紹索爾區的大街上經營了數十年。我在店裡見到了老闆哈吉特・沙赫（Harjit Shah），他的身高跟我差不多，頭上戴著深藍色的包頭巾，鬍子濃密灰白。他四周都是擺滿樂器的架子——西塔琴、維納琴（veenas）、塔布拉鼓（tablas）、簧風琴、坦普拉琴。我們咕噔咯噔地步下狹窄的樓梯，進入擁擠的地下工作室。我們在那裡坐定之後，哈吉特開始告訴我他的故事。

最初他在印度接受工程師培訓，但在一九八四年，他和父親來到英國。這是翻轉他一生的旅行，因為在印度，總理英迪拉·甘地（Indira Gandhi）遇刺身亡，這意味他們無法安全返回家園。他的家人鼓勵他們留在倫敦安頓下來，而不是回到不穩定的政治局勢裡。

哈吉特盡他所能地賺錢，包括送牛奶和開計程車。有一天，擔任牧師的父親被任職的錫克教廟宇要求他從印度購買四臺簧風琴。他訂購了，但因為它們是為乾燥炎熱的氣候所製造的，遇到倫敦起霧又冷冽的天候，琴鍵就卡住了，這使哈吉特有了做印度樂器銷售生意的靈感。他先從租房處的車庫開始，把自己的工程技術搬出來，對樂器進行修改，使它們能夠在歐洲的氣候下正常運作。

「當我聽音樂的時候，我聽的是樂器，不是旋律。我會去聽它的聲學特性。有人可能正在演奏妙不可言的音樂，但我的耳朵、身體、大腦卻進入到另一個世界。我專注在樂器上，音樂家如何撥彈、弦線如何反應、多久調一次音、調音的穩定性如何，它們是鋼弦、銅弦、還是羊腸弦？」

回到樓上的店裡，哈吉特爬上梯子，從架子頂端取下一把大坦普拉琴。它有三根鋼弦和一根黃銅弦，後者能奏出最低音。他把樂器橫放在桌上，開始逐一彈撥每根琴弦，依序旋緊頂部的釘子，我能聽出音高的變化。經驗會告訴他琴弦何時達到合理的鬆緊度，但這只是第一步。

哈吉特繼續彈撥琴弦，同時反覆輕輕移動琴弦底部的珠子來微調。到目前為止，哪怕是對非音樂家人士來說，看起來都不陌生。等到哈吉特滿意之後，他轉向我說：「現在我來向你展示坦普拉琴的真正魔力。」

他拿起一卷棉線，就是你會裝在縫紉機上的那種棉線，然後斷出四根線，長度都跟他的食指一樣長。他撥了一下第一根鋼弦，我聽到他手指離開那條鋼弦的聲音，然後出現一個音符，但很快消失在寂靜裡。「準確但平淡無奇的音符是沒有生命的。」他說道。

他拿起一根棉線，把它的中段放在鋼弦底下，然後拾起棉線的兩端，用食指和拇指掐住，這樣它就繞住了鋼弦。然後他慢慢把棉線往琴橋處拉，他一邊慢慢拉，一邊撥動鋼弦，棉線被夾在琴橋和鋼弦之間，突然，平淡無奇的音符變成了嗡嗡聲響。他對其餘四根琴弦故技重施，依次彈撥。

每根琴弦的嗡嗡聲在他撥彈之後都久久不斷，音符相互重疊，不再只是單一的聲音，而是眾多聲音，多樣、豐富、脫俗，甚至有著某種靈動。我情不自禁地閉上眼睛，外面街道上的聲響似乎都消失了，我被帶回了那天我表演完阿蘭吉拉姆舞的那一刻。我感覺到太陽穴的震動，並往下蔓延到我的手臂、後背和雙腿，我開始瞭解它是如何啟發音樂家，以及如何給了我所需要的專注力去完成幾十年前的那場舞蹈表演。我完全沉浸在坦普拉琴的琴聲裡，這種華麗、引人入勝的聲音，是靠微調一根線變出的魔法。

在東歐、土耳其、整個北非、中東和印度都能找到坦普拉琴的變體，所以它的歷史難以追溯。有理論說它源自於印度的本土樂器，另一個說法則是類似的樂器是在好幾個世紀前，由阿拉伯－波斯樂師引進。哈吉特告訴我，在《娑摩吠陀》（Samveda，印度教經典的一部分，可追溯到三千多年前）裡，有些被解讀出來的段落暗示，是眾神和眾女神根據冥想的體驗而創造出這些樂器，但他又很快改口說：「我們不要太深入探討靈性這種事，還是專注在工程上吧。」

哈吉特感嘆印度的樂器製造者不被尊重，生活水準和所受教育都很差，而且往往落得文盲的下場。他擔心這些技藝會失傳，也擔心坦普拉琴的發展缺乏科學應用。他深信這是需要靠很多代人努力才能趨於完美的樂器，但它現在的發展似乎停滯了。「是有針對坦普拉琴的調音、音色和聲音所做的研究，」他說道，「但鮮少有坦普拉琴的物理學或工程學研究。」宛若樂器怪傑的他很高興有機會和另一位工程師談論這個樂器，於是他繼續向我說明坦普拉琴創造出重疊和聲的原理。

關鍵就在琴橋上，它是堅固的實體，金屬弦的末端會靠在那裡。在西方樂器裡，琴橋往往相當狹窄和扁平，好讓琴弦得以避開邊緣的尖角，達到盡可能縮減音高的目的。但坦普拉琴的琴橋完全相反，它寬且頂部表面有弧度。樂師和坦普拉琴的製作者經常提到javārī這個字眼，用於從聲學角度描述這個樂器音色的品質，javārī也是動詞，用來描述製作者是用什麼樣的工序來形塑出圓形的琴橋，產生所期望的音色。坦普拉琴的琴橋最初用象牙製成，現在則常用黑檀或某種尼龍。

弧形的琴橋會對琴弦造成有趣的影響，當一根琴弦被彈撥時，它會開始振動，快速上下移動，同時輕輕摩擦琴橋的表面。波的物理學告訴我們，琴弦越長，產生的聲音的波長也越長，這意味音高會較低；同理，琴弦越短，音高越高。在西方樂器裡，有的琴橋有稜有角，琴弦的端點（也就是它的長度）都是一樣的。但是坦普拉琴的琴弦與琴橋之間的連接點是視其運動而變化的。當琴弦往上移時，琴弦的長度就會比它往下振動時稍微長一點。此外，隨著琴弦能量減弱，琴弦與琴橋的接觸點也會慢慢改變，因此琴弦長度上的細微變化會製造出重疊的音符。

棉線則是另一個層次，當哈吉特在琴弦和琴橋之間緩緩移動棉線時，其中一個點會讓琴弦大幅共鳴或振動，於是釋出一連串的音符。棉線精準定位出琴橋上那個明確的位置，使金屬琴弦能夠自由舞動，有了自己的

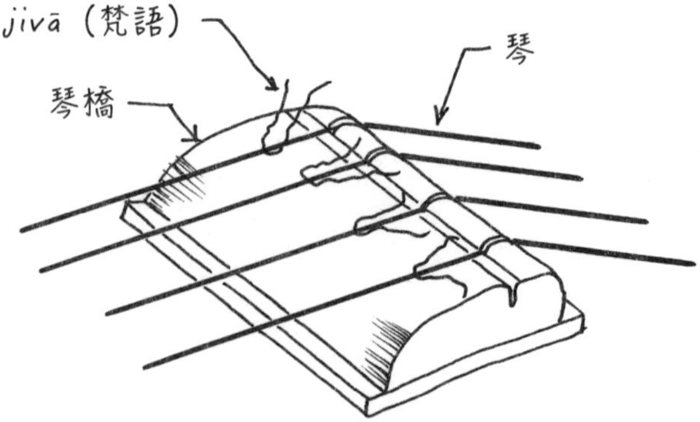

坦普拉琴的弧形琴橋，上面有jivā弦

生命，也讓它們所發出的聲音有了生命。哈吉特告訴我，這些棉線被稱之為jivā，意思是生命或靈魂。

在弦樂裡，棉線並不是唯一能發揮驚人作用的編織材料。琴弦不一定得用鋼和黃銅（像坦普拉琴一樣）製成，也不一定是用絲綢或尼龍，它可以使用一種更恐怖的物料——腸線（catgut）。儘管它並非真的跟貓咪有關，但確實是用腸子製成。通常工匠會從屠宰場裡取得一整頭羊的腸子，趁還溫熱的時候採集它的膠原蛋白，這是一種纖維蛋白，普遍存在於哺乳動物體內，特別是需要強韌度和彈性的部位，譬如我們的皮膚、軟骨、韌帶和肌腱。羊的腸子會被浸泡在一系列的化學物裡，以溶解膠原纖維以外的所有組織。等到清潔完畢，它們會被拉長、扭轉，並在張力下等待乾燥。雖然羊腸琴弦比鋼弦或合成琴弦更脆弱和易壞，卻受到許多專業樂師的青睞。羊腸的質量及柔韌性的結合能產生出更為豐富的聲音。（羊腸在其他專業領域也深受重視，有些職業網球選手會因其韌性和彈性而選擇用來作球拍穿線，而捨棄尼龍或克維拉；手術後用來縫合病人的縫線也一度是用腸子製成，它跟用絲或尼龍縫線不同，可以於幾週內自行在體內溶解。）

無論樂器的琴弦使用何種材質，製作方法通常都比你一開始想像的來得複雜。如果你摸過坦普拉琴的琴弦或吉他上的前三根琴弦，你會發現它們其實是平滑的細長金屬線或尼龍線（用於古典吉他），它們被精確製造出來，以確保粗細一致。但如果你觸摸吉他上的後三根弦，就會發現它們是纏繞出來的，目的是要增加質量並降低音高。纏繞弦的中心是一根平滑的弦線，再用另一條（或多條）弦線以螺旋狀的方式繞著它裹覆，一般來說音高較高的琴弦纏繞的線比音高較低的琴弦少。如今的琴弦製作工序已高度自動化，這意味製造商可以每天生產七千根以上的琴弦。但我認為有一點一定要記住，那就是在所有技術細節和製造工程的背後，都是對美的追求：目的是要創造出能觸動我們感官的完美樂聲。

即便是在樂器上追求美學，**堅固和實用**的概念也一樣很重要。要製造出音符，就必須先幫琴弦調音，拉緊它、轉動螺絲，將越來越大的張力加在纖維主體上，直到你擔心它可能斷裂、但又沒有斷裂為止。琴弦靠它的強韌度來對抗這些作用力，製造出我們所追求的有效音色，少了這些音色，音樂就不會存在。在柔韌的彈力、實用性和美學的驚人交織下，琴弦已成為我們文化裡不可或缺的因素，它的發明並非只是以實用主義及用途而聞名，更是在向我們證明工程學是如何將這些原理與美結合起來，創造出真正美妙至極的體驗，毫無疑問，也至少使我的生活更豐富。

第七章

泵浦

Pump

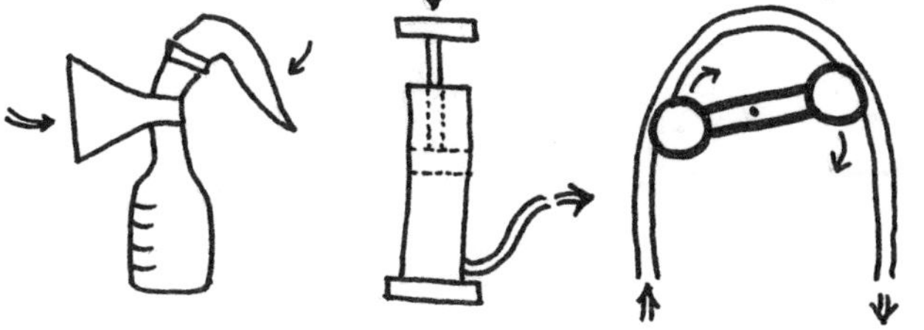

五千年前，古代美索不達米亞（現伊拉克境內）底格里斯河（*Tigris*）和幼發拉底河（*Euphrates*）之間是一片貧瘠的平原，其中點綴著一些沼澤。那裡的乾旱環境意味早期定居者需要灌溉作物，才能餵飽不斷增長的人口。新的發明往往是為了回應需求，對古代的美索不達米亞人來說，他們的困境跟人類從很早以前就一直在對抗的困境一樣，但是在某次靈光乍現中，一位不知名的發明家——也可能是一個團隊——想到一種辦法可以讓作物豐收和餵飽所有人口，這個發明是一個類似起重機的結構，叫做桔槔（shadoof）。桔槔很像支撐架很高的翹翹板，它是一個直立的支架，最上面有根槓桿，也就是一根長棍子，其中一端連著桶子，另一端連著平衡錘。這個簡單又精巧的結構讓他們能夠用桶子從河裡提水，再澆灌在田地裡，這種對他們的生存來說至關重要。

桔槔正是泵浦，「泵浦」這個詞彙可能會讓人聯想到相當複雜的技術裝置，裡頭有著許多移動的零件，但是從最基本的層面來說，泵浦就是能移動液體或氣體的裝置而已。泵浦可以簡單到只是一根繩索末端的一桶水，供你拉動它，也可以複雜到變身為靠馬達驅動的多活塞引擎，用來移動和燃燒汽油，為車輛提供動力。

自古以來，泵浦就扮演了重要的角色，將乾淨的水輸送給我們，然後帶走污水，同時使我們能夠大規模生產糧食，就連在惡劣環境下也能辦到。我們之所以需要泵浦是因為流體（包括液體和氣體）會因應周遭的作用力而以某種方式自然移動，它們像瀑布一樣從高處流向低處，這源於重力原理；它們也會從高壓區流向低壓區，原因是自由流動的粒子不喜歡不穩定，它們想保持平衡狀態（氣球裡面的空氣不喜歡被外面的空氣壓縮，這就是為什麼充氣後，如果不把氣球綁緊，空氣會洩出來，這正是為了取得平衡）。

泵浦會迫使流體以不自然的方式移動，可以反重力地將它們往上推、強迫它們處於高壓狀態，甚至只是將它們輸送到別的地方。泵浦就像彈簧一樣有很多不同的形式，並在世界各地被個別開發出來，以因應各地不同的情境和需求。這證明了工程師將泵浦當成工程問題的解決方案，進而探索各種可行性，在不同地域都有其悠長的歷史。

像桔槔以及阿基米德式螺旋抽水機（後者是在古埃及發明，被希臘人發現，第一章曾提及）這樣創新的泵浦，最初都是出現在乾旱地區，那裡的居民必須在水源供應上盡其所能發揮創造力。即便在現代世界，很多人雖然有幸住在有水龍頭流出源源不絕的淨水的地方，也還是相當依賴泵浦。我發現這很有趣（但也覺得羞愧），我們今天使用的許多泵浦，其起源竟然可以追溯到中世紀——更具體地說，是追溯到一位工程師，但我們對他的名字可能不太熟悉。

在一二〇六年發表的著作《精巧機械裝置的知識之書》（*Kitāb ma'rifat al-hiyal al-handasiya*）裡，發明家兼工程師巴迪－阿茲曼・阿布爾伊斯莫伊爾・伊本・拉扎茲・阿爾－加扎利（Badi' az-Zaman Abu-'l-'Izz Ibn Isma'il Ibn al-Razaz al-Jazari）詳述了五十多種機械裝置。他在迪亞巴克爾（Diyarbakir，位在今天的土耳其境內）工作，是著名的總工程師和優秀工匠，歷經阿爾圖格王朝（Artuquid）的幾位國王，任職長達幾十年。

加扎利這本百科全書式的著作囊括了六大類別的機器和裝置，不僅詳述和繪製出其運作原理，還仔細地解釋了它們的構建和組裝方式，為未來的工程師提供了一座知識寶庫。他用令人驚嘆的方式來結合形式與功能，最著名的結構之一就是那座裝飾繁複又龐大的大象鐘（長四英尺，高六英尺）。這個結構融合了他眾多的創作，像是自動機、流量調節器和閉環系統等，這些系統直到今天仍用於工程學。

加扎利的老家氣候乾燥，於

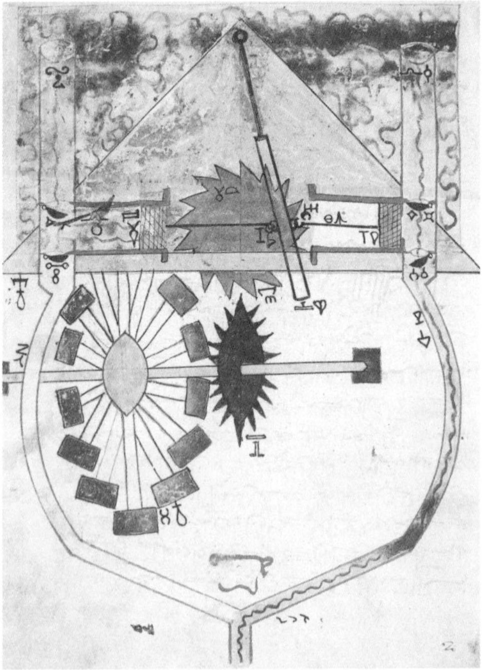

加扎利的其中一種泵浦設計

是他也發明了泵浦供家鄉的人提取水源。其中一種特別聰明的設計被稱為往復泵（reciprocating pump），它是能同時達成兩種泵抽作用的泵浦。他安置兩個相對而立的銅製圓筒，各有一個柱塞，靠一根杆子連接彼此。有個附著在擺動臂上的齒輪會來回推動那根杆子，因此能夠一舉將水從其中一個圓筒裡推送上來，再拉進另一個圓筒裡。裝置中液體被拉吸進部分真空的部分，被認為是水吸入管（suction pipe）的首度真正運用。

曲柄軸（crankshaft）是將旋轉運動轉換為直線運動的機械，如今已成為燃油動力車輛的主要特色，這也歸功於加扎利。這個裝置有一根主臂，主臂上垂直連接著好幾根直桿。當主臂旋轉時，由於呈「曲柄」狀，因此可以成排地來回拉動直桿，以壓縮氣體或燃料。這項技術對蒸汽機和汽車引擎的發明來說至關重要，少了它，我們的世界將截然不同。

我們對水的需求和依賴意味著泵浦的眾多發展都是為了要搬運水。大約在十七世紀，工程師開始轉向思考其他液體以及泵浦的其他用途，隨著十九和二十世紀的工業化進程，泵浦的設計迅速發展，並且受到廣泛運用。就像加扎利的那種裝有柱塞的圓筒——也就是活塞（pistons）——便被運用在自行車打氣筒和汽車引擎裡。還有齒輪泵，它是帶有一個旋轉組件的旋轉泵浦，可以讓流體往前移動（用來推動汽油等黏稠的液體）。隨著手動操作漸漸被電力取代，泵浦也跟著變得越來越精密和複雜，離心泵就是利用這種新能源使液體高速旋轉，再藉由離心力將它們往外推（就像遊樂園旋轉遊樂設施裡的遊客被擠壓在圓柱形牆壁上一樣），然後再排放到出口處。

雖然在我們周遭有無數的泵浦造就了我們的現代化生活，但在人類發明這些人工泵浦之前，自然界早就存在一種最為精細複雜的泵浦。每個人體內都有一個很厲害的泵浦，沒有它，我們便活不下去。心臟是胚胎體內第一個發育的器官，因為胚胎存活與否，在於氧氣和養分有沒有被送往所有細胞、廢棄物有沒有被帶走。等到我們呱呱落地到這個世界，心臟和循環系統便開始日復一日地承擔起這份工作。我們的心臟每天跳動約十萬次，目的是確保身體能夠運作。儘管工程師從古到今發明和製作了不少精巧的泵浦，但他們長久以來也竭力地想要創造出類似心臟般堅固又有效率的泵浦，以及找出方法修復開始惡化或衰竭的心臟。但問題是，心臟不是具有標準化活動零件的正統泵浦，也不是可以在工程圖

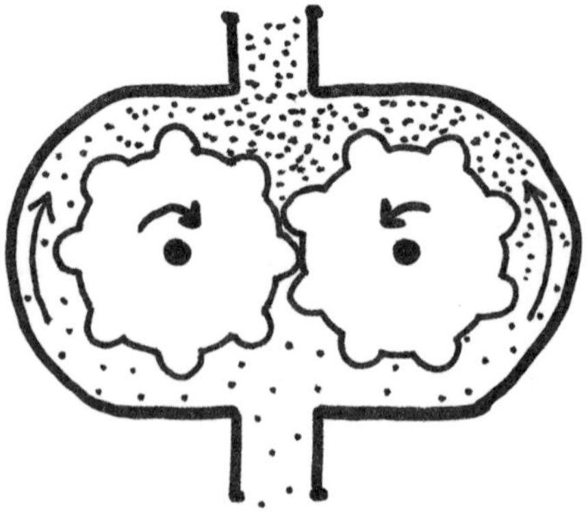

齒輪泵

上刻板列出尺寸的裝置。我們已經能夠在一定程度上複製它，也挽救了許多性命，但在做到這一點之前，是經歷過許多實驗和失敗，更犧牲了不少貓。

◯◎◎

心臟這個泵浦之所以這麼厲害，是因為它用途多樣、可靠，而且壽命很長。它只有拳頭大小，但在一切運轉順利的情況下，可以每分鐘推動五公升血液。必要時——譬如在我們跑步、害怕或身體急需大量氧氣的情況下——也可以快速和自動地提高到每分鐘二十公升左右，頂尖運動員的心臟能推動的血液量幾乎是這個數字的兩倍。心臟不僅能靠提高心跳頻率來做到這一點，也能靠調整自身尺寸來達成。它在我們有生之年裡從不間斷、可靠地運轉，在一生八十年當中，它總共跳動三十億次，而且從古至今我們的心臟至少還不曾為了維修保養而停下來過。

心臟就是肌肉，靠神經系統生成的電子信號來驅動。健康的心臟有四個中空的腔室：頂部是兩個心房，底部則是兩個心室。心臟的右側會接收體內氧氣枯竭的血液，將它送進肺部，在那裡提取我們吸入的新鮮氧氣，同時排放出二氧化碳。然後這些注滿新鮮氧氣的血液會流進心臟的左側，先抵達心房，再往下進入左心室，這是心臟最強韌的部位，因為它必須把血液一路推送到我們的手指尖和腳趾尖。

可是當我們體內的泵浦出問題的時候，會發生麼事呢？心臟病專家羅林・法蘭西斯（Rohin Francis）邊喝著咖啡，邊向我解釋了心臟和循環系統對維持生命的重要性：大腦只要缺氧幾分鐘，就會出現不可逆的損傷，而在缺氧大約十分鐘後，便會一命嗚呼。

在羅林迄今的事業生涯裡，令他久久難忘的回憶之一，是他曾站在一名胸腔被打開、而且裡頭空空如也的女性旁邊。她的心臟和肺臟都已經被移除，羅林可以隔著敞開的洞口直接看到她胸廓的後方。這名女性還活著，當時她正在接受心肺——或者說心血管系統——移植手術，因為出生於六十年前的她，先天就有心臟缺陷，所以現在病得很重。來自另一家醫院的捐贈器官遲了二十分鐘，因此主刀醫師和大部分醫護團隊只好先離開戰場，稍事休息。可是羅林站在原地，完全被眼前的震撼景象吸引，心想從古至今有多少人曾見過這種場面：一個沒有心肺還能活著的人。他的思緒被後方一臺大機器的運轉聲給打斷，它正代替缺少的器官運作。

作為人體最複雜器官之一的心臟，也是會有缺陷。每年都有成千上萬的嬰兒在出生時也像這名女性一樣，心臟天生有個破洞，也就是說隔開心臟兩邊的心室壁有缺陷。在許多案例裡，這問題並不需要進行干預，但也有的案例是必須在出生後盡快將破洞閉合。多年來，這問題幾乎無法透過外科手術來解決，因為如果趁心臟停止跳動時嘗試做手術，外科醫師在時間上會受到嚴重的限制，即便是將患者的身體冷卻，降低大腦所需的氧氣量，也只有大約十分鐘可以讓醫師完成必要的修補，唯一的選項是趁心臟仍充滿血液和跳動時進行手術。理論上，心臟的破洞可以利用縫合或移植物來修補，但實務上，任何一種嘗試都幾乎不管用。即使充其量做了外科手術，但似乎也沒什麼效果，至於在最壞的情況下，患者是無法存活的，因此科學家開始研究有什麼方法可以在心臟無法工作時幫助維繫大腦和其他脆弱器官的生命徵象。

羅林的患者在手術室裡靠一臺很厲害的心肺機維繫生命，對多數專業醫療人員來說，他們都知道那就是「泵浦」。一九三〇年二月，一位叫做小約翰．希舍姆．吉本（John Heysham Gibbon Jr，常被稱為傑克〔Jack〕）的年輕醫學生成了哈佛醫學院的外科醫師。雖然他在實驗外科研究方面沒有太多經驗，卻被安排在一個小實驗室裡工作。還好有一位經驗豐富的優秀技師瑪麗．霍普金森（Mary Hopkinson，人稱梅莉〔Maly〕）協助他，她主動帶著傑克進入實驗外科領域，而隨後的專案計畫之所以能成功，她其實居功厥偉。

那年十月，一名原本應該進行簡單常規手術的患者突然出現不尋常的併發症，當時情況危急，負責向肺部輸送缺氧血液的動脈被一個大血塊卡住。那一整夜，傑克無助地看著患者在生死之間掙扎，她的血液因缺氧而發黑，就跟之前一樣有心臟併發症的患者一樣，院方根本無技可施。傑克希望有一種方法可以從她靜脈裡抽取一些血液出來，注入氧氣，去除二氧化碳，再把煥然一新的血液注射回她的體內。換言之，就是在她體外執行心臟的部分功能，減少阻塞所造成的問題。

傑克把這個構想的種子加以萌芽，他想要創造一臺不只能執行心臟功能、也能執行肺臟功能的機器，這樣一來，或許就可以針對心臟進行手術，就算是在被打開的腔室裡施行手術，也不會對其他器官造成災難性影響。（傑克並不知道俄羅斯科學家謝爾蓋·謝爾蓋耶維奇·布留霍年科〔Sergei Sergeyevitch Brukhonenko〕自一九二〇年代起也在研究這個問題，他曾經成功讓一隻狗進行了兩個小時的體外心肺循環，但後來因為意外出血而結束實驗，狗也跟著一命嗚呼。他的研究最後因戰爭而被中斷。這也是需求驅動眾多發明的另一個例子。）

傑克和梅莉必須打造出兩個主要組件，第一個是某種形式的人工肺臟，用來為血液提供氧氣和移除二氧化碳；其次則是一個泵浦，用來推動機器裡和體內的血液。泵浦的設計是巨大的工程挑戰，它必須很有效率、也得足夠堅固和牢靠，還要有備用系統，以防滲漏或電力故障。泵浦的操作員必須能夠視病患所需來調整血液的流量。血液在送回病患體內之前得先加溫，因為在機器裡頭循環時，血液會冷卻。但這還不是最難的，紅血球細胞非常脆弱，因為它們本身就是極微小的液囊，被包裹在細緻的細胞膜裡，湍急或洶湧的血流可能會弄破它們，破壞所有的努力。因此雖然這個泵浦必須要有力到足以將血液推進身體的各個末端，但也絕對不能破壞血液。人類的心臟已經演化了數千萬年才得以讓這宛若在鋼絲上行走的本事如此完美，要與它匹敵會是一大挑戰。

在為這兩個組件做了初步的設計之後，傑克決定先找貓來做實驗。選定這種動物的原因是牠們體型較小，需要供氧的血液也較少，而且費城政府每年會殺死三萬隻流浪貓，因此傑克晚上就帶著一些鮪魚和一個麻袋出去，再把毫無戒心的實驗對象帶回實驗室。這種變態工作並不適合心臟不夠強的人從事。

梅莉一早就會開始工作，她先花幾個小時幫這一天的實驗準備器材和設備，等到所有東西都消毒過和組裝好之後，她就把貓麻醉，再將牠跟一臺人工呼吸器連接在一起，使牠能夠繼續呼吸。接下來是打開牠的胸腔，露出心臟。接著這對愛侶（他們在實驗室裡的戀情至此已經修成正果，成為夫妻）會將管子插入那兩條進出心臟的大血管，把血液送進心肺機裡。他們還得確保血液不會在這種非自然環境下凝固，因此會注射一種化合物——這是被稱為肝素（heparin）的新醫學奇蹟——也會先塞住肺動脈（向肺部供應血液的動脈），同時打開機器，開始觀察。

在多次失敗、受挫，以及調整設備之後，他們終於在一九三五年成功地讓一隻貓活了四個小時。一九三九年，他們宣布四隻靠這臺心肺機維持生命徵象長達二十分鐘的貓，最後都完全康復。（其中一隻貓幾個月後還產下一窩健康的小貓。）他們經過多年努力，才好不容易將停掉動物心跳的安全時間拉長一倍，雖然二十分鐘看起來可能不是很長，但已經足夠施展必要的心臟外科手術來修復常見的心臟缺陷。

一九五二年，他們終於準備在人體上試驗，結果包括一名嬰兒在內的幾名病患最後都不幸死亡，但這裡有一點要強調，這些人本來就已經病入膏肓，所以他們的死亡可能不見得跟梅莉和傑克的機器有關。後來在一九五三年五月，出生時就有心臟缺陷、十八歲的塞西莉亞・巴沃雷克（Cecelia Bavolek）成為第一名靠體外循環機成功完成手術的人。她跟機器的連接時間總共為四十五分鐘，其中有二十六分鐘由機器替代她的心肺功能。塞西莉亞術後迅速康復，而且體能很快就回到正常水準，並且一直都過得很好。傑克和梅莉成功了，也從此改變了心臟外科手術。

吉本夫妻一開始在設計他們的機器時，傑克是想創造出一個有活門可供血液進出且可折疊的腔室來模仿心臟的泵抽作用：鬆開時，腔室會充滿血液；壓縮時，則會清空血液，但是所有活動零件和活門都很難清理和消毒。根據當代醫學的認知，在短時間內，只要血液在體內持續流動（不用脈衝式流動），身體還是可以良好運作。擺脫了一定得嚴格模仿心臟運轉方式的限制，吉本夫妻便開始揮灑自如，設計和創造出一款更簡單的機器，活動零件也減少許多，因此也更容易清潔和保養。

傑克最後選定的設計是一種蠕動泵（rolling pump），直到今天，體外循環機裡仍然沿用這款泵浦。在蠕動泵裡，來自病患的血液會被收集進一根透明塑膠管裡，這根管子有一部分被固定在一個半圓形部件中，部件裡有一個旋轉馬達，馬達上有根機械臂，機械臂兩端各有一個圓筒可以繞著它的軸心自由旋轉。因此當兩個圓筒被機械臂轉動時，它們就會去按壓管子。當其中一個圓筒滾離管子的半圓形部件，另一個圓筒就會接著滾上去，這個動作會在塑膠管的一側產生吸力，將血液吸拉進去，接著再由另一股推力將血液從另一頭推出去。

多虧有了心肺機，如今外科醫生可以針對心臟進行各種廣泛的手術，他們可以視病人的年齡、健康狀況以及病灶所在，修復心臟瓣膜和兩個腔室之間的心室壁，也可以修補嬰兒的先天缺陷。他們可以從肺部清除血塊，也可以修復動脈裡頭可能爆裂的隆起物。因此就像羅林的親身經歷一樣，心肺機從此打開了心臟移植的新世界。

但這裡有個問題：捐贈者嚴重短缺。羅林的解釋是，儘管心臟有問題的人口不斷增加，但目前進行的移植手術數量仍與八〇和九〇年代差不多，因為人類的壽命越來越長，死亡年齡越來越高，所以病患可以接受移植的健康心臟數量停滯不前，導致我們很難決定這些數量有限的可用心臟應該給誰。羅林說，個子高大的人通常很難得到捐贈，因為醫師可以把一顆大心臟放進個子小的患者體內，卻不能把一顆小心臟移植給個子高大的人——因為力量不夠，無法將血液供應到較長的肢體末端。（除了這一點，他還補充說矮個子的唯二好處是可以舒服地坐在飛機的經濟艙裡。）因此工程師一直努力想要創造出一種人工裝置來服務那些正在等候移植或者不符資格的患者，換言之，就是一顆替代心臟。

工程師為了解決「破碎的心」（broken heart）的問題所想出來的各種辦法引起了羅林很大的興趣。他告訴我有一名叫做保羅．溫契爾（Paul Winchell）的美國腹語師，曾在一九七四年的電影《小熊維尼和跳跳虎》（*Winnie the Pooh and Tigger Too*）裡幫跳跳虎配音而獲得葛萊美獎（Grammy），就是他在一九五六年首度提出全人工心臟（total artificial heart，TAH）的專利申請，也就是在設計上可以完全取代心臟而非輔助心臟的裝置，這項專利於一九六三年通過。幾年過後，來到了一九六九年，哈斯克爾·卡普（Haskell Karp）成為史上第一個接受人工心臟移植的人，這個臨時裝置讓他多活了三天來等候器官，但不幸的是，他在接受新的人類心臟移植之後沒多久，便因感染過世，不過那顆臨時心臟終究完成了它的任務，在人類心臟暫缺的情況下幫他保命。

卡普使用的裝置被稱之為里歐塔－庫利全人工心臟（Liotta-Cooley total artificial heart），以其設計者多明哥·里歐塔（Domingo Liotta）醫師和負責移植的外科醫師丹頓·庫利（Denton Cooley）醫師的姓氏來命名。它是用不受人體影響的材料製成，包括稱為滌綸（Dacron）的纖維，此乃杜邦公司註冊專利的一種塑料，克維拉的發明者史蒂芬妮·克沃勒克就曾在杜邦工作（見第六章）。這個裝置有兩個模仿心室的泵室，還有兩條可供血液進入心臟的通道（代替心房），以及可控制血液通過的瓣膜。它靠空氣驅動，意思是必須有像我拇指粗的通氣管從體內通到體外，然後外面會有一個電力驅動的泵浦來維繫人工心臟的跳動。

里歐塔－庫利全人工心臟只是要讓病患在等待捐贈者的同時，能有臨時的對策。但是在一九八二年十二月二日，由威廉·德弗里斯（William C. DeVries）醫師領導的團隊卻試圖將一種永久性裝置植入病人巴尼·克拉克（Barney Clark）體內，這種裝置稱為賈維克七型（Jarvik-7）。（這名稱源自於羅伯・賈維克〔Robert Jarvik〕的名字，賈維克還在猶他大學〔University of Utah〕唸書時，就對這種泵浦的設計提出了三項重要的改良措施，當時這種裝置正在小牛身上進行測試。這三項改良分別是：改良形狀，以更吻合人類的胸腔；使用一種與血液更為相容的材料；以及使用一種能使人造心室內部光滑無縫的製造方法，以降低血塊凝結的風險。）克拉克在手術後醒來，要了一杯水喝，然後轉頭對他妻子說：「我想告訴你，雖然我有一顆人工心臟，但我還是愛你。」他靠這顆心臟活了一百一十二天，過程中曾經出現併發症，起碼體外那臺抽送空氣的機器令他很不適。不過還有另外兩名病患也裝上了賈維克七型——威廉・施羅德（William Schroeder）和莫瑞・海登（Murray P. Hayden），他們分別活了六百二十天和四百八十八天，這證明了這種裝置或許能被當成長期對策，只不過在這個階段，病患還是很容易中風或出現其他併發症。

全人工心臟的設計一直是個挑戰，裝置若有任何堅硬的邊角都可能對周圍組織造成傷害，也會導致血栓和感染。它們需要靠外部的電力或空氣來驅動，因此一定會有管路延伸到患者體外，而這就有感染的風險。目前為止，一臺TAH需要靠笨重的驅動器來提供動力，因此無論去到何處都得拖著它，不過等到患者身體健康一點，就能改用小一點的驅動器背在身上。自從一九六九年首度進行植入以來，全世界已經大約有十三種不同的設計正在開發當中，其中一種是正在亞利桑那州圖森市（Tucson）研發的辛卡迪亞臨時全人工心臟（SynCardia temporary

TAH），大概已經有一千八百名患者接受移植，這個裝置就跟人類的心臟一樣有兩個心室和四片心臟瓣膜，而且還是脈動式裝置，意思是透過管路進出的空氣脈衝會抽送血液進出心室，以模擬心跳。

儘管外科醫生和工程師一直在努力改良全人工心臟，但也不忘關注可輔助人類心臟而非完全取代它的機械性泵浦。心臟缺陷嚴重到必須依靠移植的案例，其中有很大比例的問題都出在左心室，亦即負責將富含氧氣的血液輸送到全身的那個心室，所以不是所有病患都需要全人工心臟。據羅林的說法，幾十年來，科學家們始終無法完全領悟左心室收縮的複雜方式，他拿一座著名的摩天大樓來作比較，以便向我解釋，此舉令我很興奮，他終於要說我的語言了。倫敦市聖瑪麗愛克斯街（St Mary Axe）三十號有一座子彈型塔樓，人們親切地稱它為黃瓜大樓（the Gherkin）。它有獨特的美學：從外面看，你會看到構成地板的水平環形結構；構成柱子的垂直結構；以及環繞著整棟大樓、形成巨大菱形圖案的對角線條。（事實上，這些元素都是為了使這座塔樓創造出穩定的系統，也就是可抵抗風的結構。這是一種創新的建築方式，我曾在《如何在果凍上蓋城市？》一書中探討過。）羅林把驅動心室的肌肉層比擬成這三層結構元件：有一個水平的環狀肌肉會收縮心室，往內擠壓，垂直肌則是上下去縮緊它，除此之外，還有呈對角纏繞的斜紋肌進行扭轉。這三種機制同心協力將血液快速和有效地輸往全身上下，因此要人工複製心臟的運作，就變得更加棘手了。

對這些要點瞭然於心的工程師一直在改良所謂的心室輔助裝置（ventricular assist devices，VAD），多數的VAD其中一端會連接到左心室，另一端則連上主動脈（負責供應血液到全身上下），血液會從心室流入VAD，VAD再把血液輸送進主動脈，於是血液就能流進身體其他部位。由於這是一種連續流動的裝置（意思是它不需要像全人工心臟那樣靠脈衝方式來供應空氣），因此只有一根細電線從體外連接電池組。

當還是醫學研究生的羅林第一次接觸VAD的時候，感到有些困惑。當時一位資深的會診醫師要求他檢查一名病人的脈搏，羅林本來以為這很簡單，可是當他把手指放在病人手腕上時，尷尬的是，他竟然探測不到代表心臟還在跳動的微微脈動，他不禁懷疑起身為醫生的自己能力是不是有問題。結果原來這是一個陷阱題，VAD就像心肺機一樣，是以連續循環迴路的方式在循環血液，不像正常的心臟或TAH那樣依靠一陣一陣的脈衝，因此這位病人沒有脈搏。

現今最成功的VAD使用的是磁浮（magnetic levitation，簡稱maglev）泵，通常這種泵浦裡會有轉子（像風扇的裝置）不停旋轉，藉此移動流體。轉子都有一個軸，靠一個能讓它旋轉的馬達撐住。我在印度長大，我們天花板上的吊扇長得就像這樣：葉片連接在一根長圓筒的末端，長圓筒會在我們打開電源時開始旋轉。但是各種活動零件互相碰觸對血液來說都是粗暴的，會損壞裡頭的細胞和結構，然而磁浮泵擁有一個懸浮的轉子，不會接觸到運行它的馬達，就像是磁浮列車懸浮在軌道上一樣。

磁浮泵靠的是一點電磁魔法，不過這也是另一個絕佳的例子可用來證明，結合不同發明，就能創造出更了不起的東西。磁浮泵有一個馬達和一個轉子，馬達是中空的圓筒，裡面有一系列的永久磁鐵，上面纏繞著線圈；轉子是帶有葉片的扁平金屬圓筒，安置在圓筒形馬達的裡面。當馬達通電時，來自磁鐵和電流的電磁力會向上推動轉子，於是它會懸浮起來。這個懸浮的轉子會在它周圍製造出一圈一致的間隙，並確保間隙始終都在，而馬達每秒都會送出數千個信號。間隙只要不一致，就會導致電流（也是電磁力）改變，於是轉子的位置就會被調整，這意味即便穿戴者正在活動、跑步或躺臥，磁鐵也會微調自己的強度，以確保血球細胞絕對不會被壓碎。

目前心室輔助裝置是由體外的電池供電，隨著電池尺寸縮小，設計師正努力研發可完全置於胸腔內部的機型，而且要像我們的某些手機一樣能夠無線充電。我請教了羅林這些裝置的使用年限跟移植的心臟比起來如何，我很驚訝地聽到這些裝置的使用壽命竟然已經開始迎頭趕上，平均而言，移植的心臟可以維持大約十四年，但他有一個病人已經度過了三十四個年頭；新一代VAD還沒辦法使用那麼久，但舊款VAD的使用壽命都已經超過十年。

⬡ ◎ ◎

泵浦技術不僅被用來延長和改變生命本身的進程，也被用於打破探索的疆界，讓我們能夠大膽前往人類從來沒去過的地方。但是第一次的太空漫步，即便有泵浦幫忙維繫太空人的生命，卻也差一點釀成災禍。

在太空漂浮了十二分鐘之後，阿列克謝．列昂諾夫（Alexei Leonov）發現出了問題。他的太空衣會把空氣輸送到頭盔裡供他呼吸，也把空氣輸送到身體四周，產生壓力，可是當他離開上升二號（Voshkod 2），進入太空真空時，他的太空衣竟膨脹到開始變形、變得僵硬，就像一顆充氣過度的氣球。（在這之前從來沒有人進入過太空，所以沒有人明確知道太空衣的功能表現如何。）他的雙腳已經從連身的靴子裡滑出來，手指也離開了手套。現在該是重新進艙的時候了，但他得先把腳滑進一個比公用電話亭小一點的空間裡，可是因為他的四肢完全碰不到他的太空衣，因此阿列克謝根本抓不到那條將他和太空船連在一起的繫繩，或者任何其他東西。而且他的維生系統只剩下四十分鐘。

列昂諾夫沒有通知任務管控中心，反而費力地把將氧氣密封在太空衣內的手動閥門打開，將空氣釋放掉一半左右。過程中每個小動作都要耗掉大量的體力，快要用光他有限的能量，而且他感覺自己的體溫正危險地升高，高溫像波浪一樣從腳蔓延到腿部和手臂。但這個方法奏效了，他好不容易將太空衣裡的空氣排洩到手腳足以靈活活動的地步，才能夠以頭先進去的方式將自己拉進艙內。這時列昂諾夫已經汗流浹背，靴子裡的汗水滿到了膝蓋處。他嚴重脫水、筋疲力竭，才半個小時，體重就少了六公斤左右。儘管如此，一九六五年三月十八日，阿列克謝・列昂諾夫卻是人類有史以來第一個在太空漫步的人。四年後，尼爾・阿姆斯壯（Neil Armstrong）成為第一個踏上月球的人，發表了那段觸動人心的「一小步」（One small step）演說。至於列昂諾夫呈交給總部的經歷報告就顯得有點一板一眼了：「若是有配備特殊的太空衣，人類是可以在外太空中存活和工作。謝謝大家。」

泵浦是太空衣裡不可或缺的一部分，能使我們在太空這種極端環境裡存活下來。太空衣有兩種主要類型：一種是在太空船發射和重返大氣層時在太空船裡穿的，另一種是用來太空漫步的——航太總署（NASA）稱之為艙外活動（Extravehicular Activity，EVA），有一點像列昂諾夫做過的那種活動，只是沒那麼誇張。艙外活動時所穿的太空衣稱為艙外行動裝置（Extravehicular Mobility Unit，EMU）。在這兩種太空衣裡頭，氧氣的輸送都至關重要，才能讓太空人呼吸。但是EMU必須有更多的功能，因為我們的身體是為了生活在地球大氣層的重量和壓力下而設計的，但如果把我們射進太空裡，就得應付完全不同的物理原理。

我們都知道太空是真空的，如果你暴露在缺氧的環境裡，組成你身體的液體就會開始化成氣體，使你的身體快速膨脹和冷卻，肺臟的空氣會被抽乾，導致你窒息而亡。但這還不是唯一恐怖的地方，長期曝露在未經過濾的輻射下，你的器官會被煮熟。而且以驚人速度在太空裡穿梭來去的塵埃和碎片會像子彈一樣射穿你。在此同時，太空漫步使身體得承受攝氏負一百五十度到陽光下攝氏一百二十度以上的極端溫差。因此為了讓人體能夠存活下去，EMU太空衣其實就是一種迷你太空船，在嚴苛的環境下為我們提供活命和工作所需的一切。它必須有能力因應我們的行動，我們才能移動和執行維修作業和進行實驗，同時也要有水和氧氣供我們飲用和呼吸。

典型的太空衣具有三層主要部件：最外層可保護我們免受氣溫變化和隕石微粒的傷害；下面一層是約束層，以多層材料縫製而成（類似我們的衣服），這一層等於提供了太空衣的架構，防止它在真空環境裡膨脹；最裡層是氣囊襯裡，以尼龍製成，並塗上一種塑料，完全不透氣，以防止任何空氣或水汽從太空人的身體往外發散。氧氣是從頭盔後面的壓力艙被輸送進氣囊襯裡和頭盔裡面，氧氣會先覆蓋臉部以除去呼出的二氧化碳，再包覆全身，然後流向四肢末端，一路吸收排汗產生的水汽。這個泵浦會確保太空人能夠呼吸，並且讓他們全身上下都分配到足夠的壓力。

不過對我來說，泵浦更令人驚豔的一點體現在它的另一個用途上。列昂諾夫的汗水之所以直接流進他的靴子裡，是因為他的太空衣為了保護他的身體免於輻射、溫度的極端變化，以及隕石微粒，所以是用多層材料製成。但是在為阿波羅號（Apollo）登陸月球的任務設計EMU時，NASA希望能避免遇到同樣的問題——不過除此之外，他們也面臨到其他問題，當時設計出來的太空衣僵硬又笨重，嚴重限制了太空人的行動。一九六七年，倍兒樂（Playtex，一家專門製作束腰和胸罩的公司）的工業部門靠著自己的經驗創造出一款幾乎全用織物製成的太空衣。他們找來一名員工穿上原型樣品，然後拍攝他在當地一家高中操場上跑步、踢球和投擲橄欖球的畫面，最後拿到了合約，原本負責縫製胸罩的女裁縫被交付了全新的專案任務。（穿過她們縫製的太空衣的太空人都曾向這些女性親自致謝。在一次紀念登陸月球五十周年的訪談中，當年負責裁片的莉莉・艾略特（Lillie Elliot）回憶當太空人開始步下梯子時，她整顆心都快從她嗓子裡跳出來。當多數人都對人類的「一大步」深感敬畏時，莉莉只希望太空衣的縫線不會裂開。）

每件太空衣都是為它的穿戴者量身訂做的，女裁縫師利用當時來說極為普通的縫紉機悉心縫製二十一層薄如輕紗的布料，容許偏差只有六十四分之一英寸，而且這項特殊任務是沒有任何特殊機器協助。雖然這些布料層為穿戴者的活動提供了一些靈活度，同時能保護穿戴者，但是它們也會累積體熱以及穿戴者後背包裡包括氧氣在內的維生系統所產生的熱。第二個泵浦就是在這裡發揮作用，為了消除這些熱氣，工程師設計了另外一件穿在太空衣裡面的衣服，稱為液體冷卻通風衣（Liquid Cooling and Ventilation Garment，LCVG），看上去很像是嬰兒（以及青少年和性喜安逸、老愛窩在沙發上看電視的人）穿的連身衣。LCVG是一件合身的彈性緊身衣，有超過九十公尺長的小管路被織在裡頭。後背包裡的離心泵（類似裝在草坪上灑水的那種泵浦）會把冷卻水從小水箱裡推送進這些小管路，以確保體溫維持在正常範圍內。當太空人移動和從事體力活動時，就可能會有脫水或過熱的危險，這都可能致命。這個泵浦會負責把溫水送回背包，加以冷卻再重新循環。

工程方案往往會在其他意料之外的領域裡找到自己的用途，就像輪子從製陶轉移到運輸那樣。離心泵在十五世紀文藝復興時期藝術家兼建築師弗朗西斯科・迪・喬治・馬丁尼（Francesco di Giorgio Martini）的一篇專題論文裡，被當成很有潛力的泥漿起重機來首度概略說明，後來在一六八九年被丹尼斯・帕潘（Denis Papin）研發出來作為排水之用。我很好奇這些遠見之士是否曾經想過，他們的成果有一天會變得對人類的太空飛行至關重要。

◎◎◎

多數人都不會經歷到外太空的那些磨難，但有很大一部分的人口卻得熬過另一種處境，而在那個處境裡，泵浦也是維繫生命的重要角色：產房。

我自己的生育之路相當曲折，光是要懷孕就歷經了三回合的不孕治療，那是一種侵入性且耗時費力的手術，最後終於成功時，我根本是可說是感激涕泣，同時又焦慮到喘不過氣來。我無法想像流產這種事，但可悲的是，它卻很常發生。所以當我懷孕差不多六週的時候，才出現少量的流血，我就趕緊衝到醫院，竭盡所能不讓自己哭出來。還好掃描顯示沒有什麼需要擔心的地方（當然，除了這個之外，我還有別的恐懼）。然後過了七個月，手術室裡光線明亮，冷氣機不斷泵送冷空氣，讓我感覺有點冷，而我的女兒就在這樣的環境下誕生了。

我渴望親餵母乳，但不知何故——可能是多年來飽受不孕治療所帶來的身心創傷，再加上一路走來顛簸的懷孕過程，又或者親餵母乳本身這件事就真的很困難，結果反而成了我這一生中遇過最棘手的其中一件事，簡直是糟糕透頂的經驗。

當我的乳腺管受到刺激，釋出乳汁時，我的乳頭像被火燒一樣，一陣一又一陣的刺痛感會從乳房一路蔓延到手臂。我會在女兒大口吞吮時坐定不動，但全身肌肉都死死繃緊，臉上爬滿淚水，因為那真的很痛。但是在被荷爾蒙助長的脆弱情緒下，我滿腦子想的都是親餵母乳的好處，我覺得為了當一個好媽媽，我必須堅持下去，於是我每天忍受六到八小時這輩子遇過最難以忍受的痛楚，我無法入睡、無法淋浴，沒有喘息的空間，她一哭鬧，我就開始害怕，我縮起身子，等著疼痛降臨。當時我並不知道自己正陷入產後憂鬱的深淵裡。

我的泌乳量很大，理論上這聽起來很棒，但這代表我會經常漲奶和乳腺堵塞。我的乳房成了一堵平坦的牆壁，害我的孩子沒辦法吸吮。乳腺管被拉伸，變得敏感，它們經常阻塞，我感覺得到乳房裡有硬塊，只能靠按摩來軟化，可是只要輕觸它們，或者是餵她，都會痛到害我哭出來；但如果不按摩或不繼續餵哺，我可能會得乳腺炎。

正當我的腦袋陷入這種混沌狀態時，我丈夫提醒我，在我女兒出生前幾個月，有朋友曾送我一臺手動吸乳器。我把它拿出來，笨手笨腳地摸索它的零件。它有一個像漏斗一樣的罩子可以包住我的乳頭，還有一個可以裝載母乳的瓶子，再加上一個有著各種小活門的配件將這兩者連接起來，而且這個配件還連著一根可以按壓的操縱桿，來將乳汁從乳房裡抽出來。就在我極度疲累又痛苦的狀態下，這個泵浦突然為我開啟了一個美好的世界，我終於可以自行安排時間，按自己的節奏來抽取我的乳汁，不需要靠一張小小的嘴巴緊緊夾住我的乳頭。我夢想成真地一次睡上兩個小時以上，也可以讓我丈夫幫我餵哺母乳。我可以多少擺脫這種對身體無休無止的殘酷需求，畢竟這是一副已經承受了太多的身體。

過了幾個禮拜，我的腦袋不再那麼混沌，我坐下來一邊用手有節奏地按壓乳房前面的操縱桿，幫我女兒製造下一份餐點，一邊思考吸乳器的起源和這幾十年間的慢慢演進。（或許不是每個人都會想這麼多，但我能說什麼呢？擠奶過程確實帶給人很多思考的時間，而且說到底我畢竟是個不折不扣的工程師。）吸乳器必須完成一些重要任務：它得製造出足夠的壓力來吸出乳汁，但又不能傷害到乳頭和乳房等精細的組織。（因此最理想的方式是壓力和速度都要能夠調整。）它還必須方便拆解和清潔，嬰兒才不會生病。它也必須模仿嬰兒嘴部吸吮的動作，確保乳汁的源源供應。但每個人的乳房都不一樣，所以你要如何設計出一款通用的吸乳器呢？

儘管吸乳器為我帶來了念茲在茲的靈活性，卻佔用了我很多時間，我覺得自己就像一頭農場動物一樣，乳房被接上各種奇怪的裝置。結果我發現這種比擬並非巧合，因為早期吸乳器的靈感就是從擠牛奶而來。一八九〇年代，發明家約翰・哈內特（John Hartnett）和大衛・羅賓森（David Robinson）在澳大利亞申請了動物吸乳器的專利，這種機器使用的是一種會規律跳動的真空抽吸器，以較自然的方式來刺激乳腺釋出乳汁。但是這種設備就跟多數其他早期的吸乳器一樣，既沒人情味又讓人倒胃口。只要隨意在網路上搜索一下，就可以看到十八世紀用黃銅和玻璃製作出來的版本，不僅冷冰冰，而且看上去相當嚇人。有一款一八九七年的裝置就像老式自行車上的那種球型喇叭；另外還有一款來自二十世紀的奇怪裝置，有一個玻璃杯用於接上乳房，另有一根管子供女性用嘴將乳汁吸出來（我真的無法想像這方法管用）。

一八九八年，一名叫做約瑟夫・胡佛（Joseph H. Hoover，對哺乳的母親來說，也許會很慶幸他並非同時是真空吸塵器的發明者）的男子引進了一種「吸吮和釋放」的運作方式，它靠的是彈簧。這是第一次在吸乳器上添加不會對乳房施加連續拉力的裝置，而這影響了到今天都還在使用的吸乳器設計。一九五六年，瑞典工程師埃納爾・艾格奈爾（Einar Egnell）設計出第一臺人類使用的機械式吸乳器，他是史上第一人透過實驗去計算乳房組織受損前所能承受的最大安全應力，而且為了把嬰兒的吸吮動作模仿得更好，他還計算出了最佳的脈衝速率（如果你想知道的話，速率是每分鐘四十七次）。

但在那個時期，吸乳器仍被視為是最後手段，只有在礙於嬰兒的健康狀態或者母親乳頭凹陷，嬰兒難以吸吮時，才會求助於它，因此設計上都相當笨重。艾格奈爾的設計是醫院等級的大型吸乳器，專為病重到無法照護的嬰兒設計。而使用吸乳器來減緩父母壓力的構想——無論是為了讓父母可以充分休息、方便、提高乳量的供應，還是在冰箱裡儲存母乳（事實上就是任何非醫療性用途）——都是在過去這幾十年裡才被納入設計的考量因素裡。至於在家裡就可以使用的個人電動吸乳器，則是在一九九〇年代晚期、我十幾歲的時候才問世。

吸乳器本身的設計一直以來幾乎沒有什麼變動，它通常會有一個塑膠製、漏斗形狀的乳罩可放在乳房上，吸嘴對準乳頭，然後還有一個手動（就像我用的）或電動的泵浦，後者有轉軸可以改變速度，製造出不同程度的吸力，它會把乳頭向前拉，再放掉，就像嬰兒的吮吸動作，最後還有一個奶瓶收集從乳房裡吸出來的乳汁。

我從未用過電動吸乳器，但不管是電動還是手動的都相當大，掛在乳房上可謂相當顯眼。電動吸乳器的聲響很大，它們是用電池驅動，才能隨身攜帶，不過吸力最強的款式就需要插電了，空氣管會連上乳罩，製造出脈衝式吸力。重回職場的母親可能經常長時間單獨坐在公司指定（或未指定）的房間裡擠奶。因為如果擠奶不夠頻繁，就會有漲奶和滲漏的風險，也會影響乳汁供應量，所以決定復工後繼續餵母乳的婦女必須管理好自己的日程安排，才能確保可以在需要時使用吸乳器。

對我來說，吸乳器徹底改變了遊戲規則，既滿足了我的身體需求，也讓我的丈夫能夠幫忙餵奶給女兒喝。但是要記住一點，並非只有順性別（cis）的女性或曾經懷孕過的女性才能餵哺母乳或受益於吸乳器。跨性別（transgender）男性（即便是做過上身手術）、養父母、非二元性別的父母，以及通過代孕的父母，也都能以母乳餵養，這通常是結合乳頭刺激和荷爾蒙治療的途徑。醫學進步也意味在二〇一八年，一名跨性別女性成為首位被記錄下來、以母乳餵養自己孩子的跨性別母親，她在沒有靠配方奶的情況下成功餵養了六週。吸乳器對所有父母的生養歷程來說，都扮演了重要的角色，它被當成一種機制去刺激乳頭和乳腺管，產出乳汁，所以我認為將餵養母乳的各種類型父母都併入設計考量裡，是十分重要的。

有鑒於吸乳器的設計仍停留在十九世紀，而且都是由男性設計，因此現在有創業者正重新進行設計，將父母的需求置於優先。其中一款在二〇一八年底推出的艾爾維吸乳器（Elvie），由坦尼亞．博勒（Tania Boler）所構思，她下定決心要利用自己的公司來解決聞之色變的女性健康問題，這些問題不僅影響很大比例的人口，也是不願被公開討論的話題。我訪問了在艾爾維公司任職的電子工程師舒洛克．埃爾－阿塔（Shrouk El-Attar，她／他們〔they〕）。（我是因為她的埃及肚皮舞扮裝秀以及支持難民的積進主義活動〔她自己也是難民〕，才首度瞭解她的背景。）

這個負責開發艾爾維吸乳器的核心團隊由約十個人組成，包含了研究人員、使用者體驗設計師以及軟體和電子工程師等。他們的想法是設法抹去目前為止吸乳器給人的印象，重新設計並回歸到基本面。這是第一次有人將吸乳器的使用者放在設計的重心上，著眼於他們的需求。

舒洛克的解釋是，這個團隊先跟使用吸乳器的新手父母廣泛交流後，再根據所得結論為設計方向提出六個核心要點：它應該要安靜無聲、無需手持、不顯眼、智慧化、簡單好用，而且最重要的是，不是給乳牛使用的那種款式。最後成品是一款橢圓形的吸乳器，可以塞進胸罩裡。它跟以往的吸乳器一樣，有一個乳罩放在乳房上，其中的樞紐——或者說泵浦——則包覆著乳罩，直接連在上面，再加上一個矮胖的收集瓶。所以從外觀上看，它會使你的胸圍增加一或兩個罩杯。它是無線的，很安靜，這意味你可以將吸乳器放在胸上，穿回衣服，然後回去做你的事，它會在使用者身處辦公室裡、開會時，或者外出時暗中擠出母乳。配搭的手機應用程式會顯示瓶中大概收集到的母乳量，還可以控制泵浦的速度。

在這個裝置裡，最創新的工程設計之一就是它的泵浦。電動泵浦在其他設計裡都是使用噪音很大和笨重的旋轉馬達來製造空氣吸力的變化，但為了製作出能小到完全、或至少部分塞進胸罩裡的吸乳器，就需要完全不同的機制。舒洛克解釋道，他們使用的是被稱為空氣泵（air pump）的泵浦，它依賴的是一種近乎神奇的現象，叫做壓電效應（piezoelectricity）。

像石英晶體、糖、某些陶瓷、骨骼，甚至木頭，都能表現出壓電效應。pieze這個詞彙源於希臘文，意思是推。當這些材料被壓擠或以某種方式變形時，就會產生內電荷（internal

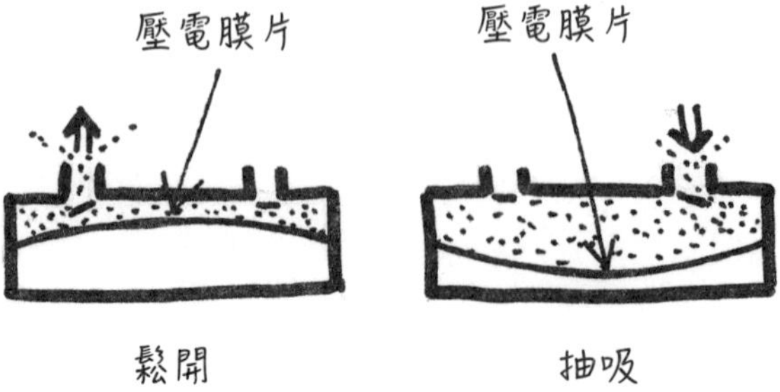

壓電式空氣泵

electrical charge），反之亦然，如果在某種壓電材質上施加電壓，它們就會改變形狀，工程師就是利用這個原理創造出小巧又有效的空氣泵。

一片壓電材質的圓形薄膜會被黏在用彈性材料製成的圓形膜片上，然後再把這個組件放進一個有通氣口的盒子裡。當電壓被施加在這個系統裡時，那一層壓電膜就會繃緊並改變形狀，迫使有彈性的膜片往下拉，並透過通氣口抽吸空氣，然後再調整電壓，鬆開膜片。靠著每秒重複數萬次這一動作，泵浦因而在其中一側創造出一個低壓區域，當泵浦停止時，這個裝置的周遭壓力就會恢復正常。在可穿戴式吸乳器裡，壓電泵被放置在乳罩的一側，乳罩使用實心塑膠製成，但在彈性矽膠膜片的連接處有一個開口。靠電池供電的泵浦所製造的吸力會拉動乳房上的矽膠膜片，從而在乳頭周圍產生吸力，接著泵浦停止動作，將它鬆開，這個過程不斷循環，模仿嬰兒的吸吮動作，刺激乳頭以吸出乳汁。

當然各種吸乳器都有其利弊，需要連接牆上電源的醫院級吸乳器體積又大又笨重，但吸力最強，對我們這些容易出現乳腺管阻塞和硬塊的人來說十分重要。它們會接上容量很大的奶瓶，收集較多的母乳；至於穿戴式的吸乳器則是安靜又方便攜帶，但在吸力和母乳的收集量上遠不及醫院級的。另外還有費用和易得性等因素——你能否靠自己的健康保險來取得吸乳器、或有沒有能力自費購買。

最後再根據你的身形和需求作出選擇，這個選擇之所以存在——就像舒洛克告訴我的——是因為在經過一百六十年後，終於有人認為親餵母乳的人不應該再被當成牛隻看待，於是吸乳器的設計總算開始關注現代家庭的需求。

在構思和開發產品時，工程設計應該先考量到使用者，並加以請教他們，這道理似乎顯而易見。但誠如我們所見，實際情況不見得如此，因為如果是這樣的話，本來可以當上飛行員的波琳娜．格爾曼就不會因為太嬌小而無法駕馭飛機。如果是這樣的話，負責家務的人早在很久以前就可以創造出洗碗機和其他真正實用的家用電器，並申請到專利。如果是這樣的話，工程技術的進步就會造福所有人，而不是只有掌權者。

畢竟工程學成了我們這個世界的一部分，也造就出我們的現在和未來。因此，身為工程師的我們，就把地球和地球居民的福祉全放在工作的核心裡吧。

結語

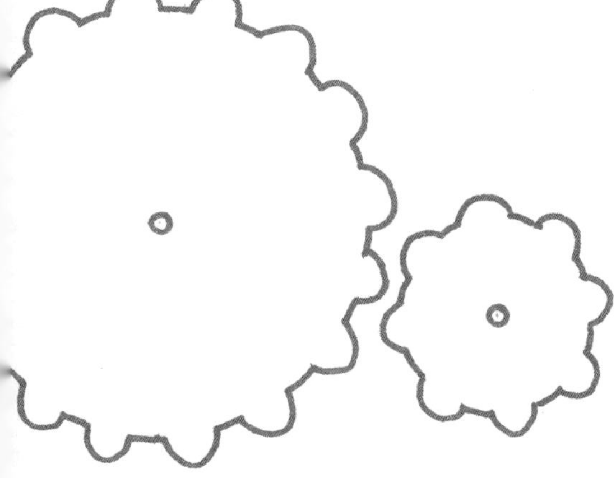

工程學本質上就是人性的故事。

這正是我小時候住在紐約、開始觀察周遭的摩天大樓時，發現工程學很有意思的原因之一。起初我當然只是被建築物的龐大和誇張規模給嚇到，但漸漸地，我的好奇心越來越大。我意識到這些用磚塊、石頭和水泥建造出來的結構是一種證據，用來證明我們的需求和願望，我們是如何憑空想像然後創造出對策，我們是如何組織出市鎮，從而形塑出我們的日常生活方式。從汽車到電腦再到咖啡機，工程學造就了我們現在的人性，它是我們彼此交流以及與這個星球互動的方式。

工程學可以揭露我們過去的模樣，把人類的歷史告訴我們。人類從事工程設計已有數千年，這種能力使我們得以走上一條與其他生物不同的道路。如果我們往回追溯這條道路，從我們的祖先如何進食、建造和生活，到他們如何形成自己的社會，就會發現我們對他們的認識很大程度都來自於他們所敲製的打火石、編織的線、旅行的交通工具，以及用來探索和導航的機械裝置。我們可以看到在過去像輪子一樣的東西如何在世界上的某個地方被構思和創造出來，再如何被分享和傳播到其他地方，這是跨文化的知識交流，在人們興奮地預見某項工程壯舉可能會讓生活變得更美好時產生的。（或者其實也可能讓生活變得更糟糕，畢竟武器也曾在絲綢之路上往返。）我們的祖先相互學習，有時候還會把一門技術回溯到它的基本面，再以不同的方式重建或加以改造，創造出不同的成果，譬如人造纖維和鋼索都是建立在尼安德塔人的繩索的基礎上。

工程學也揭露了我們現在的樣貌，就像歷史物件能夠照亮我們的過去一樣，若去探索當下周遭的東西，也多半能揭露出我們的現狀。工程學看起來令人生畏、無趣，或者難以招架，甚至陌生，就像無法穿透的黑盒子。但是有鑒於它是我們生活方式以及我們如何建立社群的核心所在，因此我相信去理解我們所製造出來的東西如何運作，一定能受益匪淺，甚至令人大開眼界。（所謂的「尤里卡效應」〔Eureka moment，指的是人類突然理解以前無法理解的問題或概念的時刻，也就是靈光一現〕最初就是來自於一名工程師，這並不令人意外。）對工程學的瞭解使我們得以學到一些關於自身的事情，至於對黑盒子的檢視，則能增強自信。

我丈夫有個表親叫巴德里納斯（Badrinath），無論他走到哪裡，都靜靜地散發出一股自信，這源於他的信念，就算他不知道某個問題的解決方法，也相信自己終會找到答案（這是一種特質，再加上對學習所抱持的謙卑態度，偉大的工程師都有這樣的基礎素質）。而這種信念來自於他一生都在探索事物的運作方式，從複雜的結構裡頭找出它的簡單原理。

巴德里納斯最早的記憶之一在他五歲左右，當時他叔叔把他扛在肩上，幫鄰居換燈泡。一九八〇年代的他住在印度南部約有兩萬人口的村莊裡，那裡很少有人家有電可用，因此對電力的陌生以及對觸電的恐懼，都使得那些偶爾必須動手換燈泡的人心存忌憚。倒是年幼的巴德里納斯渴望學習，對挑戰來者不拒，結果沒想到這不僅僅是一次換燈泡的經驗而已，因為從那一刻起，巴德里納斯就對工程技術充滿了止不住的好奇心。當他在描述這為他開啟一切的初始火花時，我不禁想到自己童年時很喜歡毀損蠟筆的經驗——或者應該說我想要拆解東西去弄清楚裡頭的原理。反正不管怎麼樣，他生長在從不拋棄東西的文化裡（也是我很熟悉的文化，因為我就是在孟買的大都會裡長大的）。當電器或收音機罷工時，巴德里納斯會跟著家人到每個街角都有的修理店，看著自學成才的工程師打開物件、找出問題，並動手修復。高中時，他得到了一個萬用電表，有了它，他開始幫燈具重新接線，修理壞掉的果汁機。等他搬到英國時，他重新配置了他在亞伯丁（Aberdeen）有五間臥房的居所。他重新換了水電，還為鍋爐另外建造電路來節省能源。最近他甚至拆解了自己的平板電視（這令他的妻兒十分擔心），結果發現有一塊電路板故障了，於是用網路上買的二手貨來置換。

顯然這麼做的好處除了可以省錢和不會助長一次性使用經濟之外，使產品重獲新生的感覺也挺快樂和令人滿足，會讓你很有成就感。對巴德里納斯而言，這代表他和這個物品的關係有了變化，它從對他來說不帶任何感情、只是從店裡買回來的東西，變成了真正屬於他、帶著他印記的物品。

不被工程技術的黑盒子給嚇阻，這就個人層面而言，可以算是一種解放，但除此之外，弄清楚物件裡頭的各種零件，也讓我們對工藝、設計有更深一層的認識，瞭解我們或許可以如何解決人類對地球造成的毀滅性衝擊。除此之外，工程學也可以讓我們成為想要成為的人。

在這本書的撰寫過程中，我曾就「拆解東西的價值」和「拆解東西（包括字面上和隱喻上的意思）可以如何帶領我們開創更美好的未來」，做過多次激烈且具啟發性的討論。我和我的朋友雷貝卡・拉莫斯（Rebeca Ramos）就有過一次這樣的討論，那次經驗尤其啟迪人心，而且每次我回想心目中的那七個小零件，以及它們是如何聯手建構出我所居住的世界時，那場討論就會重新浮現在我腦海。雷貝卡是建築師、藝術家和設計師，她的使命是揭開藝術和設計的神秘面紗，供更多人享用，讓我們有能力成為有意識的消費者。她的祖母曾在西班牙一家鞋廠工作，戰後才移民到委內瑞拉，她從小就傳承到祖母的工匠魂以及對品質的執著。雷貝卡告訴我，我們「擁有」一件物品的時間其實只佔它生命周期的一小部分。若你對設計有更深入的瞭解，就會看出這個過程的影響非同小可，每次我們生產或消費某樣東西，無論是一件衣服還是一項大型建案裡的一個零件，都會製造出一長串的事件影響到地球。每件物品都需要創造或開採原料，然後是製造、包裝和組裝，這一切全都發生在它被送到我們手上之前，然後等我們用完它之後又會發生什麼事呢？我們對物品背後的一切，也就是將它建構完整的那些組件瞭解得越少，我們對它品質、金錢價值和永續性的考量就會越糟糕。

古魯・馬德哈文（Guru Madhavan）是工程學的思想領袖，他說不斷生產出或被需要、或不需要的全新物品是具有爭議性的行為，將道德、經濟和環境考量納入工程設計的核心非常重要。這種價值觀跟雷貝卡認為我們都應該去瞭解整個設計過程的想法很類似，它也可用來阻止物品被持續生產，因為它們都是非永續性的東西。英國是全球最大的電子廢棄物製造國之一，光是一年下來，平均每人會製造出近二十四公斤的廢棄物。二〇一九年，美國的數字是二十一公斤左右。據估計，約有百分之四十的電子廢棄物被非法出口到其他國家丟棄，這些裝置裡頭的污染物會滲進當地的食物和水源裡，大量有限貴金屬最終也都被送進了垃圾掩埋場。

還好有些人站出來向我們證明還有別的方法，在倫敦，丹妮兒・普爾基斯（Danielle Purkiss）就是其中一人。她負責經營「大修理計畫」（The Big Repair Project），這是一項研究專案，目的是要弄清楚是什麼因素在影響英國各地電子產品的維修，並加以繪製出來。她作品的基本概念之一是「循環思維」：每樣材料在其生命周期裡都有它的價值，應該被重組（拆解後再組裝回來）而不是被丟棄。這原則也適用在分子或化學領域（例如利用細菌或酶做堆肥），或是更宏觀的物理領域（你把裝置拆開，再加以修復或更換零件，或者整個拆解掉，將裡頭的零件拿出來重複使用）。丹妮兒指出一個重點，許多產品的有害排放物大多是在它們的製造階段出現，而不是使用階段。產品的淘汰也是一個大問題，這是因為產品若被設計成有限的使用壽命或者無法修復，最後就會被丟棄。在英國，只有百分之十七的的消費電子產品（手機、電器）被回收利用，但在美國，這個比例下降到百分之十五。部分問題出在這類科技產品通常有複雜的材料配置，難以被提取出來。另外如果它們不是在受控的環境下被回收，就會對健康和環境造成傷害。一個物品的設計和它的材料越是複雜，就越難將這些材料個別分離，這代表它們最後的下場通常是進到垃圾掩埋場。這就是為什麼我們一定得仔細思考如何在一開始的設計工序就先考慮產品未來的拆解問題，這樣一來，產品才可以先進行修復或者升級，延長它的使用壽命，最後再被回收利用。

將土木工程原理、有意識的消費，以及各種物品的運作知識匯整起來，絕對是有益無害，但除此之外，我們也需要製造商本身願意加入，以及政府的參與和政策的配合。整體來說，丹妮兒是樂觀的。近幾年來，她看到了社區修復中心的興起，人們會在那裡幫助彼此修復東西，再加上手機翻新和二手科技產品的廣告也越來越多。而因全球疫情所採取的封城措施也迫使了那些本來缺乏必要工具的人都得遠距工作和學習，於是帶動平價電子產品的普及。

希望藉著拆解以及深入探索細節，能為大家充分說明工程學不論在過去、現在還是未來，其實一點都不冰冷，也不會令人難以招架，反而深具啟發性、可以帶給我們自信，而且它是人性化的。你可以從它的複雜裡頭慢慢剝離出簡單性，但有時候這種簡單是一種錯覺，它背後的故事和其中的科學交織錯雜，引領著我們踏上一段精采的旅程，於是又回到它的複雜裡。工程學在被除去神秘面紗之後，除了能讓我們獲得個人的好處之外，也為人類這個物種指出了前進的道路，而這是對所有生命體以及我們所棲住的地球懷有更多同理心的道路。要在這條路上踏出第一步、想對它以及沿途的技術有更多瞭解，我們可以先從小處開始。我們可以打開那些表面看起來高深莫測的東西，設法理解它們是用什麼零件構成，然後在重新組裝這些零件之前，先反問自己一個問題——我們要怎麼樣才能做得更好？

謝辭

本書寫作歷時兩年，當時正逢全球疫情肆虐，對每個人來說都是一段艱難的經歷。因此首先我要感謝所有科學家、工程師、醫護專業人員，以及在幕後默默付出、經常被忽視的每一個人，謝謝他們讓這個世界能夠渡過重重難關，邁向（幾乎）光明的未來。

接下來我要感謝：

我最棒的經紀人Patrick Walsh，他始終對我有信心，相信我能想出點子，將它寫下來，甚至會寫得不錯。也謝謝他所有的指教和支持，謝謝他總是在我身邊。

Kirty Topiwala是Hodder & Stoughton出版社富有遠見的編輯，她協助我構思和提案，直到終於過關，始終相信我們會有一本內容扎實的著作。謝謝Anna Baty的接棒，然後是Izzy Everington，因為過程中寶寶總是一個接一個地出生！Izzy，你的反饋彌足珍貴，在我那一堆甘特圖和試算表當中，硬是排除萬難讓這本書走到終點，順利出版。

謝謝Quynh Do和John Glusman對這本書的信任，謝謝你們周全的反饋，還將我的文字帶到了美國。

再次感謝Pascal Cariss，是你讓我的文字有了生命。與你合作向來是種享受，我從你那裡學到很多，你真的是雙關語大師。

謝謝Tara O'Sullivan一絲不苟的作業，幫助我修正了錯字和文法。

曾有八十幾位人士（都列在〈特別鳴謝〉中）在一段艱難時期不吝花時間透過視訊、電子郵件和時不時的親自面談為我提供知識，我要謝謝他們每一個人的付出。你們本沒有義務與我交談，是你們的慷慨無私才能讓我匯整出這整本書。在集體隔離時期裡，你們就像是我的救命索，我由衷地感激。

我在Neuwrite的好朋友們，特別是Subhadra Das、Hana Ayoob、Rebecca Struthers、Alex O'Brien，謝謝你們閱讀這些章節和片段，給予我繼續前進所需要的鼓勵，我也等不及要讀你們每個人寫的書了。謝謝Fatin Marini、Lota Erinne和Antara Dutt閱讀了那些不在我舒適圈內的部分內容，幫忙豐富了這部分的文字。

在這段寫作過程中，我在世界各地的家人都只能出現在螢幕上，謝謝你們在那段時間給我的鼓勵以及螢幕上的陪伴，這對我來說意義重大。

謝謝我的父母Hem和Lynette、我的姐姐Pooja、姐夫Daniel，以及我的小外甥女Kiah，謝謝你們所有的愛。

謝謝我的三口之家——小Zarya和Badri，我對你們的情感難以言喻。我們一起經歷了許多，有過高峰和低谷，我何其有幸能擁有你們。

羅瑪．艾葛拉瓦
寫於二〇二三年三月

特別鳴謝

釘子

Agnes Jones, Artist and Blacksmith
Andrew Smith, Rolls-Royce plc
Azby Brown, Japanese carpentry expert
Dr Bill Eccles, Bolt Science
Branca Pegado, Senior Architect at Article 25
Dr Coralie Acheson, Arup
Dr Dan Ridley-Ellis, Edinburgh Napier University
Darren James, Blue Bear Systems
Diana Davis, ACR, National Museum of the Royal Navy
Dr Eleanor Schofi eld, Mary Rose Trust
Gervais Sawyer, FIMMM, Wood Consultant
Ian Firth, FREng, Ian Firth Structural Engineering
Professor Jan Bill, PhD, Museum of Cultural Heritage, University of Oslo
Jean-Michel Munn, The Shuttleworth Collection
Dr John Roberts, FREng, Jacobs
Dr Julian Whitewright, Maritime Archaeologist
Mitch Peacock, BEng (Hons), Woodworking tutor and author
Morgan Creed, MSc BA (Hons), National Museum of the Royal Navy Nicola Grahamslaw, SS Great Britain Trust
Omar Sharif, BEng (Hons), CEng, MIStructE
Rebecca Wilton (She/Her), MA PGCert PGDip BA (Hons), The Ladybirdhouse
Rich Maynard, Much Hadham Forge
Steve Hyett, Eliza Tinsley

輪子

Darren Ellis, Darren Ellis Pottery/ Institute of Making
Greg Rowland, Mike Rowland & Son
Mark Sanders, MAS Design Products Ltd.
Robert Hurford
Will Stanczykiewicz, NASA Johnson Space Center

彈簧

Adam Fox, CEng AMIOA, Mason UK
Buma, Mongolian Archery
Doug Valerio, Mason Industries
Goyo Reston, Goyo Travel

James Beer, Arup
Jens Nielsen, f2c
Jordi Femenia, Mason UK
Keith Scobie-Youngs, Cumbria Clock Company
Kiran Shekar, Minutia Repeater
Martin Raisborough, BEng (Hons), MIOA
Michael Wolf, GERB Schwingungsisolierungen GmbH & Co. KG
Nicoletta Galluzzi, MSc CEng
MICE, Structural Engineer
Dr Nikhil Mistry
Oliver Farrell, CEng Meng FIMechE SIA, Farrat
Dr Rebecca Struthers, Struthers Watchmakers
Roger Kelly, Building Isolation Specialist
Stefan Haberl, Translator (technical, patents)

磁鐵

Dr Andrew Princep (He/Him), Marketcast
Dr Eleanor Armstrong, Stockholm University
Gavin Payne, The Old Telephone Company
Professor Hidenori Mimura, Shizuoka University
Keith Rhodes, Magnetic Products Inc.
Dr Suvobrata Sarkar, Rabindra Bharati University
Dr Suzie Sheehy, University of Melbourne

鏡片

Ben Pipe, Ben Pipe Photography
Brian J Ford, Author and Broadcaster
Dr Ceri Brenner, ANSTO Centre for Accelerator Science
Christiana Antoniadou Stylianou, BSc (Hons) MSc MPhil, Senior Clinical Embryologist
David Noton, David Noton Photography
Dr Geoff Belknap, Science and Media Museum
Hanan Dowidar, 1001 Inventions
Kenneth Sanders, BSc DSc (Hons) CCMI, Worshipful Company of Scientific Instrument Makers
Dr Kwasi Kwakwa, Sanger-EBI
Dr Michael Pritchard, Royal
Photographic Society, Bristol, UK
Professor Mohamed El Gomati OBE, BSc DPhil FIoP FRMS, University of York
Phillip Roberts
Professor Stanley Botchway, UKRI-Science and Technology Facilities Council

繩子

Harjit Shah, JAS Musicals
Helen Sheldon (She/Her), BSc CEng

MIOA MWES FRSA, RBA Acoustics
Karen Yates, Macalloy
Mark Ellis, Macalloy
Mary Lewis, Heritage Crafts
Professor Rachel Worth (She/Her), BA (Hons) (Cantab) PGCE MA PhD, Arts University Bournemouth
Toss Levy, Indian Musical Instruments

泵浦

Dr Clara Barker (She/Her), MRSC, MInstP, Oxford Univesity & Linacre College
Dallas Campbell, Broadcaster and Author
Dr Rohin Francis, Colchester Hospital and the Essex Cardiothoracic Centre
Shrouk El-Attar (She/They), Shrouk El-Attar Consulting
Vinita Marwaha Madill (She/Her), Rocket Women

不分章節

Dr Ainissa Ramirez, Scientist and Author
Badrinath Hebsur
Danielle Purkiss, University College London
Rebeca Ramos, Studio RARE

另外也要感謝 Jemima Waters、Folkies Music、Chiaro Technology、the Thomas Jefferson Foundation、British and Irish Association of Fastener Distributors、The Golden Hinde、the Institution of Structural Engineers、the Institution of Civil Engineers、The Royal Society 以及 Wellcome Collection。

圖片來源

頁 104：Spring mount drawn by Norm Mason, used with permission from Mason Industries Incorporated.

頁 157：Facsimile of the Leeuwenhoek microscope in Utrecht University. Wellcome Collection. Attribution 4.0 International (CC BY 4.0).

頁 176：used with permission from *The Focal Encyclopedia of Photography*, desk edition, London: Focal Press, 1960 of lens development timeline.

頁 214：Invention of a water pump, miniature from the *Book of Knowledge of Ingenious Mechanical Devices* by Al-Jazari, 1203, Turkey. Istanbul, Topkapi Sarayi Muzesi Kutuphanesi (Library) © De Agostini Editore.

參考書目與延伸閱讀

釘子

Ackroyd, J. A. D. 'The Aerodynamics of the Spitfire'. *Journal of Aeronautical History*, 2016.

Alexievich, Svetlana. The Unwomanly Face of War. Penguin Random House, 1985.

Anne of All Trades. 'Blacksmithing: Forging a Nail by Hand'. YouTube, 17 May 2019. https://www.youtube.com/watch?v=dBCN5K5NwpM.

Atack, D., and D. Tabor. 'The Friction of Wood'. *Proceedings of the Royal Society A*, vol. 246, no. 1247, 26 August 1958.

Bill, Jan. 'Iron Nails in Iron Age and Medieval Shipbuilding'. In *Crossroads in Ancient Shipbuilding*. Roskilde, 1991.

Budnik, Ruslan. 'Instrument of the Famous "Night Witches" '. War History Online, 8 August 2018. https://www.warhistoryonline.com/military-vehicle-news/soviet-plane-u2-po2.html.

Castles, Forts and Battles. 'Inchtuthil Roman Fortress'. http://www.castlesfortsbattles.co.uk/perth_fife/inchtuthil_roman_fort.html.

Chervenka, Mark. 'Nails as Clues to Age'. Real or Repro. https://www.realorrepro.com/article/Nails-as-clues-to-age.

Collette, Q., I. Wouters, and L. Lauriks. 'Evolution of Historical Riveted Connections: Joining Typologies, Installation Techniques and Calculation Methods'. *Structural Studies, Repairs and Maintenance of Heritage Architecture XII*, pp. 295–306, 2011. https://doi.org/10.2495/STR110251.

Collette, Q. 'Riveted Connections in Historical Metal Structures (1840–1940). Hot-Driven Rivets: Technology, Design and Experiments.' 2014. https://doi.org/10.13140/2.1.3157.2801.

Collins, W. H. 'A History 1780–1980'. Swindell and Co., From Eliza Tinsley & Co. Ltd.

Corlett, Ewan. *The Iron Ship–The Story of Brunel's SS Great Britain*. Conway

Maritime Press, 2002.
Dalley, S. *The Mystery of the Hanging Garden of Babylon: An Elusive World Wonder Traced*. OUP Oxford, 2013.
Eliza Tinsley. 'The History of Eliza Tinsley'. http://elizatinsley.co.uk/our-history/.
Eliza Tinsley & Co. Ltd. 'Nail Mistress'. [Eliza Tinsley Obituary].
Essential Craftsman. 'Screws: What You Need to Know'. YouTube, 27 June 2017. https://www.youtube.com/watch?v=N3jG5xtSQAo.
Fastenerdata. 'History of Fastenings'. https://www.fastenerdata.co.uk/history-of-fastenings/.
Formisano, Bob. 'How to Pick the Right Nail for Your Next Project'. The Spruce, 11 January 2021. https://www.thespruce.com/nail-sizes-and-types-1824836.
Forest Products Laboratory. *Wood Handbook: Wood as an Engineering Material*. United States Department of Agriculture, 2010.
Founders Online. 'From Thomas Jefferson to Jean Nicolas Démeunier, 29 April 1795'. University of Virginia Press. http://founders.archives.gov/documents/Jefferson/01-28-02-0259.
Glasgow Steel Nail. 'The History of Nail Making'. http://www.glasgowsteelnail.com/nailmaking.htm.
Goebel Fasteners. 'History of Rivets & 20 Facts You Might Not Know'. 15 October 2019. https://www.goebelfasteners.com/history-of-rivets-20-facts-you-might-not-know/.
Hening, W. W. *The Statutes at Large: Being a Collection of All the Laws of Virginia, from the First Session of the Legislature, in the Year 1619 : Published Pursuant to an Act of the General Assembly of Virginia, Passed on the Fifth Day of February One Thousand Eight Hundred and Eight*. 1823.
How, Chris. *Early Steps in Nail Industrialisation. Queens' College*, University of Cambridge, 2015.
How, Chris. 'Evolutionary Traces in European Nail-Making Tools'. *In Building Knowledge*, Constructing Histories, CRC Press, 2018.
How, Chris. *Historic French Nails, Screws and Fixings: Tools and Techniques*. Furniture History Society of Australasia, 2017.
How, Chris. 'The British Cut Clasp Nail'. In *Proceedings of the First Construction History Society Conference, Queens' College, University of Cambridge,*

Construction History Society, 2014.
How, Chris. 'The Medieval Bi-Petal Head Nail'. In *Further Studies in the History of Construction: The Proceedings of the Third Annual Conferences of the Construction History Society*, Construction History Society, 2016.
Hunt, Kristen. 'Design Analysis of Roller Coasters'. Thesis submitted to Worcester Polytechnic Institute, May 2018.
Inspectapedia. 'Antique Nails: History & Photo Examples of Old Nails Help Determine Age & Use'. https://inspectapedia.com/interiors/NailsHardwareAge.php.
Johnny from Texas. 'Builders of Bridges (1928) Handling Hot Rivets'. YouTube, 23 February 2020. https://www.youtube.com/watch?v=96q9dUQbQ2s.
Jon Stollenmeyer, Seek Sustainable Japan. 'Love of Japanese Architecture + Building Traditions'. YouTube, 15 October 2020. https://www.youtube.com/watch?v=lQBUl0JCaHk.
Kershaw, Ian. 'Before Nails, There Was Pegged Wood Construction'. Outdoor
Revival, 14 April 2019. https://www.outdoorrevival.com/instant-articles/before-nails-there-was-pegged-wood-construction.html.
Mapelli, C., R. Nicodemi, R. F. Riva, M. Vedani, and E. Gariboldi. 'Nails of the Roman Legionary'. *La Metallurgia Italiana*, 2009.
Morgan, E. B., and E. Shacklady. *Spitfire: The History*. Key Publishing, Stamford, 1987.
Much Hadham Forge Museum. 'Our Museum'. https://www.hadhammuseum.org.uk.
Museum of Fine Arts Boston. 'Jug with Lotus Handle'.
https://collections.mfa.org/objects/132466/jug-with-lotus-handle;jsessionid=32EE38C65AAF96EC1B343C7BF68C65F0.
Nord Lock. 'The History of the Bolt'. https://www.nord-lock.com/insights/knowledge/2017/the-history-of-the-bolt/.
Neuman, Scott. 'Aluminum's Strange Journey From Precious Metal To Beer Can'. NPR, 10 December 2019. https://www.npr.org/2019/12/05/785099705/aluminums-strange-journey-from-precious-metal-to-beer-can.
Perkins, Benjamin. 'Objects: Nail Cutting Machine, 1801, by Benjamin Perkins. M29 [Electronic Edition]'. Massachusetts Historical Society. https://www.masshist.org/thomasjeffersonpapers/doc?id=arch_M29&mode=lgImg.

Pete & Sharon's SPACO. 'Making Hand Forged Nails'. https://spaco.org/Blacksmithing/Nails/Nailmaking.htm.

Pitts, Lynn F., and J.K. St Joseph. *Inchtuthil: The Roman Legionary Fortress Excavations*, 1952–65. Society for the Promotion of Roman studies, 1985.

Rivets de France. 'History'. http://rivetsfrance.com/histoiredurivet UK.html.

Roberts, J. M. 'The "PepsiMax Big One" Rollercoaster Blackpool Pleasure Beach'. *The Structural Engineer*, vol. 72, no. 1, 1994.

Roberts, John. 'Gold Medal Address: A Life of Leisure'. *The Structural Engineer*, 20 June 2006.

Rybczynski, Witold. *One Good Turn: A Natural History of the Screwdriver & the Screw*. Scribner, 2001.

Sakaida, Henry. *Heroines of the Soviet Union 1941–1945*. Osprey Publishing, 2003.

Sedgley Manor. 'Black Country Nail Making Trade'. http://www.sedgleymanor.com/trades/nailmakers2.html.

Shuttleworth Collection. 'Solid Riveting Procedures'. [Design guidance].

Sullivan, Walter. 'The Mystery of Damascus Steel Appears Solved'. *The New York Times*, 29 September 1981. https://www.nytimes.com/1981/09/29/science/the-mystery-of-damascus-steel-appears-solved.html.

Tanner, Pat. 'Newport Medieval Ship Project: Digital Reconstruction and Analysis of the Newport Ship'. [3D Scanning Ireland]. May 2013

Taylor, Jonathan. 'Nails and Wood Screws'. Building Conservation. https://www.buildingconservation.com/articles/nails/nails.htm.

The Engineering Toolbox. 'Nails and Spikes–Withdrawal Force'. https://www.engineeringtoolbox.com/nails-spikes-withdrawal-load-d1814.html. https://wagner-werkzeug.de/start.html

Thomas Jefferson's Monticello. 'Nailery'. https://www.monticello.org/site/research-and-collections/nailery.

TR Fastenings. 'Blind Rivet Nuts, Capacity Tables'. [Company Brochure, Edition 2]. https://www.trfastenings.com

Truini, Joseph. 'Nails vs. Screws: How to Know Which Is Best for Your Project'. *Popular Mechanics*, 29 March 2022. https://www.popularmechanics.com/home/tools/how-to/a18606/nails-vs-screws-which-one-is-stronger/.

Twickenham Museum. 'Henrietta Vansittart, Inventor, Engineer and Twickenham

Property Owner'. http://www.twickenham-museum.org.uk/detail.php?aid=477&cid=53&ctid=1.

Visser, Thomas D. *A Field Guide to New England Barns and Farm Buildings*. University Press of New England, 1997.

Wagner Tooling Systems. 'The History of the Screw'. [Company brochure].

Weincek, Henry. 'The Dark Side of Thomas Jefferson'. *Smithsonian Magazine*, 10 October 2012. https://www.smithsonianmag.com/history/the-dark-side-of-thomas-jefferson-35976004/.

Willets, Arthur. *The Black Country Nail Trade*. Dudley Leisure Services, 1987.

Wilton, Rebecca. 'The Life and Legacy of Eliza Tinsley (1813–1882), Black Country Nail Mistress'. MA in West Midlands History, University of Birmingham.

Winchester, Simon. *The Perfectionists: How Precision Engineers Created the Modern World*. HarperCollins, 2018.

Zhan, M., and H. Yang. 'Casting, Semi-Solid Forming and Hot Metal Forming'.In *Comprehensive Materials Processing*, Elsevier, 2014.

輪子

American Physical Society. 'On the Late Invention of the Gyroscope'. *Bulletin of the American Physical Society*, vol. 57, no.3. https://meetings.aps.org/Meeting/APR12/Event/170224.

Anthony, David W. The Horse, the Wheel, and Language: How Bronze-Age Riders from the Eurasian Steppes Shaped the Modern World. Erenow. https://erenow.net/ancient/the-horse-the-wheel-and-language/13.php.

Art-A-Tsolum. '4,000 Years Old Wagons Found in Lchashen, Armenia'. 28 December 2017. https://allinnet.info/archeology/4000-years-old-wagons-found-in-lchashen-armenia/.

Baldi, J. S. 'How the Uruk Potters Used the Wheel'. EXARC, YouTube, 2020. https://www.youtube.com/watch?v=9qOM1CV2WvQ.

BBC News. 'Stone Age Door Unearthed by Archaeologists in Zurich'. 21 October 2010. https://www.bbc.com/news/world-europe-11593005.

Belancic Glogovcan, Tanja. 'World's Oldest Wheel Found in Slovenia'. I Feel

Slovenia, 6 January 2020. https://slovenia.si/art-and-cultural-heritage/worlds-oldest-wheel-found-in-slovenia/.
Bellis, Mary. 'The Invention of the Wheel'. ThoughtCo, 20 December 2020. https://www.thoughtco.com/the-invention-of-the-wheel-1992669.
Berger, Michele W. 'How the Appliance Boom Moved More Women into the Workforce'. Penn Today, 30 January 2019. https://penntoday.upenn.edu/news/how-appliance-boom-moved-more-women-workforce.
Bowers, Brian. 'Social Benefits of Electricity'. *IEE Proceedings A (Physical Science*, Measurement and Instrumentation, Management and Education,
Reviews), vol. 135, no. 5, 5 May 1988. https://doi.org/10.1049/ip-a-1.1988.0047.
Brown, Azby. *The Genius of Japanese Carpentry: Secrets of an Ancient Craft*. Tuttle, 2013.
Burgoyne, C. J., and R. Dilmaghanian. 'Bicycle Wheel as Prestressed Structure'. *Journal of Engineering Mechanics*, vol. 119, no. 3, March 1993.
Cassidy, Cody. 'Who Invented the Wheel? And How Did They Do It?' *Wired*. https://www.wired.com/story/who-invented-wheel-how-did-they-do-it/.
Chariot VR. 'A Brief History Of The Spoked Wheel'. https://www.chariotvr.com/.
Cochran, Josephine G. 'Dish Washing Machine'. United States Patent Office 355, 139, issued 28 December 1886.
Davidson, L.C. *Handbook for Lady Cyclists*. Hay Nisbet, 1896.
Davis, Beverley. 'Timeline of the Development of the Horse'. *Sino-Platonic Papers*, no. 177, August 2007.
Deloche, Jean. 'Carriages in Indian Iconography'. In *Contribution to the History of the Wheeled Vehicle in India*, 13–48. Français de Pondichéry, 2020. http://books.openedition.org/ifp/774.
Deneen Pottery. 'Pottery: The Ultimate Guide, History, Getting Started, Inspiration' https://deneenpottery.com/pottery/.
Deutsches Patent-und Markenamt. 'Patent for Drais' "Laufsmachine", The ancestor of all bicycle'. https://www.dpma.de/english/ouroffice/publications/news/milestones/200jahrepatentfuerdasur-fahrrad/index.html.
engineerguy. 'How a Smartphone Knows Up from Down (Accelerometer)'. YouTube, 22 May 2012. https://www.youtube.com/watch?v=KZVgKu6v808.
European Space Agency. 'Gyroscopes in Space'. https://www.esa.int/

ESAMultimedia/Videos/2016/03/Gyroscopesinspace.
Evans-Pughe, Christine. 'Bold Before Their Time'. *Engineering and Technology Magazine*, June 2011.
Freeman's Journal and Daily Commercial Advertiser, 30 August 1899.
Gambino, Megan. 'A Salute to the Wheel'. *Smithsonian Magazine*, 17 June 2009. https://www.smithsonianmag.com/science-nature/a-salute-to-the-wheel-31805121/.
Garcia, Mark. 'Integrated Truss Structure'. 20 September 2018. http://www.nasa.gov/missionpages/station/structure/elements/integrated-truss-structure.
Garis-Cochran, Josephine G. 'Advertisement for Dish Washing Machine'. 1895.
Gibbons, Ann. 'Thousands of Horsemen May Have Swept into Bronze Age Europe, Transforming the Local Population'. *Science*, 21 February 2017. https://www.science.org/content/article/thousands-horsemen-may-have-swept-bronze-age-europe-transforming-local-population.
Glaskin, Max.'The Science behind Spokes'. Cyclist, 28 April 2015. https://www.cyclist.co.uk/in-depth/85/the-science-behind-spokes.
Green, Susan E. *Axle and Wheel Terminology, an Historical Dictionary*,
Haan, David de. *Antique Household Gadgets and Appliances c. 1860 to 1930*. Blandford Press, 1977.
Harappa. 'Chariots in the Chalcolithic Rock Art of India'. https://www.harappa.com/content/wheels-indian-rock-art.
Hazael, Victoria. '200 Years since the Father of the Bicycle Baron Karl von Drais Invented the "Running Machine" '. Cycling UK. https://www.cyclinguk.org/cycle/draisienne-1817-2017-200-years-cycling-innovation-design.
History Time. 'The Nordic Bronze Age / Ancient History Documentary'. YouTube, 22 February 2019. https://www.youtube.com/watch?v=s_OFqGuLc7s.
ISS Live! 'Control Moment Gyroscopes: What Keeps the ISS from Tumbling through Space?' NASA,
Kenoyer, J. M. 'Wheeled Vehicles Of the Indus Valley Civilization of Pakistan and India', University of Wisconsin-Madison. January 7, 2004.
Kessler, P. L. 'Kingdoms of the Barbarians–Uralics'. History Files, https://www.historyfiles.co.uk/KingListsEurope/BarbarianUralic.htm?fbclid=IwAR35rTVAQapSQ5aS0qvxUXNFZDk5kWtrVz7Dex-1w1siMsXo4-le-qnKsc.

Lemelson. 'Josephine Cochrane: Dish Washing Machine'. https://lemelson.mit.edu/resources/josephine-cochrane.

Lewis, M. J. T. 'Gearing in the Ancient World'. Endeavour, vol. 17, no. 3, 1 January 1993. https://doi.org/10.1016/0160-9327(93)90099-O.

Lloyd, Peter. 'Who Invented the Toothed Gear?' Idea Connection. https://www.ideaconnection.com/right-brain-workouts/00346-who-invented-the-toothed-gear.html.

Manners, William. Revolution: How the Bicycle Reinvented Modern Britain. Duckworth, 2019.

Manners, William. 'The Secret History of 19th Century Cyclists'. Guardian, 9 June 2015. https://www.theguardian.com/environment/bike-blog/2015/jun/09/feminism-escape-widneing-gene-pools-secret-history-of-19th-century-cyclists.

Minetti, Alberto E., John Pinkerton, and Paola Zamparo. 'From Bipedalism to Bicyclism: Evolution in Energetics and Biomechanics of Historic Bicycles'. Proceedings of the Royal Society of London. Series B: Biological Sciences, vol. 268, no. 1474. 7 July 2001. https://doi.org/10.1098/rspb.2001.1662.

NASA. 'Reference Guide to the International Space Station'. September 2015.

NASA History Division. 'EP–107 Skylab: A Guidebook'. https://history.nasa.gov/EP-107/ch11.htm.

NASA. 'International Space Station Familiarization: Mission Operations Directorate Space Flight Training Division'. 31 July 1998.

NASA Video. 'Gyroscopes'. YouTube, 22 May 2013. https://www.youtube.com/watch?v=FGc5xb23XFQ.

Pollard, Justin. 'The Eccentric Engineer'. Engineering and Technology Magazine, July 2018.

Postrel, Virginia. 'How Job-Killing Technologies Liberated Women'. Technology & Ideas: Bloomberg, 14 March 2021.

Quora. 'How Does The International Space Station Keep Its Orientation?' Forbes, 26 April 2017. https://www.forbes.com/sites/quora/2017/04/26/how-does-the-international-space-station-keep-its-orientation/.

Racing Nellie Bly. 'Chipped China Inspired Josephine Cochrane To Invent Effective Victorian Era Dishwashers'. 12 November 2017. https://racingnelliebly.

com/weirdscience/chipped-china-inspired-josephine -cochrane-invent-dishwashers/.

Schaeffer, Jacob Christian. Die bequeme und höchstvortheilhafte Waschmaschine, 1767.

ScienceDaily. 'Reinventing the Wheel–Naturally'. https://www.sciencedaily.com/releases/2010/06/100614074832.htm.

ScienceDaily. 'Fridges And Washing Machines Liberated Women, Study Suggests'. https://www.sciencedaily.com/releases/2009/03/090312150735.htm.

Simply Space. 'ISS Attitude Control–Torque Equilibrium Attitude and Control Moment Gyroscopes'. YouTube, 6 September 2019. https://www.youtube.com/watch?v=4aF7zwhlDDU.

Sommeria, Joël. 'Foucault and the Rotation of the Earth'. Science in the Making: The Comptes Rendus de l'Académie des Sciences Throughout History, vol. 18, no. 9, 1 November 2017. https://doi.org/10.1016/j.crhy.2017.11.003.

Stockhammer, Philipp W., and Joseph Maran, eds. Appropriating Innovations: Entangled Knowledge in Eurasia, 5000–1500 BCE. Oxbow Books, 2017.

Sturt, George. The Wheelwright's Shop. Cambridge University Press, 1923.

Tietronix. 'Console Handbook: ADCO Attitude Determination and Control Officer'. [Technical Handbook prepared for NASA, Johnson's Space Centre].

Tucker, K., N. Berezina, S. Reinhold, A. Kalmykov, A. Belinskiy, and J. Gresky. 'An Accident at Work? Traumatic Lesions in the Skeleton of a 4th Millennium BCE "Wagon Driver" from Sharakhalsun, Russia'. HOMO, vol. 68, no. 4, August 2017. https://doi.org/10.1016/j.jchb.2017.05.004.

United States Patent and Trademark Office. 'Josephine Cochran: "I'll Do It Myself" '. https://www.uspto.gov/learning-and-resources/journeys-innovation/historical-stories/ill-do-it-myself.

Vogel, Steven. Why the Wheel Is Round: Muscles, Technology, and How We Make Things That Move. University of Chicago Press, 2018.

Wolchover, Natalie. 'Why It Took So Long to Invent the Wheel'. Live Science, 2 March 2012. https://www.livescience.com/18808-invention-wheel.html.

Woodford, Chris. 'How Do Wheels Work? Science of Wheels and Axles'. Explain that Stuff, 27 January 2009. http://www.explainthatstuff.com/howwheelswork.html.

Wright, John, and Robert Hurford. 'Making a Wheel–How to Make a Traditional Light English Pattern Wheel'. Rural Development Commission, 1997.

彈簧

American Physical Society. 'June 16, 1657: Christiaan Huygens Patents the First Pendulum Clock'. June 2017. http://www.aps.org/publications/apsnews/201706/history.cfm.

American Physical Society. 'March 20, 1800: Volta Describes the Electric Battery'. March 2006. http://www.aps.org/publications/apsnews/200603/history.cfm.

Andrewes, William J. H. 'A Chronicle Of Timekeeping'. Scientific American, 1 February 2006. https://doi.org/10.1038/scientificamerican0206-46sp.

Animagraffs. 'How a Mechanical Watch Works'. YouTube, 20 November 2019. https://www.youtube.com/watch?v=9_QsCLYs2mY.

'Antiquarian Horology'. The Athenian Mercury VI, no. 4, query 7, 13 February 1692 / 93.

Arbabi, Ryan. 'At the Extremes of Acoustic Science'. [Conference Paper]. Farrat, July 2021.

ArchDaily. 'House of Music / Coop Himmelb(l)Au'. 14 April 2014. A https://www.archdaily.com/495131/house-of-music-coop-himmelb-l-au.

Archery Historian. 'Mongolian Bow VS English Longbow–Advantages and Drawbacks'. 23 June 2018. https://archeryhistorian.com/mongolian-bow-vs-english-longbow-advantages-and-drawbacks/.

Automated Industrial Motion. 'ALL ABOUT SPRINGS: Comprehensive Guide to the History, Use and Manufacture of Coiled Springs'. 2019. https://aimcoil.com/wp-content/uploads/2019/10/All-About-Springs-FINAL-10-2019-B.pdf

Backwell, Lucinda, Justin Bradfield, Kristian J. Carlson, Tea Jashashvili, Lyn Wadley, and Francesco d'Errico. 'The Antiquity of Bow-and-Arrow Technology: Evidence from Middle Stone Age Layers at Sibudu Cave'. Antiquity, vol. 92, no. 362, April 2018. https://doi.org/10.15184/aqy.2018.11.

BBC News. 'A Point of View: How the World's First Smartwatch Was Built'. 27

September 2014. https://www.bbc.com/news/magazine-29361959.
Beacock, Ian P. 'A Brief History of (Modern) Time'. The Atlantic, 22 December 2015. https://www.theatlantic.com/technology/archive/2015/12/the-creation-of-modern-time/421419/.
Beever, Jason Wayne, and Zoran Pavlovic. 'The Modern Reproduction of a Mongol Era Bow Based on Historical Facts and Ancient Technology Research'. EXARC, 1 June 2017. https://exarc.net/issue-2017-2/at/modern-reproduction-mongol-era-bow-based-historical-facts-and-ancient-technology-research.
Bellis, Mary. 'The History of Mechanical Pendulum and Quartz Clocks'. ThoughtCo, 12 April 2018. https://www.thoughtco.com/history-of-mechanical-pendulum-clocks-4078405.
Berman, Mark, et al. 'The Staggering Scope of U.S. Gun Deaths Goes Far beyond Mass Shootings'. Washington Post, 8 July 2022. ttps://www.washingtonpost.com/nation/interactive/2022/gun-deaths-per-year-usa/.
Blakemore, Erin. 'Who Were the Mongols?'. National Geographic, 21 June 2019. https://www.nationalgeographic.com/culture/article/mongols.
Blumenthal, Aaron, and Michael Nosonovsky. 'Friction and Dynamics of Verge and Foliot: How the Invention of the Pendulum Made Clocks Much More Accurate'. Applied Mechanics, vol. 1, no. 2, 29 April 2020. https://doi.org/10.3390/applmech1020008.
Britannica. 'Bow and Arrow'. https://www.britannica.com/technology/bow-and-arrow.
Brown, Emily Lindsay. 'The Longitude Problem: How We Figured out Where We Are'. The Conversation, 18 July 2013. http://theconversation.com/the-longitude-problem-how-we-figured-out-where-we-are-16151.
Brown, Erik. 'How The Ancients Improved Their Lives With Archery'. Medium, 15 October 2020. https://medium.com/mind-cafe/how-the-ancients-improved-their-lives-with-archery-1704318a1e60.
Brownstein, Eric X. 'The Path of the Arrow The Evolution of Mongolian National Archery'. World Learning/SIT Study Abroad, Mongolia, Spring 2008.
Buckley Ebrey, Patricia. 'Crossbows'. A Visual Sourcebook of Chinese Civilization. http://depts.washington.edu/chinaciv/miltech/crossbow.htm.

Bues, Jon. 'Introducing: The Zenith Defy 21 Ultraviolet'. Hodinkee, 1 June 2020. https://www.hodinkee.com/articles/zenith-defy-21-ultraviolet-introducing.

Burgess, Ebenezer. Surya Siddhanta Translation. Internet Archive. http://archive.org/details/SuryaSiddhantaTranslation.

Cartwright, Mark. 'Crossbows in Ancient Chinese Warfare'. World History Encyclopedia, 17 July 2017. https://www.worldhistory.org/article/1098/crossbows-in-ancient-chinese-warfare/.

Charles Frodsham and Co Ltd. 'Discovering Harrison's H4.' https://frodsham.com/commissions/h4/.

Chong, Alvin. 'In-Depth: Time Consciousness and Discipline in the Industrial Revolution'. SJX Watches, 21 July 2020. https://watchesbysjx.com/2020/07/time-consciousness-and-discipline-industrial-revolution.html.

Croix Rousse Watchmaker. 'Explanation, How Verge Escapement Works'. YouTube, 11 September 2017. https://www.youtube.com/watch?v=BoeP0adbDKg.

Currie, Neil George Roy. Kinky Structures. School of Computing, Science and Engineering University of Salford, 2020.

Daltro, Ana Luiza. 'Interview. Yasuhisa Toyota, The Sound Wizard'. ArchiExpo e-Magazine, 12 February 2018. https://emag.archiexpo.com/interview-yasuhisa-toyota-the-sound-wizard/.

Davies, B. J. 'The Longevity of Natural Rubber in Engineering Applications'. The Malaysian Rubber Producers Research Association, reprinted from article in Rubber Developments vol. 41, no. 4.

DeVries, Kelly, and Robert Douglas Smith. Medieval Weapons: An Illustrated History of Their Impact. ABC-CLIO, 2007.

Fact Monster. 'Accurate Mechanical Clocks'. 21 February 2017. https://www.factmonster.com/calendars/history/accurate-mechanical -clocks.

Farrat. 'Building Vibration Isolation Systems: Vibration Control for Buildings and Structures'. [Design Guidance].

Farrat. 'Acoustic Isolation of Concert Halls'. [Design Guidance].

Farrell, Oliver. 'From Acoustic Specification to Handover. A Practical Approach to an Effective and Robust System for the Design and Construction of Base (Vibration) Isolated Buildings'. Farrat, 2017. https://www.farrat.com/wp-content/uploads/2017/11/VCAS-BVI-TP-ICSV24-Base-Isolated-Buildings-

17a-web.pdf
Farrell, Oliver, and Ryan Arbabi. 'Long-Term Performance of Farrat LNR Bearings for Structural Vibration Control'.
Einsmann, Scott. 'History Proves Archery's Roots Are Ancient, and This Evidence Is Awesome!', Archery 360, 3 May 2017. https://archery360.com/2017/05/03/history-proves-archerys-roots-ancient-evidence-awesome/.
Fowler, Susanne. 'From Working on Watches to Writing About Them'. New York Times, 8 September 2021. https://www.nytimes.com/2021/09/08/fashion/watches-rebecca-struthers-book-england.html.
Fusion. 'A Briefer History of Time: How Technology Changes Us in Unexpected Ways'. YouTube, 18 February 2015. https://www.youtube.com/watch?v=fD58Bt2gj78.
GERB. 'Floating Floors and Rooms'. [Company Sales Brochure], 2016.
GERB. 'Tuned Mass Dampers for Bridges, Floors and Tall Structures'.[Technical Paper].
GERB. 'Vibration Control Systems Application Areas'. [Sales Brochure].
GERB. 'Vibration Isolation of Buildings'. [Sales Brochure].
Gonsher, Aaron. 'Interview: Master Acoustician Yasuhisa Toyota'. Red Bull Music Academy Daily, 14 April 2017. https://daily.redbullmusicacademy.com/2017/04/yasuhisa-toyota-interview.
Gledhill, Sean. 'Pushing the Boundaries of Seismic Engineering'. The Structural Engineer, vol. 89, no, 12, 21 June 2011.
Glennie, Paul, and Nigel Thrift. 'Reworking E. P. Thompson's "Time, Work-Discipline and Industrial Capitalism" '. Time & Society, vol. 5, no. 3, October1996. https://doi.org/10.1177/0961463X96005003001.
Graceffo, Antonio. 'Mongolian Archery: From the Stone Age to Naadam'. Bow International, 14 August 2020. https://www.bow-international.com/features/mongolian-archery-from-the-stone-age-to-nadaam/.
HackneyedScribe. 'Han Dynasty Crossbow III'. History Forum, 2 July 2019. https://historum.com/threads/han-dynasty-crossbow-iii.179336/.
Harris, Colin S., ed. Engineering Geology of the Channel Tunnel. American Society of Civil Engineers, 1996.
Harder, Jeff and Sharise Cunningam. 'Who Invented the First Gun?'.

HowStuffWorks, 12 January 2011. https://science.howstuffworks.com/innovation/inventions/who-invented-the-first-gun.htm.
Hirst, Kris. 'The Invention of Bow and Arrow Hunting Is at Least 65,000 Years Old'. ThoughtCo, 19 May 2019. https://www.thoughtco.com/bow-and-arrow-hunting-history-4135970.
Hunt, Hugh. 'Inside Big Ben: Why the World's Most Famous Clock Will Soon Lose Its Bong'. The Conversation, 29 April 2016. http://theconversation.com/inside-big-ben-why-the-worlds-most-famous-clock-will-soon-lose-its-bong-58537.
Institute for Health Metrics and Evaluation. 'Six Countries in the Americas Account for Half of All Firearm Deaths'. 24 August 2018. https://www.healthdata.org/news-release/six-countries-americas-account-half-all-firearm-deaths.
Kaveh, Farrokh, and Manouchehr Moshtagh Khorasani. 'The Mongol Invasion of the Khwarazmian Empire: The Fierce Resistance of Jalale Din.' Medieval Warfare, Vol. 2, No. 3, 2012.
Landes, David S. Revolution in Time: Clocks and the Making of the Modern World. Harvard University Press, 1998.
Loades, Mike. The Crossbow. Osprey Publishing, 2018.
Lombardi, Michael. 'First in a Series on the Evolution of Time Measurement:
Celestial, Flow, and Mechanical Clocks [Recalibration]'. IEEE Instrumentation & Measurement Magazine, vol. 14, no. 4, August 2011. https://doi.org/10.1109/MIM.2011.5961371.
Mason Industries. 'Double Deflection Neoprene Mount'. BULLETIN ND-26-1. [Technical Paper].
Mason Industries. 'BUILDING ISOLATION SLFJ Spring Isolators BBNR Rubber Isolation Bearings'. https://www.mason-uk.co.uk/wp-content/uploads/2017/09/ab104v2.pdf
Mason Industries. 'History'. https://mason-ind.com/history/.
Mason Industries. 'Mason Jack-Up Floor Slab System'. 2017. https://www.mason-uk.co.uk/wp-content/uploads/2017/08/acs.102.3.1.pdf
Mason Industries. 'ASHRAE Lecture: Noise and Vibration Problems and Solutions'. November 1966. https://mason-ind.com/ashrae-lecture/.
Mason Industries. 'Spring Mount for T.V. Studio Floor for Columbia Broadcasting

System'. [Product Specification].
Mason Industries, Inc. 'FREE STANDING SPRING MOUNTS and HEIGHT SAVING BRACKETS'. [Product Specification], 2017.
Mason UK Ltd–Floating Floors, Vibration Control & Acoustic Products. 'Seismic Table Testing of Inertia Base Frame | DCL Labs'. YouTube, 23 April 2020. https://www.youtube.com/watch?v=bCRnIEeKp2M.
Mason UK. 'Concrete Floating Floor Vibration Isolation, House of Music, Denmark'. https://www.mason-uk.co.uk/masonukcasestudies/house-music-denmark/.
May, Timothy. The Mongol Art of War. Casemate Publishers, 2007.
McFadden, Christopher. 'Mechanical Engineering in the Middle Ages: The Catapult, Mechanical Clocks and Many More We Never Knew About'. Interesting Engineering, 28 April 2018. https://interestingengineering.com/mechanical-engineering-in-the-middle-ages-the-catapult-mechanical-clocks-and-many-more-we-never-knew-about.
Mills, Charles W. 'The Chronopolitics of Racial Time'. Time & Society, vol. 29, no. 2, May 2020. https://doi.org/10.1177/0961463X20903650.
Myers, Joe. 'In 2016, half of all gun deaths occurred in the Americas'. World Economic Forum, 6 August 2019. https://www.weforum.org/agenda/2019/08/gun-deaths-firearms-americas-homicide/.
North, James David. God's Clockmaker: Richard of Wallingford and the Invention of Time, 2005.
Ogle, Vanessa. The Global Transformation of Time. Harvard University Press, 2015.
Open Culture. 'How Clocks Changed Humanity Forever, Making Us Masters and Slaves of'. 19 February 2015. https://www.openculture.com/2015/02/how-clocks-forever-changed-humanity-in-1657.html.
Pearce, Adam, and Jac Cross. 'Structural Vibration–a Discussion of Modern Methods'. The Structural Engineer, vol. 89, no. 12, 21 June 2011.
Physics World. 'A Brief History of Timekeeping', 9 November 2018. https://physicsworld.com/a/a-brief-history-of-timekeeping/.
Ramboll Group. 'House of Music: Harmonic Interaction in Architectural Playground'. https://ramboll.com/projects/rdk/musikkenshus.
Roberts, Alice. 'A True Sea Shanty: The Story behind the Longitude Prize'. Observer, 17 May 2014. https://www.theguardian.com/science/2014/

may/18/true-sea-shanty-story-behind-longitude-prize-john-harrison.
Royal Museums Greenwich. 'Time to Solve Longitude: The Timekeeper Method'. 29 September 2014. https://www.rmg.co.uk/stories/blog/time-solve-longitude-timekeeper-method.
Royal Museums Greenwich. 'Longitude Found–the Story of Harrison's Clocks'. https://www.rmg.co.uk/stories/topics/harrisons-clocks-longitude-problem.
Ruderman, James. 'High-Rise Steel Office Buildings in the United States' The Structural Engineer vol. 43, no. 1, 1965.
Saito, Daisuke, Mott MacDonald, and Kazumi Terada. 'More for Less in Seismic Design for Bridges–an Overview of the Japanese Approach'. The Structural Engineer, 1 February 2016.
Salisbury Cathedral. 'What Is the Story behind the World's Oldest Clock?'. YouTube, 4 June 2020.
Sample, Ian. 'Eureka! Lost Manuscript Found in Cupboard'. *Guardian*, 9 February 2006. https://www.theguardian.com/uk/2006/feb/09/science.research.
Stanley, John. 'How Old Is the Bow and Arrow?' World Archery, 8 April 2019. https://worldarchery.sport/news/166330/how-old-bow-and-arrow.
Stilken, Alexander. 'Masters of Sound'. Porsche Newsroom, 15 November 2017. https://newsroom.porsche.com/en/company/porsche-yasuhisa-toyota-acoustician-andreas-henke-burmester-sound-elbphilharmonie-hamburg-interview-music-14497.html.
Szabo, Christopher. 'Ancient Chinese Super-Crossbow Discovered'. Digital Journal, 24 March 2015. https://www.digitaljournal.com/tech-science/ancient-chinese-super-crossbow-discovered/article/429061.
Szczepanski, Kallie. 'How Did the Mongols Impact Europe?' ThoughtCo, 18 February 2010. https://www.thoughtco.com/mongols-effect-on-europe-195621.
The Naked Watchmaker. 'Rebecca Struthers'. https://www.thenakedwatchmaker.com/people-rebecca-struthers-1.
The National Museum of Mongolian History. 'The Mongol Empire of Chingis Khan and His Successors'. https://depts.washington.edu/silkroad/museums/ubhist/chingis.html.
The Worshipful Company of Clockmakers. 'The Worshipful Company of Clockmakers'. https://clockmakers.org/home.

Thompson, E. P. 'Time, Work-Discipline, and Industrial Capitalism'. *Past & Present*, vol. 38, December 1967.

Tiflex Limited. 'UK Manufacturers of Cork and Rubber Bonded Materials'. https://www.tiflex.co.uk/home.html.

Tzu, Sun. *The Art of War: Complete Texts and Commentaries*. Shambhala, 2003.

University of Pennsylvania Museum. 'Modern Mongolia: Reclaiming Genghis Khan'. https://www.penn.museum/sites/mongolia/section2a.html.

Vieira, Helena. 'Mechanical Clocks Prove the Importance of Technology for Economic Growth'. LSE Business Review, 27 September 2016. https://blogs.lse.ac.uk/businessreview/2016/09/27/mechanical-clocks-prove-the-importance-of-technology-for-economic-growth/.

Valerio, Doug G., Mason Mercer. 'A Practical Approach to Building Isolation'. [Technical Paper] 2019.

Wayman, Erin. 'Early Bow and Arrows Offer Insight Into Origins of Human Intellect'. *Smithsonian Magazine*, 7 November 2012. https://www.smithsonianmag.com/science-nature/early-bow-and-arrows-offer-insight-into-origins-of-human-intellect-112922281/.

Williams, Matt. 'What Is Hooke's Law?', Universe Today, 13 February 2015. https://www.universetoday.com/55027/hookes-law/.

Williamson, Kim. 'Most Slave Shipwrecks Have Been Overlooked—until Now'. *National Geographic*, 23 August 2019. https://www.nationalgeographic.com/culture/article/most-slave-shipwrecks-overlooked-until-now. https://www.youtube.com/watch?v=3u1LzPnIJAc.

Whittle, Jessica. 'Dissipative Seismic Design: Placing Dampers in Buildings'. *The Structural Engineer*, vol. 88, no. 4, 16 February 2010.

Zorn, Emil A. G. Patentschrift–Erschütterungsschutz für Gebäude.pdf.624955. [Patent filed in 1932].

磁鐵

ABCMemphis. 'What's inside a 113 year old hand crank telephone?'. YouTube, 26 July 2020. https://www.youtube.com/watch?v=R_aKydZjRuY.

Akasaki, Isamu, Hiroshi Amano, and Shuji Nakamura. 'Blue LEDs–Filling the

World with New Light'. [Nobel Prize Press Release], 2014.
Antique Telephone History. 'The Gallows Telephone'. https://www.antiquetelephonehistory.com/gallows.html.
Beck, Kevin. 'What Is the Purpose of a Transformer?' Sciencing, 16 November 2018. https://sciencing.com/purpose-transformer-4620824.html.
Berke, Jamie. 'Alexander Graham Bell and His Controversial Views on Deafness'. Verywell Health, 13 March 2022. https://www.verywellhealth.com/alexander-graham-bell-deafness-1046539.
Biography.com. 'James West'.
Bob's Old Phones. 'Ericsson AC100 Series "Skeletal" Telephone'. http://www.telephonecollecting.org/Bobs%20phones/Pages/Skeletal/Skeletal.htm.
Bondyopadhyay, Probir K. 'Sir J C Bose's Diode Detector Received Marconi's First Transatlantic Wireless Signal of December 1901 (The "Italian Navy Coherer" Scandal Revisited)'. *IETE Technical Review*, vol. 15, no. 5, September 1998. https://doi.org/10.1080/02564602.1998.11416773.
Bose, Jagadish Chandra. Sir Jagadish Chandra Bose: His Life, Discoveries and Writings. G. A. Natesan & Co., Madras, 1921.
Brain, Marshall. 'How Radio Works'. HowStuffWorks, 7 December 2000. https://electronics.howstuffworks.com/radio.htm.
Brain, Marshall. 'How Television Works'. HowStuffWorks, 26 November 2006. https://electronics.howstuffworks.com/tv.htm.
Bridge, J. A. 'Sir William Brooke O'Shaughnessy, M.D., F.R.S., F.R.C.S., F.S.A.: A Biographical Appreciation by an Electrical Engineer'. *Notes and Records of the Royal Society of London*, vol. 52, no. 1, 1998.
British Telephones. 'Telephone No. 16'. https://www.britishtelephones.com/t016.htm.
Campbell, G. 'The Evolution of Some Electromagnetic Machines'. *Students' Quarterly Journal*, vol. 23, no. 89, 1 September 1952. https://doi.org/10.1049/sqj.1952.0051.
CERN. 'The Large Hadron Collider'. https://home.cern/science/accelerators/large-hadron-collider.
CERN. 'Facts and Figures about the LHC'. https://home.cern/resources/faqs/facts-and-figures-about-lhc.
Chilkoti, Avantika and Amy Kazmin. 'Indian telegram service stopped stop'.

Financial Times. 14 June 2013.
'Dedication Ceremony for IEEE Milestone "Development of Electronic Television, 1924–1941" '. IEEE Nagoya section Shizuoka University. [Paper on Ceremony].
Desai, Pratima. 'Tesla's Electric Motor Shift to Spur Demand for Rare Earth Neodymium'. Reuters, 12 March 2018. https://www.reuters.com/article/us-metals-autos-neodymium-analysis-idUSKCN1GO28I.
Engineering and Technology History Wiki. 'Milestones: Development of Electronic Television, 1924–1941', 3 November 2021. https://ethw.org/Milestones:Development_of_Electronic_Television,_1924-1941.
Engineering and Technology History Wiki. 'Milestones: First Millimeter-Wave Communication Experiments by J.C. Bose, 1894–96', 3 November 2021. https://ethw.org/Milestones:FirstMillimeter-wave_Communication_Experiments_by_J.C._Bose,_1894-96.
Fox, Arthur. 'Do Microphones Need Magnetism To Work Properly?' My New Microphone. https://mynewmicrophone.com/do-microphones-need-magnetism-to-work-properly/.
French, Maurice L. 'Obituary: Kenjiro Takayanagi'. *SMPTE Journal*, October 1990.
Garber, Megan. 'India's Last Telegram Will Be Sent in July'. *The Atlantic*, 17 June 2013. https://www.theatlantic.com/technology/archive/2013/06/indias-last-telegram-will-be-sent-in-july/276913/.
Geddes, Patrick. *The Life and Work of Sir Jagadish C. Bose*. Longmans, 1920.
Ghosh, Saroj. 'William O'Shaughnessy–An Innovator and Entrepreneur'. *Indian Journal of History of Science*, vol. 29, no. 1, 1994.
Gorman, Mel. 'Sir William O'Shaughnessy, Lord Dalhousie, and the Establishment of the Telegraph System in India'. *Technology and Culture*, vol. 12, no. 4, October 1971.
Greenwald, Brian H., and John Vickrey Van Cleve. ' "A Deaf Variety of the Human Race": Historical Memory, Alexander Graham Bell, and Eugenics'. *The Journal of the Gilded Age and Progressive Era*, vol. 14, no. 1, January 2015. https://doi.org/10.1017/S1537781414000528.
Hahn, Laura D., and Angela S. Wolters. *Women and Ideas in Engineering: Twelve Stories from Illinois*. University of Illinois Press, 2018.

Herbst, Jan F. 'Permanent Magnets'. *American Scientist*, vol. 81, no. 3, 1993.
Hillen, C.F.J. 'Telephone Instruments, Payphones and Private Branch Exchanges'. *Post Office Electrical Engineers Journal*, vol. 74, October 1981.
History of Compass. 'History of the Magnetic Compass'. http://www.historyofcompass.com/compass-history/history-of-the-magnetic-compass/.
Edison Tech Center. 'History of Transformers'. https://edisontechcenter.org/Transformers.html.
Harris, Tom, Chris Pollette, and Wesley Fenlon. 'How Light Emitting Diodes (LEDs) Work'. HowStuffWorks, 31 January 2002. https://electronics.howstuffworks.com/led.htm.
History. com. 'Morse Code & the Telegraph'. https://www.history.com/topics/inventions/telegraph.
Hui, Mary. 'Why Rare Earth Permanent Magnets Are Vital to the Global Climate Economy'. Quartz, 14 May 2021. https://qz.com/1999894/why-rare-earth-magnets-are-vital-to-the-global-climate-economy/.
In Hamamatsu. 'Takayanagi Memorial Hall' https://www.inhamamatsu.com/art/takayanagi-memorial-hall.php.
Integrated Magnetics. 'Magnets & Magnetism Frequently Asked Questions'. https://www.intemag.com/magnetic-frequently-asked-questions.
International Telecommunication Union. 'Jagadish Chandra Bose: A Bengali Pioneer of Science'. https://www.itu.int/itunews/manager/display.asp?lang=en&year=2008&issue=07&ipage=34&ext=html.
Jessa, Tega. 'Permanent Magnet'. Universe Today, 19 March 2011. https://www.universetoday.com/85002/permanent-magnet/.
Jha, Somesha. 'RIP Telegram Fullstop'. Business Standard News, 15 June 2013. https://www.business-standard.com/article/beyond-business/rip-telegram-fullstop-113061500743 1.html.
Joamin Gonzalez-Gutierrez. 'REProMag H2020 Project'. YouTube, 10 June 2016. https://www.youtube.com/watch?v=G3ZCzXelPcI.
Kansas Historical Society. 'Almon Strowger'. Kansapedia. https://www.kshs.org/kansapedia/almon-strowger/16911. https://www.biography.com/inventor/james-west.
Kantain, Tom. 'Differences Between a Telephone & Telegraph'. Techwalla. https://

www.techwalla.com/articles/differences-between-a-telephone-telegraph.
Khan Academy. 'Experiment: What's the Shape of a Magnetic Field?'. https://www.khanacademy.org/science/physics/discoveries/electromagnet/a/experiment-electromagnetism.
Kramer, John B. 'The Early History of Magnetism'. Transactions of the Newcomen Society, vol. 14, no. 1, 1 January 1933. https://doi.org/10.1179/tns.1933.013.
Liffen, John. 'The Introduction of the Electric Telegraph in Britain, a Reappraisal of the Work of Cooke and Wheatstone'. *The International Journal for the History of Engineering & Technology*, vol. 80, no. 2, 1 July 2010. https://doi.org/10.1179/175812110X12714133353911.
Lincoln, Don. 'How Blue LEDs Work, and Why They Deserve the Physics Nobel'. Nova, 10 October 2014. https://www.pbs.org/wgbh/nova/article/how-blue-leds-work-and-why-they-deserve-the-physics-nobel/.
Livington, James D. *Driving Force: The Natural Magic of Magnets*. Harvard University Press, 1996.
Lucas, Jim. 'What Are Radio Waves?'. Live Science, 27 February 2019. https://www.livescience.com/50399-radio-waves.html.
Magnetech, HangSeng. 'Electromagnets vs Permanent Magnets'. Magnets By HSMAG, 8 May 2016. https://www.hsmagnets.com/blog/electromagnets-vs-permanent-magnets/.
Marks, Paul. 'Magnets Join Race to Replace Transistors in Computers'. New Scientist, 6 August 2014. https://www.newscientist.com/article/mg22329812-800-magnets-join-race-to-replace-transistors-in-computers/.
National Geographic. 'Magnetism'. https://education.nationalgeographic.org/resource/magnetism.
MPI. 'Magnetism: History of the Magnet Dates Back to 600 BC'. https://mpimagnet.com/education-center/magnetism-history-of-the-magnet/.
Meyer, Kirstine. 'Faraday and Ørsted'. Nature, vol. 128, no. 3,226, August 1931. https://doi.org/10.1038/128337a0.
Moosa, Iessa Sabbe. 'History and Development of Permanent Magnets'. *International Journal for Research and Development in Technology*, vol. 2, no. 1, July 2014.
Montgomery Ward & Co. 'Rural Telephone Lines: How to Build Them'. 1900 (approx.) Republished by Glen E. Razak, Kansas, 1970.

Morgan, Thaddeus. '8 Black Inventors Who Made Daily Life Easier'. History.com. https://www.history.com/news/8-black-inventors-african-american.

Naoe, Munenori. 'National Institute of Information and Communications Technology'. *The Journal of The Institute of Image Information and Television Engineers*, vol. 63, no. 6, 2009. https://doi.org/10.3169/itej.63.780.

National Museums Scotland. 'Alexander Graham Bell's Box Telephone'. https://www.nms.ac.uk/explore-our-collections/stories/science-and-technology/alexander-graham-bell/.

NobelPrize.org. 'The Nobel Prize in Physics 2014'. https://www.nobelprize.org/prizes/physics/2014/press-release/.

Old Telephone Books. 'First Telephone Book'. http://www.oldtelephonebooks.com/pages/firstphonebook.

O'Driscoll, Bill. 'Pittsburgh Author Takes A Critical Look At Alexander Graham Bell's Work With The Deaf'. 90.5 WESA, 27 April 2021. https://www.wesa.fm/arts-sports-culture/2021-04-27/pittsburgh-author-takes-a-critical-look-at-alexander-graham-bells-work-with-the-deaf.

O'Shaughnessy, William Brooke. *Memoranda Relative to Experiments on the Communication of Telegraphic Signals by Induced Electricity*. Bishop's College Press, 1839.

O'Shaughnessy, William Brooke. *The Electric Telegraph in British India: A Manual of Instructions for the Subordinate Officers, Artificers, Signallers Employed in the Department*. London: Printed by order of the Court of Directors, 1853.

Overshott, K. J. 'IEE Science Education & Technology Division: Chairman's Address. Magnetism: It Is Permanent'. *IEE Proceedings A: Science, Measurement and Technology*, vol. 138, no. 1, 1991. https://doi.org/10.1049/ip-a-3.1991.0003.

Partner,Simon. *Assembled in Japan: Electrical Goods and the Making of the Japanese Consumer*. University of California Press, 2000.

Preece, W. H., and J. Sivewright. *Telegraphy*. Ninth edition. Longmans, Green, 1891.

Pride In STEM. 'Out Thinkers–Andrew Princep'. YouTube, 11 August 2019. https://www.youtube.com/watch?v=IE-OcWTELCE.

Qualitative Reasoning Group, Northwestern University. 'How Do You Make a Radio Wave?' https://www.qrg.northwestern.edu/projects/vss/docs/Communications/3-how-do-you-make-a-radio-wave.html.

Queen Elizabeth Prize for Engineering. 'The World's Strongest Permanent Magnet'. https://qeprize.org/winners/the-worlds-strongest-permanent-magnet.

Ramirez, Ainissa. 'Jim West's Marvellous Microphone'. Chemistry World, 7 February 2022. https://www.chemistryworld.com/culture/jim-wests-marvellous-microphone/4015059.article.

Ramirez, Ainissa. *The Alchemy of Us: How Humans and Matter Transformed One Another*. The MIT Press, 2020.

Russell Kenner. 'Magneto Phone Ericsson'. YouTube, 7 August 2020. https://www.youtube.com/watch?v=4W1LMdZfcPo.

Salem: Still Making History. 'Bell, Watson, and the First Long Distance Phone Call'. 3 March 2021. https://www.salem.org/blog/bell-long-distance-call-salem/.

Sangwan, Satpal. 'Indian Response to European Science and Technology 1757–1857'. *British Journal for the History of Science*, vol, 21, 1988.

Sarkar, Suvobrata. 'Technological Momentum: Bengal in the Nineteenth Century'. *Indian Historical Review*, vol. 37, no. 1, June 2010. https://doi.org/10.1177/037698361003700105.

Scholes, Sarah. 'What Do Radio Waves Tell Us about the Universe?' Frontiers for Young Minds, 3 February 2016. https://kids.frontiersin.org/articles/10.3389/frym.2016.00002.

'Scientific Background on the Nobel Prize in Physics 2014: Efficient Blue Light-Emitting Diodes Leading to Bright and Energy-Saving White Light Sources'. Compiled by the Class for Physics of the Royal Swedish Academy of Sciences, 7 October 2014.

ScienceDaily. 'Magnetic Fields Provide a New Way to Communicate Wirelessly: A New Technique Could Pave the Way for Ultra Low Power and High-Security Wireless Communication Systems'. https://www.sciencedaily.com/releases/2015/09/150901100323.htm.

Science Museum. 'Goodbye to the Hello Girls: Automating the Telephone Exchange'. 22 October 2018. https://www.sciencemuseum.org.uk/objects-and-stories/goodbye-hello-girls-automating-telephone-exchange.

Sessier, Gerhard M., and James E. West. 'Electrostatic Transducer'. United States Patent Office 3,118,979, filed 7 August 1961, issued 21 January 1964. https://www.freepatentsonline.com/3118979.html.

Shedden, David. 'Today in Media History: In 1877 Alexander Graham Bell Made the First Long-Distance Phone Call to The Boston Globe'. Poynter, 12 February 2015. https://www.poynter.org/reporting-editing/2015/today-in-media-history-in-1877-alexander-graham-bell-made-the-first-long-distance-phone-call-to-the-boston-globe/.

Shiers, George. 'Ferdinand Braun and the Cathode Ray Tube'. *Scientific American*, vol. 230, no. 3, 1974.

Shridharani, Krishnalal Jethalal. *Story of the Indian Telegraphs: A Century of Progress*. Posts and Telegraph Department, 1960.

Smith, Laura. 'First Commercial Telephone Exchange–Today in History: January 28'. Connecticut History, 28 January 2020. https://connecticuthistory.org/the-first-commercial-telephone-exchange-today-in-history/.

Smithsonian's History Explorer. 'Morse Telegraph Register'. 4 November 2008. https://historyexplorer.si.edu/resource/morse-telegraph-register.

SPARK Museum of Electrical Invention. 'Almon B. Strowger: The Undertaker Who Revolutionized Telephone Technology'. https://www.sparkmuseum.org/almon-b-strowger-the-undertaker-who-revolutionized-telephone-technology/.

Strowger, A. B. 'Automatic Telephone Exchange'. United States Patent Office, US447918A, issued 10 March 1891.

Susmagpro. 'Recovery, Reprocessing and Reuse of Rare-Earth Magnets in the Circular Economy'. https://www.susmagpro.eu/.

Takayanagi, Kenjiro. '1926 Kenjiro Takayanagi Displays the Character on TV'. [NHK Blog Post], 2002.

Telephone Collectors International Inc. 'TCI Library'. https://telephonecollectors.info/index.php/browse?own=0.

Technology Connections. 'Lines of Light: How Analog Television Works'. YouTube, 2 July 2017. https://www.youtube.com/watch?v=l4UgZBs7ZGo&ab_channel=TechnologyConnections.

Technology Connections. 'Mechanical Television: Incredibly Simple, yet Entirely Bonkers'. YouTube, 7 August 2017. https://www.youtube.com/

watch?v=v5OANXk-6-w.
Technology Connections. 'Television–Playlist'. YouTube. https://www.youtube.com/playlist?list=PLv0jwu7G_DFUGEfwEl0uWduXGcRbT7Ran.
The Evolution of TV. 'Kenjiro Takayanagi: The Father of Japanese Television'. 1 January 2016. https://web.archive.org/web/20160101180643/ http://www.nhk.or.jp/strl/aboutstrl/evolution-of-tv-en/p05/.
The Rutland Daily Globe. 'The First Newspaper Despatch (Sic.) Sent by a Humna (Sic.) Voice Over the Wires'. 12 February 1877.
University of Cambridge, Department of Engineering. 'Prof Hugh Hunt'. http://www3.eng.cam.ac.uk/~hemh1/#logiebaird.
University of Oxford Department of Physics. 'Cathode Ray Tube'. https://www2.physics.ox.ac.uk/accelerate/resources/demonstrations/cathode-ray-tube.
U.S. National Park Service. 'Site of the First Telephone Exchange–National Historic Landmarks'. https://www.nps.gov/subjects/nationalhistoriclandmarks/site-of-the-first-telephone-exchange.htm.
Vadukut, Shruti Chakraborty and Sidin. 'The Telegram Is Dying.' Mint, 27 September 2008. https://www.livemint.com/Leisure/dnRqhS9tSxkvxMEJx3xh7H/The-telegram-is-dying.html.
Woodford, Chris. 'How Does Computer Memory Work?'. Explain that Stuff, 27 July 2010. http://www.explainthatstuff.com/how-computer-memory-works.html.
Woodford, Chris. 'How Do Relays Work?'. Explain that Stuff, 4 January 2009. http://www.explainthatstuff.com/howrelayswork.html.
Woodford, Chris. 'How Do Telephones Work?'. Explain that Stuff, 12 January 2007. http://www.explainthatstuff.com/telephone.html.
Yanais, Hiroichi. 'A Passion for Innovation–Dr. Takayanagi, a Graduate of Tokyo Tech and Pioneer of Television'. Tokyo Institute of Technology. https://www.titech.ac.jp/english/public-relations/about/stories/kenjiro-takayanagi.

鏡片

1001 Inventions and the World of Ibn Al-Haytham. 'Who Was Ibn Al-Haytham?'. https://www.ibnalhaytham.com/discover/who-was-ibn-al-haytham/.
1001 Inventions. '[FILM] 1001 Inventions and the World of Ibn Al Haytham

(English Version)'. YouTube, 24 November 2018. https://www.youtube.com/watch?v=MmPTTFff44k&ab_channel=1001Inventions.

Al-Amri, Mohammad D., Mohamed El-Gomati, and M. Suhail Zubairy, eds. *Optics in Our Time*. Springer International Publishing, 2016. https://doi.org/10.1007/978-3-319-31903-2.

Aldersey-Williams, Hugh. *Dutch Light: Christiaan Huygens and the Making of Science in Europe*. Picador, 2020.

Alexander, Donavan. 'Take the Perfect Shot by Understanding the Camera Lenses on Your Smartphone'. Interesting Engineering, 14 July 2019. https://interestingengineering.com/capturing-the-perfect-shot-understanding-the-purpose-of-those-extra-lenses-on-your-smartphone.

Al-Khalili, Jim. 'Advances in Optics in the Medieval Islamic World'. *Contemporary Physics*, vol. 56, no. 2, 3 April 2015. https://doi.org/10.1080/00107514.2015.1028753.

Al-Khalili, Jim. 'Doubt Is Essential for Science–but for Politicians, It's a Sign of Weakness'. Guardian, 21 April 2020. https://www.theguardian.com/commentisfree/2020/apr/21/doubt-essential-science-politicians-coronavirus.

Al-Khalili, Jim. 'In Retrospect: Book of Optics'. *Nature*, vol. 518, no. 7,538, February 2015. https://doi.org/10.1038/518164a.

Al-Khalili, Jim. *Pathfinders: The Golden Age of Arabic Science*. Penguin Books, 2012.

UC Museum of Paleontology, University of Berkeley. 'Antony van Leeuwenhoek'. https://ucmp.berkeley.edu/history/leeuwenhoek.html.

Haque, Nadeem. 'Author Bradley Steffens on "First Scientist", Ibn al-Haytham'. Muslim Heritage, 8 January 2020. https://muslimheritage.com/interview-bradley-steffens/.

Arun Murugesu, Jason. 'Bionic Eye That Mimics How Pupils Respond to Light May Improve Vision'. New Scientist, 17 March 2022. https://www.newscientist.com/article/2312754-bionic-eye-that-mimics-how-pupils-respond-to-light-may-improve-vision/.

Ball, Philip. 'Ibn Al Haytham And How We See'. Science Stories, BBC, 9 January 2019.

Beller, Jonathan. *The Message is Murder: Substrates of a Computational Capital.*

Pluto Press, 2017.
Botchway, Stanley W., P. Reynolds, A. W. Parker, and P. O'Neill. 'Use of near Infrared Femtosecond Lasers as Sub-Micron Radiation Microbeam for Cell DNA Damage and Repair Studies.' *Mutation Research*, vol. 704, 2010.
Botchway, Stanley W., Kathrin M. Scherer, Steve Hook, Christopher D. Stubbs, Eleanor Weston, Roger H. Bisby, and Anthony W. Parker. 'A Series of Flexible Design Adaptations to the Nikon E-C1 and E-C2 Confocal Microscope Systems for UV, Multiphoton and FLIM Imaging: NIKON CONFOCAL FOR UV MULTIPHOTON AND FLIM'. *Journal of Microscopy*, vol. 258, no. 1, April 2015. https://doi.org/10.1111/jmi.12218.
Branch Education. 'What's Inside a Smartphone?'. YouTube, 11 July 2019. https://www.youtube.com/watch?v=fCS8jGc3log&ab_channel=BranchEducation.
BrianJFord.com. 'Brian J Ford's "Leeuwenhoek Legacy" '. http://www.brianjford.com/wlegacya.htm.
California Center for Reproductive Medicine–CACRM. 'Understanding Embryo Grading & Blastocyst Grades | What Do Embryo Grades Mean? CACRM'. YouTube, 13 June 2014. https://www.youtube.com/watch?v=3HOJIIj-b-c.
Carrington, David. 'How Many Photos Will Be Taken in 2020?' Mylio, 29 April 2021. https://blog.mylio.com/how-many-photos-will-be-taken-in-2020/.
Cobb, M. 'An Amazing 10 Years: The Discovery of Egg and Sperm in the 17th Century: The Discovery of Egg and Sperm'. *Reproduction in Domestic Animals*, vol. 47, August 2012. https://doi.org/10.1111/j.1439-0531.2012.02105.x.
Cole, Teju. 'When the Camera Was a Weapon of Imperialism. (And When It Still Is.)'. *New York Times*, 6 February 2019. https://www.nytimes.com/2019/02/06/magazine/when-the-camera-was-a-weapon-of-imperialism-and-when-it-still-is.html.
CooperSurgical Fertility Companies. 'RI Integra 3'. 27 September 2019. A https://fertility.coopersurgical.com/equipment/integra-3/.
Cooper Surgical. 'Equipment: Our Cutting-Edge Range for ART–Incubators, Workstations, Micromanipulators and Lasers'. [Technical Brochure]. https://royalsociety.org/news/2019/10/leeuwenhoek-microscope-reunited-with-original-slides/.

Cox, Spencer. 'What Is F-Stop, How It Works and How to Use It in Photography'. Photography Life, 6 January 2017. https://photographylife.com/f-stop.

Deol, Simar. 'Remembering Homai Vyarawalla, India's First Female Photojournalist'. INDIE Magazine, 12 March 2020. https://indie-mag.com/2020/03/remembering-homai-vyarawalla-indias-first-female-photojournalist/.

Digital Public Library of America. 'Early Photography'. https://dp.la/exhibitions/evolution-personal-camera/early-photography.

Fermilab. 'Why Does Light Bend When It Enters Glass?'. YouTube, 1 May 2019. https://www.youtube.com/watch?v=NLmpNM0sgYk.

Fertility Associated. 'ICSI Footage'. YouTube, 13 March 2017. https://www.youtube.com/watch?v=GTiKFCkPaUE&ab_channel=FertilityAssociates.

Fertility Specialist Sydney. 'Ivf Embryo Developing over 5 Days by Fertility Dr Raewyn Teirney'. YouTube, 12 April 2014. https://www.youtube.com/watch?v=V6-v4eF9dyA&ab_channel=FertilitySpecialistSydney.

Fineman, Mia. 'Kodak and the Rise of Amateur Photography'. The Metropolitan Museum of Art: Heilbrunn Timeline of Art History. October 2004. https://www.metmuseum.org/toah/hd/kodk/hdkodk.htm.

Ford, Brian J. 'Recording Three Leeuwenhoek Microscopes'. *Infocus Magazine*, 6 December 2015. https://doi.org/10.22443/rms.inf.1.129.

Ford, Brian J. 'The Royal Society and the Microscope'. *Notes and Records of the Royal Society of London*, vol. 55, no. 1, 22 January 2001. https://doi.org/10.1098/rsnr.2001.0124.

Ford, Brian J. 'Celebrating Leeuwenhoek's 375th Birthday: What Could His Microscopes Reveal?' *Infocus Magazine*, December 2007.

Ford, Brian J. 'Found: The Lost Treasure of Anton van Leeuwenhoek'. *Science Digest*, vol. 90, no. 3, March 1982.

Ford, Brian J. *Single Lens: The Story of the Simple Microscope*. Harper & Row, 1985.

Ford, Brian J. 'The Cheat and the Microscope: Plagiarism Over the Centuries'. *The Microscope*, vol. 53, no. 1, 2010.

Ford, Brian J. *The Optical Microscope Manual: Past and Present Uses and Techniques*. David & Charles (Holdings) Limited, 1973.

Ford, Brian J. 'The Van Leeuwenhoek Specimens'. *Notes and Records of the Royal*

Society of London, vol. 36, no. 1, August 1981.

Gates Jr., Henry Louis. 'Frederick Douglass's Camera Obscura: Representing the Antislave "Clothed and in Their Own Form" '. *Critical Enquiry*, vol. 42, Autumn 2015.

Gauweiler, Lena, Dr Eckhardt, and Dr Behler. 'Optische Pinzette (optical tweezer)'. Presented at the Laseranwendungstechnik WS 19 / 20 17 December 2019.

Gest, H. 'The Discovery of Microorganisms by Robert Hooke and Antoni van Leeuwenhoek, Fellows of The Royal Society'. *Notes and Records of the Royal Society of London*, vol. 58, no. 2, 22 May 2004. https://doi.org/10.1098/rsnr.2004.0055.

Gregory, Andrew. 'Bionic Eye Implant Enables Blind UK Woman to Detect Visual Signals'. *Guardian*, 21 January 2022. https://www.theguardian.com/society/2022/jan/21/bionic-eye-implant-blind-uk-woman-detect-visual-signals.

Gross, Rachel E. 'The Female Scientist Who Changed Human Fertility Forever'. BBC. https://www.bbc.com/future/article/20200103-the-female-scientist-who-changed-human-fertility-forever.

Hall, A. R. 'The Leeuwenhoek Lecture, 1988, Antoni Van Leeuwenhoek 1632-1723'. *Notes and Records of the Royal Society of London*, vol. 43, 1989.

Hannavy, J, ed. 'LENSES: 1830s–1850s'. In *Encyclopedia of Nineteenth Century Photography*. London: Routledge, 2008.

Helff, Sissy, and Stefanie Michels. 'Chapter: Re-Framing Photography–Some Thoughts'. In *Global Photographies: Memory, History, Archives,* Transcript Verlag 2021.

Hertwig, Oskar. *Dokutmente Zur Geschichte Der Zeugungslehre: Eine Historische Studie*. Verlag von Friedrich Cohen, 1918.

History of Science Museum. 'Sphere No. 8: Thomas Sutton Panoramic Camera Lens'. Autumn 1998. http://www.mhs.ox.ac.uk/about/sphaera/sphaera-issue-no-8/sphere-no-8-thomas-sutton-panoramic-camera-lens/.

IIT Bombay July 2018. 'Week 5-Lecture 27: Ti:Sapphire Laser (Lab Visit)'. YouTube, 20 February 2020. https://www.youtube.com/watch?v=MQv4-XNAJe8.

Jain, Mahima. 'The Exoticised Images of India by Western Photographers Have Left a

Dark Legacy'. Scroll.in, 20 February 2019. https://scroll.in/magazine/913134/the-exoticised-images-of-india-by-western-photographers-have-left-a-dismal-legacy.

Koenen, Anke, and Michael Zolffel. *Microscopy for Dummies*. Zeiss, 2020.

Kress, Holger. *Cell Mechanics During Phagocytosis Studied by Optical Tweezers Based Microscopy*. Cuvillier Verlag, 2006.

Kriss, Timothy C., and Vesna Martich Kriss. 'History of the Operating Microscope: From Magnifying Glass to Microneurosurgery'. *Neurosurgery*, vol. 42, no. 4, 1998.

Kuo, Scot C. 'Using Optics to Measure Biological Forces and Mechanics'. *Traffic*, vol. 2, no. 11, 2001. https://doi.org/10.1034/j.1600-0854.2001.21103.x.

Lawrence, Iszi. 'Animalcules'. The Z-List Dead List, season 3, episode 3, 26 February 2015. https://zlistdeadlist.libsyn.com/s03e3-animalcules.

Leica Microsystems. 'Leica Objectives: Superior Optics for Confocal and Multiphoton Research Microscopy'. [Technical Brochure], 2014.

Leica Microsystems. 'Leica TCS SP8 STED: Opening the Gate to Super-Resolution'. [Technical Brochure], 2012.

Leica Microsystems. 'Leica TCS SP8 STED 3X: Your Next Dimension!' [Technical Brochure], 2014.

Lens on Leeuwenhoek. 'Specimens: Sperm'. https://lensonleeuwenhoek.net/content/specimens-sperm.

'Lens History'. In *The Focal Encyclopedia of Photography, Desk* edition. London: Focal Press, 2017.

Lerner, Eric J. 'Advanced Applications: Biomedical Lasers: Lasers Support Biomedical Diagnostics'. Laser Focus World, 1 May 2000. https://www.laserfocusworld.com/test-measurement/research/article/16555719/advanced-applications-biomedical-lasers-lasers-support-biomedical-diagnostics.

Maison Nicéphore Niépce. 'Niépce and the Invention of Photography'. https://photo-museum.org/niepce-invention-photography/.

Marsh, Margaret, and Wanda Ronner. *The Pursuit of Parenthood: Reproductive Technology from Test-Tube Babies to Uterus Transplants*. Johns Hopkins University Press, 2019.

McConnell, Anita. *A Survey of the Networks Bringing a Knowledge of Optical Glass-Working to the London Trade, 1500–1800*. Cambridge: Whipple Museum of the History of Science, 2016.

McQuaid, Robert. 'Ibn Al-Haytham, the Arab Who Brought Greek Optics into Focus for Latin Europe'. MedCrave Online, 12 April 2019. https://medcraveonline.com/AOVS/ibn-al-haytham-the-arab-who-brought-greek-optics-into-focus-for-latin-europe.html.

Medline Plus. 'Laser Therapy'. https://medlineplus.gov/ency/article/001913.htm.

Microscope World. 'ZEISS Axio Observer Inverted Life Sciences Research Microscope'. https://www.microscopeworld.com/p-3163-zeiss-axio-observer-life-science-inverted-microscope.aspx.

Mokobi, Faith. 'Inverted Microscope-Definition, Principle, Parts, Labeled Diagram, Uses, Worksheet'. Microbe Notes, 10 April 2022. https://microbenotes.com/inverted-microscope/.

Mourou, Gérard, and Donna Strickland. 'Tools Made of Light'. The Nobel Prize in *Physics 2018: Popular Science Background*. The Royal Swedish Academy of Sciences.

Narayan, Roopa H. 'Nyaya-Vaisheshika: The Theory of Matter in Indian Physics'. https://www.sjsu.edu/people/anand.vaidya/courses/asianphilosophy/s0/Indian-Physics-2.pdf

National Science and Media Museum. 'The History of Photography in Pictures'. 8 March 2017. https://www.scienceandmediamuseum.org.uk/objects-and-stories/history-photography.

NewsCenter. 'Chirped-Pulse Amplification: 5 Applications for a Nobel Prize-Winning Invention', 4 October 2018. https://www.rochester.edu/newscenter/what-is-chirped-pulse-amplification-nobel-prize-341072/.

Nield, David. 'The Extra Lenses in Your Smartphone's Camera, Explained'. Popular Science, 28 March 2019. https://www.popsci.com/extra-lenses-in-your-smartphones-camera-explained/.

Nikon. 'The Optimal Parameters for ICSI–Perfect Your ICSI with Precise Optics'. [Information Brochure], 2019.

Open University. 'Life through a Lens'. 2 March 2020. https://www.open.edu/openlearn/history-the-arts/history/life-through-lens.

Pearey Lal Bhawan. 'How the Invention of Photography Changed Art'. http://www.peareylalbhawan.com/blog/2017/04/12/how-the-invention-of-photography-changed-art/.

Photo H26. 'Périscope Apple : ceci n'est pas un zoom'. 22 April 2016. https://photo.h26.me/2016/04/22/periscope-apple-ceci-nest-pas-un-zoom/.

Photonics. 'Lasers: Understanding the Basics'. https://www.photonics.com/Articles/LasersUnderstandingtheBasics/a25161.

Pool, Rebecca. 'Life through a Microscope: Profile–Professor Brian J Ford'. *Microscopy and Analysis*, October 2017.

Poppick, Laura. 'The Long, Winding Tale of Sperm Science'. *Smithsonian Magazine*, 7 June 2017. https://www.smithsonianmag.com/science-nature/scientists-finally-unravel-mysteries-sperm-180963578/.

Powell, Martin. *Louise Brown: 40 Years of IVF, My Life as the World's First Test-Tube Baby*. Bristol Books, 2018.

Pritchard, Michael. *A History of Photography in 50 Cameras*. Bloomsbury, 2019.

Randomtronic. 'Close Look at Mobile Phone Camera Optics'. YouTube, 10 December 2016. https://www.youtube.com/watch?v=KH0MZctnJlo&ab_channel=randomtronic.

Rehm, Lars. 'Ultra-Thin Lenses Could Eliminate the Need for Smartphone Camera Bumps'. DPReview, 12 October 2019. https://www.dpreview.com/news/7077967600/ultra-thin-lenses-could-eliminate-the-need-for-smartphone-camera-bumps.

Rock, John, Miriam F. Menkin, 'In Vitro Fertilization and Cleavage of Human Ovarian Eggs', *Science, New Series*, Volume 100, Issue 2588, August 4, 1944, 105–107.

Royal Society. 'Eye to Eye with a 350-Year Old Cow: Leeuwenhoek's Specimens and Original Microscope Reunited in Historic Photoshoot'. 17 October 2019. Hand, Eric. 'We Need a People's Cryo-EM." Scientists Hope to Bring Revolutionary Microscope to the Masses'. *Science*, 23 January 2020. https://www.science.org/content/article/we-need-people-s-cryo-em-scientists-hope-bring-revolutionary-microscope-masses.

Sines, George, and Yannis A. Sakellarakis. 'Lenses in Antiquity'. *American Journal of Archaeology*, vol. 91, no. 2., 1987). https://doi.org/10.2307/505216.

Scheisser, Tim. 'Know Your Smartphone: A Guide to Camera Hardware'. TechSpot, 28 July 2014. https://www.techspot.com/guides/850-smartphone-camera-hardware/.

Stierwalt, Sabrina. 'A Nobel Prize-Worthy Idea: What Is Chirped Pulse Amplification?'. Quick and Dirty Tips, 12 February 2019. https://www.quickanddirtytips.com/education/science/a-nobel-prize-worthy-idea-what-is-chirped-pulse-amplification.

Subcon Laser Cutting Ltd. 'Contributions of Laser Technology to Society'. 24 September 2019. https://www.subconlaser.co.uk/contributions-of-laser-technology-to-society/.

Szczepanski, Kallie. 'Kites, Maps, Glass and Other Asian Inventions'. ThoughtCo, 13 December 2019. https://www.thoughtco.com/ancient-asian-inventions-195169.

Tbakhi, Abdelghani, and Samir S. Amr. 'Ibn Al-Haytham: Father of Modern Optics'. *Annals of Saudi Medicine*, vol. 27, no. 6, 2007. https://doi.org/10.5144/0256-4947.2007.464.

The British Museum. 'Inlay | British Museum (Nimrud)'. https://www.britishmuseum.org/collection/object/W-90959.

The Economist. 'Taking Selfies with a Liquid Lens'. 14 April 2021. https://www.economist.com/science-and-technology/2021/04/14/taking-selfies-with-a-liquid-lens.

The Metropolitan Museum of Art. 'Collection Item: Unknown | [Amateur Snapshot Album]'. https://www.metmuseum.org/art/collection/search/281975.

The Royal Society. 'Arabick Roots'. June 2011. https://royalsociety.org/-/media/exhibitions/arabick-roots/2011-06-08-arabick-roots.pdf

van Leeuwenhoek, Antoni. 'Leeuwenhoek's Letter to the Royal Society (Dutch)'. Circulation of Knowledge and Learned Practices in the 17th Century Dutch Republic. http://ckcc.huygens.knaw.nl/epistolarium/letter.html?id=leeu027/0035.

van Mameren, Joost. 'Optical Tweezers: Where Physics Meets Biology'. Physics World, 13 November 2008. https://physicsworld.com/a/optical-tweezers-where-physics-meets-biology/.

Wheat, Stacy, Katie Vaughan, and Stephen James Harbottle. 'Can Temperature

Stability Be Improved during Micromanipulation Procedures by Introducing a Novel Air Warming System?' *Reproductive BioMedicine Online*, vol. 28, May 2014. https://doi.org/10.1016/S1472-6483(14)50036-3.

Wired. 'Photography Snapshot: The Power of Lenses'. 14 September 2012. https://www.wired.com/2012/09/photography-lenses/.

W. W. Norton & Company. 'Picturing Frederick Douglass'. https://web.archive.org/web/20160806065824/ http:/books.wwnorton.com/books/picturing-frederick-douglass/.

Woodford, Chris. 'How Do Lasers Work? Who Invented the Laser?'. Explain that Stuff, 8 April 2006. http://www.explainthatstuff.com/lasers.html.

Zeiss. 'Assisted Reproductive Technology'. [Technical Brochure 2.0].

繩子

Arie, Purushu. 'Caste, Clothing and The Bias Cut'. The Voice of Fashion, 7 June 2021. https://thevoiceoffashion.com/centrestage/opinion/caste-clothing-and-the-bias-cut-4486.

Astbury, W.T., and A. Street. 'X-Ray Studies of the Structure of Hair, Wool, and Related Fibres. I. General'. *Philosophical Transactions of the Royal Society of London: Series A, Containing Papers of a Mathematical or Physical Character*, vol. 230, 1932.

BBC News. '50,000-Year-Old String Found at France Neanderthal Site', 13 April 2020. https://www.bbc.com/news/world-europe-52267383.

Bellis, Mary. 'Information About Textile Machinery Inventions'. ThoughtCo, 1 July 2019. https://www.thoughtco.com/textile-machinery-industrial-revolution-4076291.

Bilal, Khadija. 'Here's Why It All Changed: Pink Used to Be a Boy's Color & Blue For Girls'. The Vintage News, 1 May 2019. https://www.thevintagenews.com/2019/05/01/pink-blue/.

Brown, Theodore M., and Elizabeth Fee. 'Spinning for India's Independence'. *American Journal of Public Health*, vol. 98, no. 1, January 2008. https://doi.org/10.2105/AJPH.2007.120139.

Castilho, Cintia J., Dong Li, Muchun Liu, Yue Liu, Huajian Gao, and Robert

H. Hurt. 'Mosquito Bite Prevention through Graphene Barrier Layers'. *Proceedings of the National Academy of Sciences*, vol. 116, no. 37, 10 September 2019. https://doi.org/10.1073/pnas.1906612116.

Chen, Cathleen. 'Why Genderless Fashion Is the Future'. The Business of Fashion, 22 November 2019. https://www.businessoffashion.com/videos/news-analysis/voices-talk-alok-v-menon-gender-clothes-fashion/.

Clase, Catherine, Charles-Francois de Lannoy, and Scott Laengert. 'Polypropylene, the Material Now Recommended for COVID-19 Mask Filters: What It Is, Where to Get It'. The Conversation, 19 November 2020. http://theconversation.com/polypropylene-the-material-now-recommended-for-covid-19-mask-filters-what-it-is-where-to-get-it-149613.

Edden, Shetara. 'High-Tech Performance Fabrics To Know'. Maker's Row, 12 October 2016. https://makersrow.com/blog/2016/10/high-tech-performance-fabrics-to-know/.

Firth, Ian P. T., and Poul Ove Jensen. 'Bridges: Spanning Art and Technology'. *The Structural Engineer, Centenary Issue*, 21 July 2008.

Freyssinet. 'H 1000 Stay Cable System'. 2014. https://www.freyssinet.co.nz/sites/default/files/h1000staycablesystem.pdf

Gersten, Jennifer. 'Are Catgut Instrument Strings Really Made From Cat Guts? The Answer Might Surprise You'. WQXR, 17 July 2017. https://www.wqxr.org/story/are-catgut-instrument-strings-ever-made-cat-guts-answer-might-surprise-you.

Gruen, L. C., and E. F. Woods. 'Structural Studies on the Microfibrillar Proteins of Wool'. *Biochemical Journal*, vol. 209, 1983.

Hardy, B. L., M. H. Moncel, C. Kerfant, M. Lebon, L. Bellot-Gurlet, and N. Mélard. 'Direct Evidence of Neanderthal Fibre Technology and Its Cognitive and Behavioral Implications'. *Scientific Reports*, vol. 10, no. 1, December 2020. https://doi.org/10.1038/s41598-020-61839-w.

Hagley Magazine. 'Stephanie Kwolek Collection Arrives'. *Hagley Magazine*, Winter 2014.

History of Clothing. 'History of Clothing–History of Fabrics and Textiles'. http://www.historyofclothing.com/.

Hock, Charles W. 'Structure of the Wool Fiber as Revealed by the Microscope'. *The*

Scientific Monthly, vol. 55, no. 6, December 1942.
Huang, Belinda. 'What Kind of Impact Does Our Music Really Make on Society?' Sonic Bids, 24 August 2015. https://blog.sonicbids.com/what-kind-of-impact-does-our-music-really-make-on-society.
Hudson-Miles, Richard. 'New V&A Menswear Exhibition: Fashion Has Always Been at the Heart of Gender Politics'. The Conversation, 24 March 2022. http://theconversation.com/new-vanda-menswear-exhibition-fashion-has-always-been-at-the-heart-of-gender-politics-179886.
India Instruments. 'Tanpura'. https://www.india-instruments.com/encyclopedia-tanpura.html.
Jabbr, Ferris. 'The Long, Knotty, World-Spanning Story of String'. Hakai Magazine, 6 March 2018. https://hakaimagazine.com/features/the-long-knotty-world-spanning-story-of-string/.
Jones, Lucy. 'Six Fashion Materials That Could Help Save the Planet'. BBC Earth. https://www.bbcearth.com/news/six-fashion-materials-that-could-help-save-the-planet.
Kakodkar, Priyanka. 'Miraj's Legacy Sitar-Makers Go Online to Survive'. *Times of India*, 15 July 2018. https://timesofindia.indiatimes.com/city/mumbai/mirajs-legacy-sitar-makers-go-online-to-survive/articleshow/64992898.cms.
Kittler, Ralf, Manfred Kayser, and Mark Stoneking. 'Molecular Evolution of Pediculus Humanus and the Origin of Clothing'. *Current Biology*, vol. 13, 19 August 2003.
Kwolek, Stephanie Louise. 'Optimally Anisotropic Aromatic Polyamide Dopes'. United States Patent Office, 3,671,542, filed 23 May 1969, issued 20 June 1972. https://pdfpiw.uspto.gov/.piw?Docid=3671542&idkey=NONE&homeurl=http%3A%252F%252Fpatft.uspto.gov%252Fnetahtml%252FPTO%252Fpatimg.htm.
Lim, Taehwan, Huanan Zhang, and Sohee Lee. 'Gold and Silver Nanocomposite-Based Biostable and Biocompatible Electronic Textile for Wearable Electromyographic Biosensors'. *APL Materials*, vol. 9, no. 9, 1 September 2021. https://doi.org/10.1063/5.0058617.
Macalloy. 'McCalls Special Products Ltd–Historical Background'. [Company Brochure], 7 August 2002.

Mansour, Katerina. 'Sustainable Fashion Finds Success in New Materials'. Early Metrics, 15 April 2021. https://earlymetrics.com/sustainable-fashion-finds-success-new-materials/.

Marcal, Katrine. *Mother of Invention: How Good Ideas Get Ignored in an Economy Built for Men*. William Collins, 2021.

McCullough, David. *The Great Bridge: The Epic Story of the Building of the Brooklyn Bridge*. Simon & Schuster Paperbacks, 1972.

McFadden, Christopher. 'Mechanical Engineering in the Middle Ages: The Catapult, Mechanical Clocks and Many More We Never Knew About'. Interesting Engineering, 28 April 2018. https://interestingengineering.com/mechanical-engineering-in-the-middle-ages-the-catapult-mechanical-clocks-and-many-more-we-never-knew-about.

Museum of Design Excellence. 'Charkha, the Device That Charged India's Freedom Movement'. Google Arts & Culture. https://artsandculture.google.com/story/charkha-the-device-that-charged-india-s-freedom-movement/BAUBNSJPyMyVJg.

Myerscough, Matthew. 'Suspension Bridges: Past and Present'. *The Structural Engineer*, vol. 10, July 2013.

New World Encyclopedia. 'Textile Manufacturing'. https://www.newworldencyclopedia.org/entry/Textile_manufacturing#citenote-3.

New World Encyclopedia. 'String Instrument'. https://www.newworldencyclopedia.org/entry/Stringinstrument.

Nuwer, Rachel. 'Lice Evolution Tracks the Invention of Clothes'. *Smithsonian Magazine*, 14 November 2012. https://www.smithsonianmag.com/smart-news/lice-evolution-tracks-the-invention-of-clothes-123034488/.

Okie, Suz. 'These Materials Are Replacing Animal-Based Products in the Fashion Industry'. World Economic Forum, 6 October 2021. https://www.weforum.org/agenda/2021/10/these-materials-are-replacing-animal-based-products-in-the-fashion-industry/. https://www.nationalgeographic.com/travel/article/inca-grass-rope-bridge-qeswachaka-unesco.

Plata, Allie. 'Q'eswachaka, the Last Inka Suspension Bridge'. *Smithsonian Magazine*, 4 August 2017. http://www.smithsonianmag.com/blogs/national-museum-american-indian/2017/08/05/qeswachaka-last-inka-suspension-bridge/ .

Ploszajski, Anna. *Handmade: A Scientist's Search for Meaning through Making*. Bloomsbury, 2021.

Postrel, Virginia. 'How Job-Killing Technologies Liberated Women'. Bloomberg, 14 March 2021. https://www.bloomberg.com/opinion/articles/2021-03-14/women-s-liberation-started-with-job-killing-inventions.

Raman, C.V. 'On Some Indian Stringed Instruments'. *Indian Association for the Cultivation of Science*, vol. 7, 1921.

Ramirez, Catherine S. *The Woman in the Zoot Suit: Culture, Nationalism and the Politics of Memory*. Duke University Press, 2009.

Raniwala, Praachi. 'India's Long History with Genderless Clothing'. Mint Lounge, 16 December 2020. https://lifestyle.livemint.com//fashion/trends/india-s-long-history-with-genderless-clothing-111607941554711.html.

Reuters. 'Bridge Made of String: Peruvians Weave 500-Year-Old Incan Crossing Back into Place'. Guardian, 16 June 2021. https://www.theguardian.com/world/2021/jun/16/bridge-made-of-string-peruvians-weave-500-year-old-incan-crossing-back-into-place.

Rippon, J.A. 'Wool Dyeing'. In *The Structure of Wool. Bradford (UK): Society of Dyers and Colourists*, 1992.

Roda, Allen. 'Musical Instruments of the Indian Subcontinent'. The Metro-politan Museum of Art: Heilbrunn Timeline of Art History, March 2009. https://www.metmuseum.org/toah/hd/indi/hdindi.htm.

Sears, Clare. *Arresting Dress: Cross-Dressing, Law, and Fascination in Nineteenth-Century San Francisco*. Duke University Press, 2015.

Sewell, Abby. 'Photos of the Last Incan Suspension Bridge in Peru'. *National Geographic*, 31 August 2018a.

Sievers, Christine, Lucinda Backwell, Francesco d'Errico, and Lyn Wadley. 'Plant Bedding Construction between 60,000 and 40,000 Years Ago at Border Cave, South Africa'. *Quaternary Science Reviews*, vol. 275, January 2022. https://doi.org/10.1016/j.quascirev.2021.107280.

Skope. 'A Brief History Of String Instruments'. 6 May 2013. https://skopemag.com/2013/05/06/a-brief-history-of-string-instruments.

String Ovation Team. 'How Are Violin Strings Made?' Connolly Music, 7 March 2019. https://www.connollymusic.com/stringovation/how-are-violin-strings-

made.
Steel Wire Rope. 'All Wire Ropes'. https://www.steelwirerope.com/WireRopes/steel-wire-ropes.html.
SWR. 'Sourcing, Designing and Producing Wire Rope Solutions'. [Company Brochure].
Talati-Parikh, Sitanshi. 'Why Are School Uniforms Still Gendered?'. The Swaddle, 13 May 2018. https://theswaddle.com/why-are-school-uniforms-in-india-still-gendered/.
Talbot, Jim. 'First Steel-Wire Suspension Bridge'. *Modern Steel Construction*, June 2011.
Tecni Ltd. 'Low Rotation Wire Rope–19 x 7 Construction Cable'. YouTube, 18 July 2019. https://www.youtube.com/watch?v=El1vcBHJG_U.
Toss Levy. 'Tanpura History'. https://www.tosslevy.nl/tanpura/tanpura-history/.
Toss Levy, Indian Musical Instruments. 'The Correct Use of the Tanpura Jiva (Threads)'. YouTube, 3 August 2020. https://www.youtube.com/watch?v=nF7fYteo1ms.
Urmi Battu. 'How to Tune a Tanpura'. YouTube, 16 March 2021. https://www.youtube.com/watch?v=waCFEQL_Ee8&ab_channel=UrmiBattu.
UNESCO. 'Did You Know? The Exchange of Silk, Cotton and Woolen Goods, and Their Association with Different Modes of Living along the Silk Roads'. https://en.unesco.org/silkroad/content/did-you-know-exchange-silk-cottonand-woolen-goods-and-their-association-different-modes.
Vaid-Menon, Alok. *Beyond the Gender Binary*. Penguin Workshop, 2020.
Vincent, Susan J. *The Anatomy of Fashion*. Berg, 2009.
Walstijn, Maarten van, Jamie Bridges, and Sandor Mehes. 'A Real–Time Synthesis Oriented Tanpura Model'. In *Proceedings of the 19th International Conference on Digital Audio Effects (DAFx-16)*. Brno, 2016.
Venkataraman, Vaishnavi. 'Soon, You Can Zip-Line From Ferrari World Abu Dhabi's Stunning Roof'. Curly Tales, 22 October 2020. https://curlytales.com/you-can-zipline-from-ferrari-world-abu-dhabis-stunning-roof-from-march/.
Whitfield, John. 'Lice Genes Date First Human Clothes'. *Nature*, 20 August 2003. https://doi.org/10.1038/news030818-7.
Willson, Tayler. 'Meet the Emerging Brand Making Sneakers From Coffee

Grounds'. Hypebeast, 12 August 2021. https://hypebeast.com/2021/8/rens-sneaker-brand-coffee-grounds-sustainability-interview-feature.

World Health Organization. 'Coronavirus Disease (COVID-19): Masks'. 5 January 2022. https://www.who.int/news-room/questions-and-answers/item/coronavirus-disease-covid-19-masks.

'Wool: Raw Wool Specification'. *Encyclopedia of Polymer Science and Technology, Wood Composites*, vol. 12.

Wragg Sykes, Rebecca. *Kindred: Neanderthal Life, Love, Death and Art*. Bloomsbury, 2020.

泵浦

1001 Inventions. '5 Amazing Mechanical Devices from Muslim Civilisation'. https://www.1001inventions.com/devices/.

Abbott. 'About the HeartMate II LVAD'. https://www.cardiovascular.abbott/us/en/hcp/products/heart-failure/left-ventricular-assist-devices/heartmate-2/about.html.

Abbott. 'How the CentriMag Acute Circulatory Support System Works'. https://www.cardiovascular.abbott/us/en/hcp/products/heart-failure/mechanical-circulatory-support/centrimag-acute-circulatory-support-system/about/how-it-works.html.

Abbott. 'HeartMate 3 LVAD'. https://www.cardiovascular.abbott/us/en/hcp/products/heart-failure/left-ventricular-assist-devices/heartmate-3/about.html.

Al-Hassani, Salim. 'Al-Jazari: The Mechanical Genius'. Muslim Heritage, 9 February 2001. https://muslimheritage.com/al-jazari-the-mechanical-genius/.

Al-Hassani, Salim. 'The Machines of Al-Jazari and Taqi Al-Din'. Muslim Heritage, 30 December 2004. https://muslimheritage.com/the-machines-of-al-jazari-and-taqi-al-din/.

Al-Hassani. 'Al-Jazari's Third Water-Raising Device: Analysis of Its Mathematical and Mechanical Principles'. Muslim Heritage, 24 April 2008. https://muslimheritage.com/al-jazaris-third-water-raising-device-analysis-of-its-mathematical-and-mechanical-principles/.

Ameda. 'Our History'. https://www.ameda.com/history.

Anderson, Brooke, J. Nealy, Garry Qualls, Peter Staritz, John Wilson, M. Kim, Francis Cucinotta, William Atwell, G. DeAngelis, and J. Ware. 'Shuttle Spacesuit (Radiation) Model Development'. *SAE Technical Papers*, 1 February 2001. https://doi.org/10.4271/2001-01-2368.

Bazelon, Emily. 'Milk Me: Is the Breast Pump the New BlackBerry?' Slate, 27 March 2006. https://slate.com/human-interest/2006/03/is-the-breast-pump-the-new-blackberry.html.

Behe, Caroline. 'Transgender & Non-Binary Parents'. La Leche League International. https://www.llli.org/breastfeeding-info/transgender-non-binary-parents/.

bigclivedotcom. 'Inside a Near-Silent Piezoelectric Air Pump'. YouTube, 14 June 2018. https://www.youtube.com/watch?v=hKsZUuvtylE.

B. L. S, Amrit. 'Why the US Pig Heart Transplant Was Different From the 1997 Assam Doc's Surgery'. The Wire Science, 13 January 2022. https://science.thewire.in/health/university-maryland-pig-heart-xenotransplant-dhani-ram-baruah-1997-failed-surgery-arrest/.

Bologna, Caroline. '200 Years Of Breast Pumps, In 18 Images'. HuffPost UK, 1 August 2016a. https://www.huffpost.com/entry/200-years-of-breast-pumps-in-imagesn_57871bfde4b0867123dfb16d.

British Heart Foundation. 'How Your Heart Works'. https://www.bhf.org.uk/informationsupport/how-a-healthy-heart-works.

British Heart Foundation. 'Focus on: Left Ventricular Assist Devices'. https://www.bhf.org.uk/informationsupport/heart-matters-magazine/medical/lvads.

Butler, Karen. 'Relactation and Induced Lactation'. La Leche League GB, 19 March 2016. https://www.laleche.org.uk/relactation-induced-lactation/.

Cadogan, David. 'The Past and Future Space Suit'. *American Scientist*, vol. 103, no. 5, 2015. https://doi.org/10.1511/2015.116.338.

Campbell, Dallas. *Ad Astra: An Illustrated Guide to Leaving the Planet*. Simon & Schuster, 2017.

CBS News. 'The Seamstresses Who Helped Put a Man on the Moon'. 14 July 2019. https://www.cbsnews.com/news/apollo-11-the-seamstresses-who-helped-put-a-man-on-the-moon/.

Cheng, Allen, Christine A. Williamitis, and Mark S. Slaughter. 'Comparison of Continuous-Flow and Pulsatile-Flow Left Ventricular Assist Devices: Is There an Advantage to Pulsatility?' *Annals of Cardiothoracic Surgery*, vol. 3, no. 6, November 2014. https://doi.org/10.3978/j.issn.2225-319X.2014.08.24.

Chu, Jennifer. 'Shrink-Wrapping Spacesuits'. Massachusetts Institute of Technology, 18 September 2014. https://news.mit.edu/2014/second-skin-spacesuits-0918.

Davis, Charles Patrick. 'How the Heart Works: Diagram, Anatomy, Blood Flow'. MedicineNet. https://www.medicinenet.com/heart_how_the_heart_works/article.htm.

Diana West. 'Trans Breastfeeding FAQ'. https://dianawest.com/trans-breastfeeding-faq/.

Dinerstein, Joel. 'Technology and Its Discontents: On the Verge of the Posthuman'. American Quarterly, vol. 58, no. 3, 2006. https://doi.org/10.1353/aq.2006.0056.

Elvie. 'Elvie'. https://www.elvie.com.

Encyclopedia of Australian Science and Innovation. 'Robinson, David–Person-'. Swinburne University of Technology, Centre for Transformative Innovation. https://www.eoas.info/biogs/P003898b.htm.

Encyclopedia Britannica. 'Shaduf: Irrigation Device'. https://www.britannica.com/technology/ shaduf.

Eurostemcell. 'The Heart: Our First Organ'. https://www.eurostemcell.org/heart-our-first-organ.

Garber, Megan. 'A Brief History of Breast Pumps'. The Atlantic, 21 October 2013. https://www.theatlantic.com/technology/archive/2013/10/a-brief-history-of-breast-pumps/280728/.

Greatrex, Nicholas, Matthias Kleinheyer, Frank Nestler and Daniel Timms. 'This Maglev Heart Could Keep Cardiac Patients Alive'. IEEE Spectrum, 22 August 2019. https://spectrum.ieee.org/this-maglev-heart-could-keep-cardiac-patients-alive.

Greenfield, Rebecca. 'Celebrity Invention: Paul Winchell's Artificial Heart'. *The Atlantic*, 7 January 2011. https://www.theatlantic.com/technology/archive/2011/01/celebrity-invention-paul-winchells-artificial-heart/68724/.

Hamzelou, Jessica. 'Transgender Woman Is First to Be Able to Breastfeed Her Baby'. New Scientist, 14 February 2018. https://www.newscientist.com/article/2161151-transgender-woman-is-first-to-be-able-to-breastfeed-her-

baby/.
Hasic, Albinko. 'The First Spacewalk Could Have Ended in Tragedy for Alexei Leonov. Here's What Went Wrong'. Time, 18 March 2020. https://time.com/5802128/alexei-leonov-spacewalk-obstacles/.
History.com. 'March 23: Artificial Heart Patient Dies'. https://www.history.com/this-day-in-history/artificial-heart-patient-dies.
How Products are Made. 'Spacesuit'. http://www.madehow.com/Volume-5/Spacesuit.html.
Jarvik Heart. 'Robert Jarvik, MD on the Jarvik-7'. 6 April 2016. https://www.jarvikheart.com/history/robert-jarvik-on-the-jarvik-7/.
Kato, Tomoko S., Aalap Chokshi, Parvati Singh, Tuba Khawaja, Faisal Cheema,
Hirokazu Akashi, Khurram Shahzad, et al. 'Effects of Continuous-Flow Versus Pulsatile-Flow Left Ventricular Assist Devices on Myocardial Unloading and Remodeling'. *Circulation: Heart Failure*, vol. 4, no. 5, September 2011. https://doi.org/10.1161/CIRCHEARTFAILURE.111.962142.
Kotz, Deborah. '2022 News–University of Maryland School of Medicine Faculty Scientists and Clinicians Perform Historic First Successful Transplant of Porcine Heart into Adult Human with End-Stage Heart Disease'. University of Maryland School of Medicine, 10 January 2022. https://www.medschool.umaryland.edu/news/2022/University-of-Maryland-School-of-Medicine-Faculty-Scientists-and-Clinicians-Perform-Historic-First-Successful-Transplant-of-Porcine-Heart-into-Adult-Human-with-End-Stage-Heart-Disease.html.
Kwan, Jacklin. 'What Would Happen to the Human Body in the Vacuum of Space?'. Live Science, 13 November 2021. https://www.livescience.com/human-body-no-spacesuit.
Lathers, Marie. *Space Oddities: Women and Outer Space in Popular Film and Culture, 1960–2000*. Bloomsbury Publishing, 2010.
Le Fanu, James. *The Rise and Fall of Modern Medicine*. Abacus, 2011.
Ledford, Heidi. 'Ghost Heart Has a Tiny Beat'. *Nature*, 13 January 2008. https://doi.org/10.1038/news.2008.435.
Longmore, Donald. *Spare Part Surgery: The Surgical Practice of the Future*. Aldus Books London, 1968.

Madrigal, Alexis C. 'The World's First Artificial Heart'. *The Atlantic*, 1 October 2010. https://www.theatlantic.com/technology/archive/2010/10/the-worlds-first-artificial-heart/63949/.

Magazine, Smithsonian. 'The Nightmare of Voskhod 2'. *Smithsonian Magazine*, January 2005. https://www.smithsonianmag.com/air-space-magazine/the-nightmare-of-voskhod-2-8655378/.

Mahoney, Erin. 'Spacesuit Basics'. NASA, 4 October 2019. a http://www.nasa.gov/feature/spacewalk-spacesuit-basics.

Martucci, Jessica. 'Breast Pumping'. *AMA Journal of Ethics*, vol. 15, no. 9, 1 September 2013. https://doi.org/10.1001/virtualmentor.2013.15.9.mhst1-1309.

McFadden, Christopher. 'Mechanical Engineering in the Middle Ages: The Catapult, Mechanical Clocks and Many More We Never Knew About'. Interesting Engineering, 28 April 2018. https://interestingengineering.com/mechanical-engineering-in-the-middle-ages-the-catapult-mechanical-clocks-and-many-more-we-never-knew-about.

McKellar, Shelley. Artificial Hearts: The Allure and Ambivalence of a Controversial Medical Technology. Wellcome Collection, 2018. https://wellcomecollection.org/works/yjs8tzcc.

Mechanical Boost. 'What Is a Pump? What Are the Types of Pumps?'. 4 December 2020. https://mechanicalboost.com/what-is-a-pump-types-of-pumps-and-applications/.

MedicineNet. 'Picture of Heart Detail'. https://www.medicinenet.com/image-collection/heartdetailpicture/picture.htm.

Medlife Crisis. 'The 6 Weirdest Hearts in the Animal Kingdom'. YouTube, 11 February 2018. https://www.youtube.com/watch?v=1jHmsBLq0Eo.

Mends, Francine. 'What Are Piezoelectric Materials?' Sciencing, 28 December 2020. https://sciencing.com/piezoelectric-materials-8251088.html.

Morris, Thomas. *The Matter of the Heart: A History of the Heart in Eleven Operations*. Vintage, 2017.

Mullin, Emily. 'A Simple Artificial Heart Could Permanently Replace a Failing Human One'. MIT Technology Review, 16 March 2018. https://www.technologyreview.com/2018/03/16/104612/a-simple-artificial-heart-could-permanently-replace-a-failing-human-one/.

Murata Manufacturing Co., Ltd. 'Basic Knowledge of Microblower (Air Pump)'. https://www.murata.com/en-eu/products/mechatronics/fluid/library/basics.

Murata Manufacturing Co., Ltd. 'Microblower (Air Pump) | Micro Mechatronics'. https://www.murata.com/en-eu/products/mechatronics/fluid.

National Heart, Lung and Blood Institute. 'Developing a Bio-Artificial Heart'. https://www.nhlbi.nih.gov/events/2013/developing-bio-artificial-heart.

National Heart, Lung and Blood Institute. 'What Is Total Artificial Heart?'. https://www.nhlbi.nih.gov/health/total-artificial-heart.

National Museum of American History. 'Liotta-Cooley Artificial Heart'. https://americanhistory.si.edu/collections/search/object/nmah688682.

Newman, Dava. 'Building the Future Spacesuit'. *ASK Magazine*. https://www.nasa.gov/pdf/617047main_45s_building_future_spacesuit.pdf.

O'Donahue, Kelvin. 'How Do Oil Field Pumps Work?' Sciencing, 14 March 2018. https://sciencing.com/do-oil-field-pumps-work-5557828.html.

Pumpsand Systems. 'History of Pumps'. 28 February 2018. https://www.pumpsandsystems.com/history-pumps.

Sarkar, Manjula, and Vishal Prabhu. 'Basics of Cardiopulmonary Bypass'. *Indian Journal of Anaesthesia*, vol. 61, no. 9. September 2017. https://doi.org/10.4103/ija.IJA37917.

Science Friday. 'Bringing A "Ghost Heart" To Life'. 14 February 2020. https://www.sciencefriday.com/segments/ghost-heart-engineering/.

Science Museum Group. 'Sir Henry Wellcome's Museum Collection'. https://collection.sciencemuseumgroup.org.uk/search/collection/sir-henry-wellcome's-museum-collection.

Shrouk El-Attar (@dancingqueerofficial). 'Chatting with @elvie 's CEO and MY BOSS @tania.Boler'. Instagram, 11 March 2021. https://www.instagram.com/tv/CMSoPgAhLY/?utmsource=igwebcopylink.

Shumacker, Harris B. A Dream of the Heart: The Life of John H. Gibbon, Jr Father of the Heart Lunch Machine, 1999.

SynCardia. 'SynCardia Temporary Total Artificial Heart'. https://syncardia.com/clinicians/home/.

SynCardia. '7 Things You Should Know About Artificial Hearts', 9 August 2018.

https://syncardia.com/patients/media/blog/2018/08/seven-things-about-artificial-hearts/.

Taschetta-Millane, Melinda. 'Pig Heart Transplant Patient Continues to Thrive'. DAIC, 16 February 2022. http://www.dicardiology.com/article/pig-heart-transplant-patient-continues-thrive.

Texas Heart Institute. '50th Anniversary of the World's First Total Artificial Heart'. https://www.texasheart.org/50th-anniversary-of-the-worlds-first-total-artificial-heart/.

TED Archive. 'How to Create a Space Suit–Dava Newman'. YouTube, 29 August 2017. https://www.youtube.com/watch?v=lZvP_URAjmM.

The Stemettes Zine. 'Meet Vinita Marwaha Madill'. 11 January 2021. https://stemettes.org/zine/articles/meet-vinita-marwaha-madill/.

The European Space Agency. 'Alexei Leonov: The Artistic Spaceman'. 4 October 2007. https://www.esa.int/AboutUs/ESAhistory/AlexeiLeonovTheartisticspaceman.

Thomas, Kenneth S. 'The Apollo Portable Life Support System'. NASA. https://www.hq.nasa.gov/alsj/ALSJ-FlightPLSS.pdf.

Thomas, Kenneth S., and Harold J. McMann. U.S. *Spacesuits*. Second Edition. Springer-Praxis, 2012.

Thornton, Mike, Dr Robert Randall and Kurt Albaugh. 'Then and Now: Atmospheric Diving Suits'. *Underwater Magazine*, March / April 2001. https://web.archive.org/web/20081209012857/ http://www.underwater.com/archives/arch/marapr01.01.shtml.

US Patents Office. 'Breast Pump System Patent Application–USPTO report'. https://uspto.report/patent/app/20180361040.

Vallely, Paul. 'How Islamic Inventors Changed the World'. *Independent*, 17 May 2008. https://web.archive.org/web/20080517013534/ http://news.independent.co.uk/world/science_technology/article350594.ece.

VanHemert, Kyle. 'Aerospace Gurus Show Off a Fancy Space Suit Made for Mars'. *Wired*, 5 November 2014. https://www.wired.com/2014/11/aerospace-gurus-show-fancy-space-suit-made-mars/.

Watts, Sarah. 'The Voice Behind Some of Your Favorite Cartoon Characters Helped Create the Artificial Heart'. Leaps.org, 30 July 2021. https://leaps.org/

artificial-heart-paul-winchell/.
Wellcome Collection. 'A Breast Pump Manufactured by H. Wright. Wood'. https://wellcomecollection.org/works/rsypec3r.
WebMD. 'Anatomy and Circulation of the Heart'. https://www.webmd.com/heart-disease/high-cholesterol-healthy-heart.
Winderlich, Melanie. 'How Breast Pumps Work'. How Stuff Works, 9 February 2012. https://science.howstuffworks.com/innovation/everyday-innovations/breast-pump.htm.
World Pumps. 'A Brief History of Pumps'. 6 March 2014. https://www.worldpumps.com/articles/a-brief-history-of-pumps/.

科普漫遊 FQ1084

小零件改變大世界

釘子、輪子、彈簧、磁鐵、鏡片、繩子、泵浦，七種細小發明如何成為現代文明的重要推手？

Nuts and Bolts: Seven Small Inventions That Changed the World in a Big Way

作　　者　羅瑪・艾葛拉瓦（Roma Agrawal）
譯　　者　高子梅
責任編輯　黃家鴻
封面設計　杜浩瑋
排　　版　陳瑜安
行　　銷　陳彩玉、林詩玟
業　　務　李再星、李振東、林佩瑜

發 行 人　何飛鵬
事業群總經理　謝至平
編輯總監　劉麗真
副總編輯　陳雨柔
出　　版　臉譜出版
城邦文化事業股份有限公司
台北市南港區昆陽街16號4樓
電話：886-2-25000888　傳真：886-2-25001951
發　　行　英屬蓋曼群島商家庭傳媒股份有限公司城邦分公司
台北市南港區昆陽街16號8樓
客服專線：02-25007718；25007719
24小時傳真專線：02-25001990；25001991
服務時間：週一至週五上午09:30-12:00；下午13:30-17:00
劃撥帳號：19863813 戶名：書虫股份有限公司
讀者服務信箱：service@readingclub.com.tw
城邦網址：http://www.cite.com.tw
香港發行所　城邦（香港）出版集團有限公司
香港九龍土瓜灣土瓜灣道86號順聯工業大廈6樓A室
電話：852-25086231　傳真：852-25789337
電子信箱：hkcite@biznetvigator.com
新馬發行所　城邦（新、馬）出版集團
Cite（M）Sdn. Bhd.（458372U）
41, Jalan Radin Anum, Bandar Baru Seri Petaling,
57000 Kuala Lumpur, Malaysia.
電話：+6(03) 90563833
傳真：+6(03) 90576622
電子信箱：services@cite.my

一版一刷　2024年7月

ISBN 978-626-315-505-3（紙本書）
978-626-315-504-6（EPUB）

售價：NT 420元

國家圖書館出版品預行編目資料

小零件改變大世界：釘子、輪子、彈簧、磁鐵、鏡片、繩子、泵浦，七種細小發明如何成為現代文明的重要推手？／羅瑪・艾葛拉瓦（Roma Agrawal）著；高子梅譯. -- 一版. -- 臺北市：臉譜出版，城邦文化事業股份有限公司出版：英屬蓋曼群島商家庭傳媒股份有限公司城邦分公司發行, 2024.07
面；　公分.（科普漫遊；FQ1084）
譯自：Nuts and bolts : seven small inventions that changed the world in a big way
ISBN 978-626-315-505-3（平裝）

1. CST: 科學技術　2. CST: 文明史

409　　113007084